室内装饰专业

一体化课程教学指导手册

主　　编　王　博

副 主 编　陈淑迎　姚　婷　熊晓娇　李文龙　王　华

参　　编　文　健　陈　冰　张宪粱　阮健生　舒茗璇

刘庆林　雷克锋　汪　静　钟　文　荣　星

寿丽君　庞少杰

编　　辑　林　枫　李　夏

校　　对　甘素文　廖婷婷

封面设计　林　枫　李燕东

图书在版编目（C I P）数据

室内装饰专业一体化课程教学指导手册 / 王博主编
. 一成都：西南交通大学出版社，2022.10
ISBN 978-7-5643-8959-8

Ⅰ. ①室… Ⅱ. ①王… Ⅲ. ①室内装饰设计－职业教育－教学参考资料 Ⅳ. ①TU238.2

中国版本图书馆 CIP 数据核字（2022）第 193208 号

Shinei Zhuangshi Zhuanye Yitihua Kecheng Jiaoxue Zhidao Shouce
室内装饰专业一体化课程教学指导手册
主编 王 博

责任编辑	韩洪黎
封面设计	林 枫 李燕东
出版发行	西南交通大学出版社 （四川省成都市金牛区二环路北一段 111 号 西南交通大学创新大厦 21 楼）
发行部电话	028-87600564 028-87600533
邮政编码	610031
网 址	http://www.xnjdcbs.com
印 刷	四川玖艺呈现印刷有限公司
成品尺寸	210 mm × 260 mm
印 张	17.5
字 数	568 千
版 次	2022 年 10 月第 1 版
印 次	2022 年 10 月第 1 次
书 号	ISBN 978-7-5643-8959-8
定 价	120.00 元

广州市工贸技师学院

一体化课程教学指导手册

编写委员会

主　任　李红强

副主任　陈海娜

委　员　周志德　陈志佳　吴多万

周红霞　王正旭　高小秋

朱　漫　刘炽平　伍尚勤

黄颂杰　甘　路　张扬吉

陈静君　李文远　宋　雄

陈　冰　符　强　杨　旭

李　江　寿丽君　陈　波

前言

为贯彻落实习近平总书记在学校思想政治理论课教师座谈会上的重要讲话和中共中央办公厅、国务院办公厅印发的《关于深化新时代学校思想政治理论课改革创新的若干意见》文件精神，挖掘其他课程和教学方式中蕴含的思想政治教育资源，发挥所有课程育人功能，构建全面覆盖、类型丰富、层次递进、相互支撑的课程体系，使各类课程与思政课同向同行，形成协同效应，实现全员全程全方位育人，广州市工贸技师学院在不断深入推进以职业活动为导向、以校企合作为基础、以综合职业能力培养为核心，理论教学与实践教学相融通、学习岗位与工作岗位相对接、职业能力与岗位能力相对接的一体化课程教学改革基础上，构建了一专业一特点的一体化课程与思政教育相互融合的课程与教学体系。

为帮助教师全面系统把握思政融合逻辑、课程内部结构，扎实推进思政融合一体化课程的教学实施，学院以专业为单位组织编写了《一体化课程教学指导手册》共 15 册。系列手册中，各专业系统梳理了一体化课程中蕴涵的国家意识、人文素养、技术思想、职业素养和专业文化五个领域的思政教育资源，精心选取思政元素，合理布局融合点，深化教学融合设计，结构化地呈现了专业人才培养目标、课程思政方案、课程标准、教学活动等，从而帮助教师快速把握融合思政元素的一体化课程设计思路、教学目标、教学模式、课堂活动及其评价方式。

同时，《人力资源社会保障部办公厅关于推进技工院校学生创业创新工作的通知》（人社厅发〔2018〕138 号）明确指出，要加强技工教育创业创新课程体系建设，将创业创新课程纳入技工院校教学计划，将创业创新意识教育课程与公共课程相结合，将创业创新实践课程与专业课程相结合。系列手册中，各专业在部分工学结合的一体化学习任务基础上，融合了商机发掘、团队组建、市场调查、产品制造、商业模式设计、财务预测、项目路演等创新创业知识与技能，在日常专业教学过程中渗透培养创新意识和创业精神，从而提高学生创新创业能力。

思政融合、专创融合的一体化课程设计及其教学实施在技工院校尚属探索阶段，加之编者水平有限，手册存在的不足之处，恳请批评指正。

广州市工贸技师学院

2022 年 10 月

人才培养目标

◆ 培养定位

培养熟悉企业（公司）建筑装饰设计相关岗位的工作流程，达到室内装饰设计师相应职业能力要求，具备社会主义核心价值观和中华传统文化素养，具有创新思维与方法，敢于创新创业的高技能人才。

◆ 就业面向的行业企业类型

面向建筑装饰设计企业、空间设计图形创意企业、软装设计企业、家居定制企业、建筑装饰行业等相关企业就业。

◆ 适应的岗位或岗位群

适应空间设计师（家装设计师、公装设计师）、软装设计师、家居定制设计师等相关岗位工作。

◆ 能胜任的工作任务

能胜任空间设计、专业绘图制图、软装设计等工作任务。

◆ 需具备的通用职业能力

具备自主学习、团结合作、沟通协调、独立分析与解决问题，以及组织管理、持续改进等通用职业能力。

室内装饰专业
思政特点

注重中国建筑和传统文化元素的传承与应用，强化开放、绿色、环保、安全、规范及标准意识，树立爱祖国、爱人民、爱家乡、爱大自然的人文情怀。

室内装饰专业课程思政方案

思政领域	融合的思政元素	课程名称	学习任务	思政内容
国家意识	国际视野（文化融合）	餐饮空间设计	西式餐厅空间设计	在餐厅设计中融合中西餐桌文化、中西工艺设计元素，拓展文化视野，培养文化融合意识与设计表达能力。
	国情观念（中国传统建筑文化）	软装设计	餐饮空间软装设计	通过学习中国传统建筑设计要素，以及瓷器、丝绸、布艺等文化知识，运用中式装饰品、布艺等设计元素对餐饮空间软装部分进行设计，传承中国传统建筑文化。

思政领域	融合的思政元素	课程名称	学习任务	思政内容
人文素养	人文情怀（岭南文化）	商业空间设计	娱乐空间设计	通过学习岭南文化，设计具有岭南文化特色的艺术交互馆，加深对岭南文化的理解与认同。
	人文情怀（地域文化）	餐饮空间设计	中式餐厅空间设计	读懂并提取地域物质与精神文化信息，运用传统与现代相结合的设计手法规划空间，餐厅设计融合地域文化特点，理解“地域文化”设计理念，加深地域文化认识，传承中国传统文化。
	人文情怀（以人为本）	3ds Max 效果图绘制	居住空间效果图绘制	树立以人为本的设计理念，在居住空间效果图绘制中体现以人为本的理念，实现技术与人文的完美结合。

室内装饰专业课程思政方案

思政领域	融合的思政元素	课程名称	学习任务	思政内容
技术思想	实践创新（个性设计）	3ds Max 效果图绘制	餐饮空间效果图绘制	通过学习和运用个性化的空间结构、细节元素、材质，提高实践创新能力，在餐饮空间效果图制作中体现个性化主题与特色。

思政领域	融合的思政元素	课程名称	学习任务	思政内容
职业素养	规则意识（标准规范）	CAD 施工图绘制	居住空间施工图绘制	根据国家建筑制图标准和规范及施工图绘制流程，严格按照国家建筑制图标准进行居住空间施工图绘制。
	企业文化（客户意识）	居住空间设计	商品房空间设计	重视客户实际需求，提高客户意识，在商品房空间设计中合理规划空间、提高空间利用率。

思政领域	融合的思政元素	课程名称	学习任务	思政内容
专业文化	创新文化(时尚与传统)	软装设计	居住空间软装设计	在居住空间软装设计中，将新东方主义传统建筑风格与现代时尚元素进行融合，彰显时尚与传统融合的创新文化。
	时尚文化（绿色环保）	办公空间设计	个性化办公空间设计	将绿色环保概念融入个性化办公空间设计中，体现人与建筑、自然和谐统一的时尚文化。

思政融合

专创任务

初级工
新手

中级工
生手

高级工
熟手

职业能力成长阶梯

课程 1　AutoCAD 施工图绘制

学习任务 1
居住空间施工图绘制
（40）课时

学习任务 2
别墅空间施工图绘制
（40）课时

课程目标

学习完本课程后，学生应当能够使用 AutoCAD 软件的主要功能，进行室内空间施工图绘制。严格执行企业安全管理制度，具备工作过程中解读信息、沟通与表达、团队合作的职业能力和遵纪守法、爱岗敬业、团结合作、认真细致、一丝不苟的职业素养，具体包括：

1. 能够认真阅读任务书，使用专业术语与设计师进行沟通，记录任务的关键内容，明确工作任务时间和要求。
2. 能够合理安排时间，思考完成任务所需的工作思路、技术和方法。
3. 能通过教师讲解和自主学习掌握施工图的绘制流程和室内设计施工图符号的识别。
4. 能熟练操作 AutoCAD 绘图软件；掌握制图的基本知识和绘图工具的使用方法；掌握对所绘制的图形进行标记、标注的方法，参照手绘原始结构图和照片，使用 AutoCAD 软件完成原始结构图绘制。
5. 能够运用 AutoCAD 软件完成建筑施工图绘制（包括平面布置图、地面材质图、顶棚图、立面图、顶棚造型和立面造型的剖面图、大样图、电气和冷热水管走向图）。
6. 参照《房屋建筑制图统一标准》（GB/T 50001—2020）对图纸进行严格检查，对错误内容进行修改，确保图纸符合国家制图标准要求。
7. 能按照施工图绘制标准对完成的图纸进行整理和排版，包含图纸目录、设计说明等内容。
8. 能够按时提交初稿，与教师进行有效沟通，正确表达绘图思路，态度端正，虚心接受修改意见，认真思考达到修改要求的工作方法，并按时完成对施工图的完善和修改及完稿提交、整理归档等工作。
9. 能归纳和总结不同空间类型的施工图绘制特点，总结施工图制作的方式和方法。
10. 具备遵纪守法、爱岗敬业、团结合作的职业素养，养成认真细致、一丝不苟的工作作风。

课程内容

本课程的主要学习内容包括：

1. 专业术语。
   装饰设计风格、施工图制作流程、施工图绘制的专业术语、常用语、缩略词。
2. 参考资料的收集与整理。
   手绘原始结构户型图、现场照片、设计草图等参考资料的收集和管理。
3. 基本功练习。
   量房的技巧、拍摄现场照片的技巧、手绘原始结构户型图的绘图与识图、AutoCAD 施工图常见符号识别。
4. AutoCAD 原始结构图绘制。
   AutoCAD 原始结构图绘制的方法和技巧（AutoCAD 软件常用绘图工具的使用和标记、标注的方法可以通过绘制中式家具的平面图、立面图来掌握）。
5. 施工图绘制。
   AutoCAD 施工图识图及图纸规范、平面施工图的常规绘图比例、地面建筑材料的表现方法、各类灯具的标识方法、标注图纸名称的方法、立面施工图的常规绘图比例、墙面建筑材料的表现方法、家具和墙体的结构、引线标注的方法、结构施工图的常规绘图比例、剖面标记符号、索引符号、绘图比例和字高设置、电气图基本知识、电气图形符号、冷热水管的标识方法。
6. 施工图国家制图标准与规范。
   《房屋建筑制图统一标准》（GB/T 50001—2020）。
7. 施工图纸编排与打印。
   施工图图纸编排规范和标准、施工图纸打印前的设置。
8. 工作规范 。
   文件尺寸规范，文件命名与存储规范，文件管理与备份规范等。
9. 职业素养。
   相关法律法规知识、时间管理能力、理解能力、沟通与表达能力、团队合作能力、执行力。

学习任务 1　居住空间施工图绘制

任务描述

学习任务课时：40 课时

任务情境：

某学院唐老师有一套两房两厅的住房近期需要装修，他听说该学院建筑装饰专业成立了空间设计工作室，便委托学院空间设计工作室帮助其完成该房的装修设计方案。负责该项目的设计师（教师）将施工图绘制工作任务交给了助理设计师（学生），要求其在两天内完成这个项目的全套 AutoCAD 施工图纸的绘制任务，所有施工图纸要符合国家建筑制图标准和规范。

具体要求见下页。

CAD

工作流程和标准

工作环节 1

获取信息，制订计划

1

1. 与设计师到施工现场与业主进行沟通并进行量房和现场拍照，了解项目基本情况，手绘建筑原始结构图并记录相关数据和管线梁柱等部位。
2. 参考手绘建筑原始结构图，利用 AutoCAD 绘制建筑结构原始结构平面图，完成后交给设计师做平面布局方案。
3. 根据设计师的草图方案明确施工图绘图任务要求和时间节点并制订一份施工图绘制工作计划。

工作成果：手绘原始结构图、AutoCAD 原始结构图、平面布置草图方案、立面草图。

学习成果：施工图绘制工作计划。

工作环节 2

施工图绘制

2

1. 根据设计师提供的平面布置草图方案绘制出符合国家标准和规范的建筑平面布置图、地面材质图、顶棚图。
2. 根据建筑平面图、草图方案绘制出符合国家标准和规范的各空间主要立面图（客厅主立面图、餐厅主立面图、卧室主立面图、厨房主立面图）。
3. 与设计师沟通，确定空间主要设计节点，根据设计师绘制的节点草图绘制出设计节点剖面图、大样图。
4. 根据建筑平面图绘制出符合国家标准和规范的电气和冷热水管走向图。
5. 根据国家制图标准和规范完成图纸目录并对整套施工图进行排版。

工作成果：全套施工图初稿（目录、原始户型图、平面布置图、地面材质图、顶棚图、立面图、剖面图、大样图、电气和冷热水管走向图）。

工作环节 3

审核修改

3

提交全套施工图给设计师进行审核，并根据设计师的反馈意见对施工图进行修改和完善（通过此工作环节，学生熟悉了建筑装饰行业识图制图规范，增强了学生的规则意识，培养了学生一丝不苟的工作作风）。

工作成果：全套施工图纸（定稿）。

工作环节 4

总结展示

4

1. 对审核通过的“现代风格两居室施工图”图纸进行展示。
2. 总结制作过程中遇到的问题，并分享项目制作中的收获。

学习成果：总结汇报 PPT。

学习内容

知识点	1.1 装饰设计风格； 1.2 空间功能分区的原则与方法； 1.3 施工图制作流程； 1.4 施工图制图国家标准； 1.5 全套施工图纸所涵盖的内容	2.1 平面施工图的常规绘图比例应用； 2.2 墙体改造相关知识要点； 2.3 识图及图纸规范； 2.4 居住空间人体工程学尺寸； 2.5 地面建筑材料的表现方法； 2.6 各类灯具的标识方法	3.1 立面施工图的常规绘图比例； 3.2 墙面建筑材料的表现方法； 3.3 家具和墙体的结构； 3.4 引线标注
技能点	1.1 掌握量房的技巧； 1.2 现场参与实际测量房型，能够正确拍摄现场照片； 1.3 手绘原始结构户型图； 1.4 根据手绘图用软件绘制出 AutoCAD 原始结构图； 1.5 根据项目实际情况编制施工图绘制计划	2.1 正确应用 AutoCAD 软件各项工具； 2.2 正确标注图纸名称； 2.3 绘制符合国家标准和规范的平面布置图； 2.4 绘制符合国家标准和规范的地面材质图； 2.5 绘制符合国家标准和规范的顶棚图	3.1 应用 AutoCAD 软件正确绘制电视背景墙立面图； 3.2 应用 AutoCAD 软件正确绘制餐厅背景墙立面图； 3.3 应用 AutoCAD 软件正确绘制厨房立面图； 3.4 应用 AutoCAD 软件正确绘制卫生间立面图
工作环节			
成果	1.1 手绘原始结构图； 1.2 AutoCAD 原始结构图； 1.3 施工图绘制工作计划	2.1 平面布置图； 2.2 地面材质图； 2.3 顶棚图	3.1 立面图
素养	1.1 解读信息的能力； 1.2 表达与沟通的能力		
	培养学生善于接受新知识、新技术的意识和能力	让学生熟悉建筑装饰行业识图制图规范，严格遵守行业的制图标准，培养学生的规则意识	

4.1 结构施工图的常规绘图比例； 4.2 剖面标记符号； 4.3 索引符号； 4.4 确定绘图比例和字高	5.1 电气图基本知识； 5.2 电气图形符号； 5.3 冷热水管的标识		
4.1 正确绘制吊顶剖面图； 4.2 正确绘制家具大样图	5.1 按照国家制图标准与规范绘制电气线路图； 5.2 按照国家制图标准与规范绘制水管走向图	6.1 编制五金配件表格； 6.2 图纸的索引与编排； 6.3 编制材料表格； 6.4 编制洁具表格； 6.5 运用制图模板	
		工作环节 3 **审核修改**	**工作环节 4** **总结展示**
4.1 剖面图； 4.2 大样图	5.1 电气冷热水管走向图； 5.2 冷热水管走向图	6.1 全套图纸定稿	7.1 总结 PPT
			7.1 培养学生分析问题和解决问题的能力，学会收集整理信息并能归纳总结，具有表达沟通能力和团队合作精神

学习任务 1　居住空间施工图绘制

1 获取信息，制订计划　2 施工图绘制　3 审核修改　4 总结展示

获取信息，制订计划

工作子步骤	教师活动	学生活动	评价
1. 解读任务书，手绘原始结构图。	1. 整顿课堂，向全体学生问好并进行考勤点名。 2. 教师发放居住空间 AutoCAD 施工图绘制任务书，进行学习任务情境模拟，引导学生解读任务书。 3. 用 PPT 展示问题，提出观看《施工图制作流程》教学视频的规则和要求（观看视频，思考 PPT 上的问题），并监督学生观看。 4. 抽学生回答 PPT 上的问题（施工图制作流程）。 5. 发放问题卡片，提出观看教学视频《量房的技巧与方法》的规则和要求（观看视频，思考卡片上的问题）。 6. 监督并指导学生记录量房基本流程和技巧方法。 7. 向各小组发放问题卡片，抽选各小组成员回答问题卡片上列出的问题。 8. 讲授施工图制图国家标准以及全套施工图纸所涵盖的内容。 9. 抽选学生回答问题。 10. 讲授原始结构户型图的绘制要点、技巧和方法（案例讲解）。 11. 演示原始结构户型图的绘制，并讲授基本步骤和方法。 12. 布置原始结构图绘制任务并监督、指导学生完成。 13. 发放手绘原始户型图评价表，组织各小组学生对手绘原始结构户型图进行自评和小组互评。 14. 教师对各小组的手绘原始结构图进行总结点评并指导学生进行修改完善。 15. 教师讲授现场照片的拍摄技巧和方法。 16. 抽选学生回答问题（现场拍摄的方法和技巧）。 17. 组织指导学生进行施工现场拍照。	1. 整理仪容仪表，全体学生向老师问好。（5 分钟） 2. 学生解读任务书，用记号笔在任务书中标记关键信息，明确学习任务。（15 分钟） 3. 带着问题观看《施工图制作流程》教学视频，思考 PPT 上展示的问题。（15 分钟） 4. 回答 PPT 上展示的问题。（10 分钟） 5. 查看卡片上的问题，带着卡片上的问题观看教学视频，了解量房的技巧与方法。 6. 记录量房基本流程和技巧方法。（20 分钟） 7. 思考卡片上的问题，回答问题（量房的技巧和方法）。（15 分钟） 8. 学习施工图制图国家标准以及全套施工图纸所涵盖的内容。 9. 回答教师的提问。 10. 听取教师讲授手绘原始结构户型图的要点、技巧和方法。（30 分钟） 11. 观摩教师手绘原始结构户型图的演示。（30 分钟） 12. 手绘原始结构户型图。（40 分钟） 13. 小组自评、互评手绘原始结构户型图。（20 分钟） 14. 听取教师总评并修改完善原始结构户型图。（10 分钟） 15. 听取教师讲授现场照片的拍摄技巧与方法。（20 分钟） 16. 回答教师提出的问题。（15 分钟） 17. 进行现场模拟拍照，记录施工现场重要位置节点。（30 分钟）	1. 师评：教师抽选点评学生回答问题的完整性和准确性。 2. 互评：学生根据评价表自评和互评手绘原始结构图（通过小组互评挑选小组代表作品，再进行小组间互评）。 3. 师评：教师点评各小组手绘原始结构图（标注的准确性、完整性）。

课时： 12 课时

1. 硬资源：通用型计算机机房、互联网等。
2. 软资源：AutoCAD（2013 以上版本）、《居住空间施工图绘制任务书》、授课 PPT、参考教材、《施工图制作流程》教学视频、问题卡片、《量房的技巧与方法》教学视频（教学资源包）、全套施工图纸、施工图制图国家标准、《手绘原始结构户型图的要点、技巧和方法》教学 PPT、手绘原始结构图自评表和互评表、手绘原始结构图教师评价表等。
3. 教学设施：投影仪、白板、交互式一体机等。

1 获取信息，制订计划　2 施工图绘制　3 审核修改　4 总结展示

获取信息，制订计划

工作子步骤	教师活动	学生活动	评价
2. 绘制 CAD 原始结构图。	1. 对子任务 1（手绘原始草图和施工现场拍照）的工作完成情况进行回顾，并介绍子任务 2（绘制原始户型图）的工作内容、目标和要求。 2. 教师下发 AutoCAD 常用工具快捷键及使用方法文字资料，并进行常用快捷键操作演示。 3. 演示并讲授 AutoCAD 原始结构户型图绘制的步骤和方法。 4. 布置 AutoCAD 原始结构图绘制任务并监督、指导学生完成。 5. 组织小组学生对 AutoCAD 原始结构户型图进行自评和互评。 6. 教师对各小组的 AutoCAD 原始结构图进行总结点评并指导学生进行修改完善。	1. 回顾子任务 1 的完成情况，听取教师介绍子任务 2 的工作内容、目标和要求等信息，明确子任务 2 的工作内容、目标和要求。 2. 自主阅读 AutoCAD 常用工具快捷键及使用方法资料，标记关键词，并在计算机上进行快捷键的实操练习。（30 分钟） 3. 观摩教师绘制原始结构平面图并记录步骤与方法。（30 分钟） 4. 参考手绘原始结构图，利用 AutoCAD 软件绘制 AutoCAD 原始结构户型图。（60 分钟） 5. 小组自评和互评 AutoCAD 原始结构户型图。（15 分钟） 6. 听取教师总评并修改完善 AutoCAD 原始结构户型图。（15 分钟）	1. 自评和互评：学生根据评价表自评和互评 AutoCAD 原始结构图（通过小组互评挑选小组代表作品，再进行小组间互评）。 2. 师评：教师点评各小组绘制的 AutoCAD 原始结构图。
1. 软资源：AutoCAD 常用工具快捷键及使用方法资料、AutoCAD 原始结构图自评表和互评表等。			
3. 填写施工图绘制计划表格。	1. 教师扮演设计师与助理设计师（学生扮演）进行沟通交流，告知其设计意图、施工图绘制要求等信息。 2. 教师点评学生活动。 3. 发放施工图绘制计划表并指导学生填写。 4. 对计划表进行点评，并指导学生对计划表进行修改完善。	1. 学生扮演助理设计师与设计师（教师扮演）进行沟通，了解设计师设计意图、施工图绘制要求等信息（其他学生观察聆听）。（15 分钟） 2. 听取教师点评并进行记录。（10 分钟） 3. 填写施工图绘制计划表。（15 分钟） 4. 听取教师点评并修改完善施工图制作计划表。（15 分钟）	1. 师评：教师点评学生角色扮演活动。 2. 师评：教师点评施工图绘制工作计划。
1. 软资源：AutoCAD 常用工具快捷键及使用方法资料、AutoCAD 原始结构图自评表和互评表等。			

学习任务 1　居住空间施工图绘制

1 获取信息，制订计划　2 施工图绘制　3 审核修改　4 总结展示

施工图绘制

工作子步骤	教师活动	学生活动	评价
1. 绘制平面布置图。	1. 发放施工图制图标准资料，要求学生通过关键词方法进行自我学习，并提出学习的规则和要求（时间 20 分钟，标记关键词、提问），采用旋转木马学习法强化学习内容。 2. 利用卡片法，抽选小组代表回答卡片上提出的问题。 3. 展示提问，播放 AutoCAD 常用图例制作教学视频。提出观看视频的规则和要求（要根据问题记录笔记），监督观看过程。 4. 提出任务（家具、洁具等在 AutoCAD 中的绘制练习）并巡回指导。 5. 讲授空间功能划分的原则与方法（案例讲授）。 6. 抽选学生回答问题。 7. 讲授平面布置图绘制技巧。 8. 观察并指导学生练习。 9. 发放平面布置图评价表，组织各小组学生对平面布置图进行自评和小组互评。	1. 自主学习施工图制图标准（标记关键词、旋转木马法）。 2. 回答教师提出的问题（AutoCAD 国家制图标准）。(20 分钟) 3. 观看 AutoCAD 常用图例的制作教学视频并完成相应的练习。 4. 完成常用图例练习。(40 分钟) 5. 听教师讲授空间功能划分的原则与方法。 6. 回答教师提出的问题（空间功能划分的原则和方法）。(40 分钟) 7. 完成固定家具的创建。 8. 调用图库的图例并完成二居室平面布置图。(40 分钟) 9. 小组自评和互评平面布置图。(20 分钟)	1. 师评：教师对抽选学生回答问题的完整性和准确性进行点评。 2. 师评：教师点评各学生绘制的 AutoCAD 常用图例。 3. 互评：各小组参照评价表对完成的平面布置图进行小组自评，挑选出小组代表作品，小组间再进行互评。 4. 师评：教师点评各小组绘制的平面布置图。
课时： 20 课时 1. 硬资源：通用型计算机机房、互联网等。 2. 软资源：AutoCAD（2013 以上版本）、施工图制图标准纸质资料、问题卡片、AutoCAD 常用图例制作教学视频、平面布置图评价表等。 3. 教学设施：投影仪、白板、交互式一体机等。			
2. 绘制地面材质图。	1. 发放材质图例给学生学习。 2. 演示二居室地面材质图的绘制。 3. 巡回指导学生完成任务。 4. 发放地面材质图评价表，组织各小组学生对地面材质图进行自评和小组互评。	1. 自主学习资料，掌握各类建材在 AutoCAD 中的表示方法。(15 分钟) 2. 观看教师演示二居室地面材质图的绘制。(15 分钟) 3. 完成二居室地面材质图的绘制。(40 分钟) 4. 小组自评和互评地面材质图。(10 分钟)	1. 互评：各小组参照评价表对完成的地面材质图进行小组自评，挑选出小组代表作品，小组间再进行互评。 2. 师评：教师点评各小组绘制的地面材质图。
1. 软资源：材质图纸质资料、地面材质图评价表等。			

施工图绘制

工作子步骤	教师活动	学生活动	评价
3. 绘制顶棚图。	1. 播放教学视频（标高的使用）并安排学生完成标高的绘制。 2. 教师发放各种顶棚的造型图纸资料给学生学习并提问。 3. 播放教学视频（灯具的表示方法），提出观看视频的规则，监督学生观看。 4. 教师演示顶棚图的制作。 5. 巡回指导学生完成任务。 6. 发放顶棚图评价表，组织各小组学生对顶棚图进行自评和小组互评。	1. 观看教学视频（标高的使用），并练习标高的绘制。(10 分钟) 2. 识读各类顶棚图纸，掌握各种吊顶及顶部造型的表示方法。(10 分钟) 3. 观看视频学习各种灯具的表示方法。(10 分钟) 4. 观看教师演示顶棚图的制作。(10 分钟) 5. 完成顶棚图的绘制。(30 分钟) 6. 小组自评和互评顶棚图。(10 分钟)	1. 师评：教师点评学生回答问题的完整性和准确性。 2. 互评：各小组参照评价表对完成的顶棚图进行小组自评，挑选出小组代表作品，小组间再进行互评。 3. 师评：教师点评各小组绘制的顶棚图。
1. 软资源：标高的使用教学视频、顶棚图造型纸质资料、灯具的表现方法教学视频、顶棚图评价表等。			
4. 绘制立面图。	1. 教师演示引线标注的使用并安排学生完成引线标注的绘制练习。 2. 播放立面图绘制的教学视频并抽选学生提问。 3. 巡回指导学生完成立面图的绘制。 4. 发放立面图评价表，组织各小组学生对立面图进行自评和小组互评。	1. 观看教师演示引线标注的使用并完成引线标注的练习。(10 分钟) 2. 观看立面图制作的教学视频，被抽选到的学生回答问题。(20 分钟) 3. 完成立面图的绘制（电视背景墙、餐厅背景墙、房、卫生间立面图）。(40 分钟) 4. 小组自评和互评立面图。(10 分钟)	1. 师评：教师点评学生回答问题的完整性和准确性。 2. 互评：各小组参照评价表对完成的建筑立面图进行小组自评，挑选出小组代表作品，小组间再进行互评。 3. 师评：教师点评各小组绘制的建筑立面图。
1. 软资源：引线的使用教学视频、立面图制作的教学视频、立面图评价表等。			
5. 绘制剖面图。	1. 发放吊顶材料图例给学生学习。 2. 演示二居室吊顶剖面图的绘制。 3. 巡回指导学生完成任务。 4. 发放吊顶剖面图评价表，组织各小组学生对吊顶剖面图进行自评和小组互评。	1. 独自学习资料，掌握吊顶材料（轻钢龙骨、石膏线等）在 AutoCAD 中的绘制方法。(20 分钟) 2. 观看教师演示吊顶剖面图的绘制。(10 分钟) 3. 完成二居室吊顶剖面图的绘制。(50 分钟) 4. 小组自评和互评吊顶剖面图。(10 分钟)	1. 互评：各小组参照评价表对完成的吊顶剖面图进行小组自评，挑选出小组代表作品，小组间再进行互评。 2. 师评：教师点评各小组绘制的吊顶剖面图。
1. 软资源：顶棚造型的电子图片及所需要的 AutoCAD 文件、吊顶剖面图评价表等。			

学习任务 1 居住空间施工图绘制

1 获取信息，制订计划 → 2 施工图绘制 → 3 审核修改 → 4 总结展示

施工图绘制

工作子步骤	教师活动	学生活动	评价
6. 绘制大样图。	1. 播放家具大样图绘制教学视频并抽选学生提问。 2. 巡回指导学生完成任务。 3. 发放家具大样图评价表，组织各小组学生对家具大样图进行自评和小组互评。	1. 观看家具大样图绘制教学视频，掌握家具构造在 AutoCAD 中的绘制方法；被抽到的学生回答问题。(20 分钟) 2. 完成二居室家具大样图的绘制。(50 分钟) 3. 小组自评和互评家具大样图。(10 分钟)	1. 师评：教师点评学生回答问题的完整性和准确性。 2. 互评：各小组参照评价表对完成的家具大样图进行小组自评，挑选出小组代表作品，小组间再进行互评。 3. 师评：教师点评各小组绘制的家具大样图。
1. 硬资源：计算机等。 2. 软资源：家具大样图绘制教学视频、多媒体投影仪、家具大样图评价表等。			
7. 绘制电气线路图。	1. 播放线路图符号制作的教学视频并抽选学生提问。 2. 演示电气线路图的绘制。 3. 巡回指导学生完成任务。 4. 发放电气线路图评价表，组织各小组学生对电气线路图进行自评和小组互评。	1. 观看线路图符号制作的教学视频，认识掌握电气线路图符号，被抽选到的学生回答问题。(15 分钟) 2. 观看教师演示电气线路图的绘制。(15 分钟) 3. 完成二居室电气线路图的绘制。(40 分钟) 4. 小组自评和互评电气线路图。(10 分钟)	1. 师评：教师点评学生回答问题的完整性和准确性。 2. 互评：各小组参照评价表对完成的电气线路图进行小组自评，挑选出小组代表作品，小组间再进行互评。 3. 师评：教师点评各小组绘制的电气线路图。
1. 软资源：线路图符号制作的教学视频、电气线路图评价表等。			
8. 绘制冷热水管走向图。	1. 播放水管走向图制作教学视频，并布置绘制水路布置图的任务。 2. 巡回指导学生完成任务。 3. 发放冷热水管走向图评价表，组织各小组学生对冷热水管走向图进行自评和小组互评。	1. 观看水管走向图制作教学视频，结合所学定好二居室水位位置。(20 分钟) 2. 完成二居室水管走向图的绘制。(50 分钟) 3. 小组自评和互评冷热水管走向图。(10 分钟)	1. 互评：各小组参照评价表对完成的水管走向图进行小组自评，挑选出小组代表作品，小组间再进行互评。 2. 师评：教师点评各小组绘制的水管走向图。
1. 软资源：水管走向图制作的教学视频、冷热水管走向图评价表等。			

1 获取信息，制订计划 → 2 施工图绘制 → 3 审核修改 → 4 总结展示

	工作子步骤	教师活动	学生活动	评价
审核修改	1. 检查图纸是否符合国家制图标准。	1. 发放图纸样表，提醒学生观察图纸的索引样表填写的内容有哪些。 2. 指导学生编排与填写图纸的索引样表。 3. 要求学生下载制图模板。 4. 指导学生套用模板。 5. 组织学生自我检查施工图错误。 6. 指导学生改正图纸。 7. 检查学生提交的施工图纸是否齐全。	1. 图纸的索引与编排：①观察图纸索引样表填写内容有哪些，听取教师提醒，做好填写记录。（10 分钟）②编排图纸的索引并填写样表。(30 分钟) 2. 制图模板的运用：①学生根据教师要求的尺寸，下载制图模板。(5 分钟) ②套用模板。（15 分钟） 3. 审核与修改：①学生自我检查施工图有无错误和缺漏。（10 分钟）②修改图纸。（80 分钟）③提交施工图定稿。（10 分钟）	1. 师评：教师点评学生回答问题的完整性和准确性。 2. 互评：各小组参照评价表对完成的施工图进行小组自评，挑选出小组代表作品，小组间再进行互评。 3. 师评：教师点评各小组绘制的施工图。
	课时： 4 课时 1. 硬资源：通用型计算机机房、互联网等。 2. 软资源：工作页、参考教材、授课 PPT、图纸的索引样表、制图模板、居住空间施工图、《建筑工程施工质量评价标准》等。 3. 教学设施：投影仪、白板、交互式一体机等。			
总结展示	1. 制作整体居住空间施工图制作总结 PPT。	1. 分析制作居住空间施工图总结 PPT 的要点与要求（包括目录、原始户型图、平面布置图、地面材质图、顶棚图、立面图、剖面图、大样图、电气和冷热水管走向图）。 2. 监督和指导学生小组讨论。 3. 引导学生进行小组内成员的自评。 4. 引导学生进行总结 PPT 展示。 5. 组织每组进行互评。 6. 对学生的编写思路和步骤进行适当的点评。 7. 总结居住空间施工图的绘制技巧和方法。 8. 收集本任务完整的学习成果（手绘原始结构图、AutoCAD 原始户型平面图、平面布置图、地面材质图、各层顶棚图、电视背景墙立面图、厨房立面图、卫生间立面图、吊顶剖面图、家具大样图、电气线路图、五金配件表格、图纸的索引、材料表格、洁具表格）和总结汇报 PPT，并按照优秀、中等、一般、差四个等级进行归类存档。	1. 听取教师讲授制作居住空间施工图总结 PPT 的要点、原则与要求。（20 分钟） 2. 组长组织小组内部进行讨论，分析优点、发现缺点，提出改进方法，归纳、总结、分析、提炼施工图绘制要点。（20 分钟） 3. 各组进行小组内成员的自评，评出小组中最优秀的施工图。（15 分钟） 4. 各组根据组内最优秀的施工图来制作总结 PPT，并上台展示。(45 分钟) 5. 观察各组的总结演示，与自己的总结 PPT 进行对比，归纳出居住空间设计施工图的总体思路。（20 分钟） 6. 对其他各组的总结 PPT 进行评价。（30 分钟） 7. 认真记录教师对本组任务完成情况的点评。（10 分钟）	1. 自评：各小组进行内部讨论和评比，评出小组中最优秀的施工图。 2. 互评：各小组参照评价表对完成的整体居住空间施工总结 PPT 进行小组自评，挑选出小组代表作品，小组间再进行互评。 3. 师评：教师听取各组的总结 PPT 演讲，参照点评表并对其 PPT 进行深入点评并填写评分表。
	1. 软资源：工作页、参考教材、授课 PPT、《建筑工程施工质量评价标准》、施工图绘制总结 PPT 自评表、施工图绘制总结 PPT 互评表、学习任务总体评价表等。			

学习任务 2　别墅空间施工图绘制

任务描述

学习任务课时：40 课时

任务情境：

某学院空间设计工作室设计师助理小王接到一套花园别墅的施工图绘制任务，该别墅为三层楼，面积为 290 m^2，要求小王根据设计师的设计方案完成这个三层别墅的全套施工图绘制，所有施工图纸要符合国家建筑制图标准和规范。

具体要求见下页。

CAD
一层平面图 1: 100

工作流程和标准

工作环节 1

获取信息，制订计划

1

1. 根据设计师现场量房后的记录和照片以及设计师交代的方案，助理设计师要熟悉 AutoCAD 软件各项功能的应用，了解别墅空间的功能分区、施工图包含的内容和别墅空间的设计风格，对该别墅平面图、立面图和节点图等进行绘制，并结合施工过程中的补充图纸、变更图纸，统一、完整、准确地编制图纸。
2. 制订一份工作计划，明确工作步骤、时间节点和任务要求等。
3. 对拟定好的计划进行流程展示。

工作环节 2

施工图绘制

2

1. 使用 AutoCAD 软件绘制出别墅的建筑施工图，包括各层原始户型图、平面布置图、地面材质图、顶棚图、立面图。
2. 使用 AutoCAD 软件绘制出别墅的结构施工图，包括各层顶棚造型和立面造型的剖面图、大样图。
3. 使用 AutoCAD 软件绘制出别墅的设备施工图，包括各层电气和冷热水管走向图。
4. 完成图纸目录和设计说明并对整套施工图进行排版。

工作成果：整套别墅施工图（初稿）。

工作环节 3

审核修改

3

1. 整理施工图文件并交付给设计师（教师）审核；设计师（教师）从图纸的规范性和方案的实施性角度，对图纸进行审查，发现问题并提出修改意见。
2. 设计师助理根据反馈意见进行分析、修改，进一步完善资料图纸。
3. 设计师助理提交施工图文件，文件命名为“丽江花园别墅施工图”。

工作成果：全套施工图纸定稿。

工作环节 4

总结展示

4

1. 对审核通过的“丽江花园别墅施工图”进行展示。
2. 总结制作过程中遇到的问题，并分享项目制作中的收获。

学习内容

知识点	1.1 别墅空间量房的技巧和方法； 1.2 别墅空间装饰设计风格； 1.3 别墅空间功能分区的原则与方法； 1.4 别墅空间施工图制作流程	2.1 平面施工图的常规绘图比例； 2.2 墙体改建； 2.3 识图及图纸规范； 2.4 别墅空间人体工程学常用尺寸； 2.5 别墅常用地面建筑材料的表现方法； 2.6 别墅常用灯具的标识方法	3.1 立面施工图的常规绘图比例； 3.2 墙面建筑材料的表现方法； 3.3 家具和墙体的结构； 3.4 引线标注使用方法
技能点	1.1 能够拍摄正确的现场照片； 1.2 手绘原始结构户型图； 1.3 根据手绘图用软件绘制出 AutoCAD 原始结构图； 1.4 能够与设计师沟通（理解设计意图）	2.1 正确绘制别墅原始户型平面图； 2.2 正确绘制别墅各层平面布置图； 2.3 正确绘制别墅各层地面材质图； 2.4 正确绘制别墅各层顶棚图	3.1 正确绘制电视背景墙立面图； 3.2 正确绘制餐厅背景墙立面图； 3.3 正确绘制厨房立面图； 3.4 正确绘制卫生间立面图
工作环节 	工作环节 1 获取信息，制订计划		施工图绘制 工作环节 2
成果	1.1 手绘别墅各层原始结构图； 1.2 绘制别墅各层 AutoCAD 原始结构图； 1.3 施工图绘制工作计划	2.1 别墅各层原始户型图； 2.2 别墅各层平面布置图； 2.3 别墅各层地面材质图； 2.4 别墅各层顶棚图	3.1 主立面图
素养	1.1 解读信息的能力； 1.2 表达与沟通的能力		
	思政 1　让学生熟悉建筑装饰行业识图制图规范，培养学生的规则意识； 思政 2　在重复类似工作的基础上，培养学生学以致用、精益求精的意识和能力		

4.1 结构施工图的常规绘图比例； 4.2 剖面标记符号的使用方法； 4.3 索引符号的使用方法； 4.4 确定绘图比例和字高的方法	5.1 电气图基本知识； 5.2 电气图形符号的使用方法； 5.3 冷热水管标识的使用方法	6.1 制图模板的运用方法和技巧	
4.1 正确绘制吊顶剖面图； 4.2 正确绘制家具大样图	5.1 按照规范绘制电气线路图； 5.2 按照规范绘制水管走向图	6.1 编制五金配件表格； 6.2 编排图纸的索引； 6.3 编制材料表格； 6.4 编制洁具表格	

4.1 剖面图； 4.2 大样图	5.1 电气线路图； 5.2 冷热水管走向图	6.1 全套施工图纸（定稿）	7.1 总结 PPT
			7.1 培养学生分析问题和解决问题的能力，学会整理信息并能归纳总结，具有沟通表达能力和团队合作精神

课程 1 AutoCAD 施工图绘制

学习任务 2 别墅空间施工图绘制

1 获取信息，制订计划 → 2 施工图绘制 → 3 审核修改 → 4 总结展示

获取信息，制订计划

工作子步骤	教师活动	学生活动	评价
1. 手绘别墅各层原始结构图。	1. 整顿课堂，向全体学生问好并进行考勤点名。 2. 教师发放别墅空间 AutoCAD 施工图绘制任务书，进行学习任务情境模拟，引导学生解读任务书。 3. 用 PPT 展示问题，提出观看《施工图制作流程》教学视频的规则和要求（观看视频，思考 PPT 上的问题），并监督学生观看。 4. 抽选学生回答 PPT 上的问题（施工图制作流程）。 5. 发放问题卡片，提出观看教学视频《量房的技巧与方法》的规则和要求（观看视频，思考卡片上的问题）。 6. 监督并指导学生记录量房基本流程和技巧方法。 7. 向各小组发放问题卡片，抽选各小组成员回答问题卡片上列出的问题。 8. 讲授原始结构户型图的绘制要点、技巧和方法（案例讲解）。 9. 演示原始结构户型图的绘制，并讲授基本步骤和方法。 10. 布置原始结构图绘制任务并监督、指导学生完成。 11. 发放手绘别墅原始户型图评价表，组织各小组学生对手绘原始结构户型图进行自评和小组互评。 12. 教师对各小组的别墅各层手绘原始结构图进行总结点评并指导学生进行修改完善。 13. 教师讲授现场照片的拍摄技巧和方法。 14 抽选学生回答问题（现场拍摄的方法和技巧）。 15. 指导学生进行别墅空间施工现场拍照。	1. 整理仪容仪表，全体学生向老师问好。（5 分钟） 2. 学生解读任务书，用记号笔在任务书中标记关键信息，明确学习任务（信息的解读能力）。（15 分钟） 3. 带着问题（施工图制作流程）观看教学视频，思考 PPT 上展示的问题。（15 分钟） 4. 回答 PPT 上展示的问题。（10 分钟） 5. 查看卡片上的问题，带着卡片上的问题观看教学视频，了解量房的技巧与方法。（15 分钟） 6. 记录量房基本流程和技巧方法。（20 分钟） 7. 思考卡片上的问题，回答问题（量房的技巧和方法）。（15 分钟） 8. 听取教师讲授手绘原始结构户型图的要点、技巧和方法。（30 分钟） 9. 观摩教师手绘别墅各层原始结构户型图的演示。（30 分钟） 10. 手绘别墅各层原始结构户型图。（60 分钟） 11. 小组自评、互评手绘别墅各层原始结构户型图。（20 分钟） 12. 听取教师总评并修改完善原始结构户型图。（20 分钟） 13. 听取教师讲授别墅空间现场照片的拍摄技巧与方法。（20 分钟） 14. 回答教师提出的问题（现场拍摄的方法和技巧）。（15 分钟） 15. 进行现场模拟拍照，记录施工现场重要位置节点。（30 分钟）	1. 师评：教师点评学生回答问题的完整性和准确性。 2. 互评：学生根据评价表自评和互评手绘原始结构图（通过小组自评挑选小组代表作品，再进行小组间互评）。 3. 师评：教师点评各小组的手绘原始结构图。

课时： 8 课时

1. 硬资源：通用型计算机机房、互联网等。
2. 软资源：《别墅空间施工图绘制任务书》、授课 PPT、参考教材、《施工图制作流程》教学视频、问题卡片、《量房的技巧与方法》教学视频（教学资源包）、《手绘原始结构户型图的要点、技巧和方法》教学 PPT、手绘原始结构图自评表和互评表、手绘原始结构图教师评价表等。
3. 教学设施：投影仪、白板、交互式一体机等。

基准课时：40

1 获取信息，制订计划　2 施工图绘制　3 审核修改　4 总结展示

	工作子步骤	教师活动	学生活动	评价
获取信息，制订计划	2. 绘制别墅 AutoCAD 原始结构图。	1. 讲授 AutoCAD 常用工具快捷键及使用方法。 2. 演示别墅空间 AutoCAD 原始结构户型图的绘制，并讲授基本步骤和方法。 3. 布置 AutoCAD 原始结构图绘制任务并监督、指导学生。 4. 组织小组学生对 AutoCAD 原始结构户型图进行自评和互评。 5. 教师对各小组的 AutoCAD 原始结构图进行总结点评并指导学生进行修改完善。	1. 听取教师讲授 AutoCAD 常用工具快捷键及使用方法。（30 分钟） 2. 观摩教师演示原始结构平面图的制作并记录步骤与方法。（30 分钟） 3. 参考手绘原始结构图，利用 AutoCAD 软件绘制 AutoCAD 原始结构户型图。（60 分钟） 4. 小组自评和互评 AutoCAD 原始结构户型图。（15 分钟） 5. 听取教师总评并修改完善 AutoCAD 原始结构户型图。（15 分钟）	1. 自评和互评：学生根据评价表自评和互评别墅各层 AutoCAD 原始结构图（通过小组自评挑选小组代表作品，再进行小组间互评）。 2. 师评：教师点评各小组 AutoCAD 原始结构图。
	课时： 4 课时 1. 硬资源：通用型计算机机房、互联网等。 2. 软资源：别墅各层 AutoCAD 原始结构图自评表和互评表、《AutoCAD 常用工具快捷键及使用方法》PPT 等。			
	3. 填写施工图绘制计划表格。	1. 组织学生进行角色扮演与学生进行沟通交流。 2. 教师点评学生活动。 3. 发放施工图绘制计划表并指导学生填写。 4. 对计划表进行点评并指导学生对计划表进行修改完善。	1. 由两位学生进行角色扮演，了解设计师设计意图（其他学生观察聆听）。（15 分钟） 2. 听取教师点评，并进行记录。（10 分钟） 3. 填写施工图绘制计划表。（15 分钟） 4. 听取教师点评并修改完善施工图制作计划表（15 分钟）。	1. 师评：教师点评学生角色扮演活动。 2. 师评：教师点评施工图绘制工作计划。
	课时： 2 课时 1. 软资源：施工图绘制计划表等。			
施工图绘制	1. 绘制别墅各层平面布置图。	1. 发放施工图制图标准资料供学生阅读并提出规则和要求。 2. 抽选学生回答问题。 3. 播放 AutoCAD 常用图例制作教学视频；提出观看视频的规则，监督观看过程。 4. 提出任务（家具、洁具等在 AutoCAD 中的绘制练习）并巡回指导。 5. 讲授别墅各层空间功能划分的原则与方法（案例讲授）。 6. 抽选学生回答问题。 7. 讲授别墅各层平面布置图绘制技巧。	1. 独自学习施工图制图标准。 2. 回答教师提出的问题（AutoCAD 国家制图标准）。（20 分钟） 3. 观看 AutoCAD 常用图例的表示方法教学视频并完成相应的练习。 4. 完成常用图例练习。（40 分钟） 5. 听教师讲授别墅空间功能划分的原则与方法。 6. 回答教师提出的问题（别墅空间功能划分的原则和方法）。（40 分钟） 7. 完成固定家具的创建。	1. 师评：教师点评学生回答问题的完整性和准确性。 2. 师评：教师点评各学生完成的 AutoCAD 常用图例。

课程 1　AutoCAD 施工图绘制

学习任务 2　别墅空间施工图绘制

1 获取信息，制订计划　2 施工图绘制　3 审核修改　4 总结展示

	工作子步骤	教师活动	学生活动	评价
施工图绘制	1. 绘制别墅各层平面布置图。	8. 观察并指导学生练习。 9. 发放别墅平面布置图评价表，组织各小组学生对平面布置图进行自评和小组互评。	8. 调用图库的图例并绘制别墅各层平面布置图。(40 分钟) 9. 小组自评和互评别墅平面布置图。(20 分钟)	3. 互评：各小组参照评价表对完成的平面布置图进行小组自评，挑选出小组代表作品，小组间再进行互评。 4. 师评：教师点评各小组绘制的平面布置图。
施工图绘制	**课时：** 4 课时 1. 硬资源：通用型计算机机房、互联网等。 2. 软资源：施工图制图标准纸质资料、AutoCAD 常用图例制作教学视频、别墅平面布置图评价表等。			
施工图绘制	2. 绘制别墅各层地面材质图。	1. 发放材质图例给学生学习。 2. 演示别墅地面材质图的绘制。 3. 巡回指导学生完成任务。 4. 发放地面材质图评价表，组织各小组学生对别墅地面材质图进行自评和小组互评。	1. 独自学习资料，掌握各类建材在 AutoCAD 中的表示方法。(15 分钟) 2. 观看教师演示别墅地面材质图的绘制。(15 分钟) 3. 完成别墅各层的地面材质图绘制。(40 分钟) 4. 小组自评和互评地面材质图。(10 分钟)	1. 互评：各小组参照评价表对完成的地面材质图进行小组自评，挑选出小组代表作品，小组间再进行互评。 2. 师评：教师点评各小组绘制的地面材质图。
施工图绘制	**课时：** 2 课时 1. 软资源：材质图纸质资料、别墅地面材质图评价表等。			
施工图绘制	3. 绘制别墅各层顶棚图。	1. 播放教学视频（标高的使用）并安排学生完成标高的绘制。 2. 教师发放各种顶棚的造型图纸资料给学生学习并提问。 3. 播放教学视频（灯具的表示方法）；提出观看视频的规则，监督观看过程。 4. 教师演示别墅顶棚图的制作。 5. 巡回指导学生完成任务。 6. 发放别墅顶棚图评价表，组织各小组学生对顶棚图进行自评和小组互评。	1. 观看教学视频（标高的使用），并练习标高的绘制。(10 分钟) 2. 识读各类顶棚图纸，掌握各种吊顶及顶部造型的表示方法。(10 分钟) 3. 观看视频学习各种灯具的表示方法。(10 分钟) 4. 观看教师演示别墅顶棚图的制作。(10 分钟) 5. 完成别墅顶棚图的绘制。(30 分钟) 6. 小组自评和互评别墅顶棚图。(10 分钟)	1. 师评：教师点评学生回答问题的完整性和准确性。 2. 互评：各小组参照评价表对完成的顶棚图进行小组自评，挑选出小组代表作品，小组间再进行互评。 3. 师评：教师点评各小组绘制的顶棚图。
施工图绘制	**课时：** 2 课时 1. 软资源：标高的使用教学视频、顶棚图造型纸质资料、灯具的表现方法教学视频、别墅顶棚图评价表等。			

工作子步骤	教师活动	学生活动	评价
4. 绘制主立面图。	1. 教师演示引线标注的使用并安排学生完成引线标注的绘制练习。 2. 播放立面图绘制的教学视频并抽选学生提问。 3. 巡回指导学生完成立面图的绘制。 4. 发放立面图评价表，组织各小组学生对立面图进行自评和小组互评。	1. 观看教师演示引线标注的使用并完成引线标注的练习。(10 分钟) 2. 观看立面图制作的教学视频，被抽到的学生回答问题。(20 分钟) 3. 完成立面图的绘制（电视背景墙、餐厅背景墙、房、卫生间立面图）。(40 分钟) 4. 小组自评和互评立面图。(10 分钟)	1. 师评：教师点评学生回答问题的完整性和准确性。 2. 互评：各小组参照评价表对完成的建筑立面图进行小组自评，挑选出小组代表作品，小组间再进行互评。 3. 师评：教师点评各小组绘制的建筑立面图。
课时： 2 课时 1. 软资源：引线的使用教学视频、立面图制作的教学视频、立面图评价表等。			
5. 绘制剖面图。	1. 发放吊顶材料图例给学生学习。 2. 演示别墅各层吊顶剖面图的绘制。 3. 巡回指导学生完成任务。 4. 发放吊顶剖面图评价表，组织各小组学生对吊顶剖面图进行自评和小组互评。	1. 独自学习资料，掌握吊顶材料（轻钢龙骨、石膏线等）在 AutoCAD 中的绘制方法。(20 分钟) 2. 观看教师演示吊顶剖面图的绘制。(10 分钟) 3. 完成别墅的吊顶剖面图的绘制。(50 分钟) 4. 小组自评和互评吊顶剖面图。(10 分钟)	1. 互评：各小组参照评价表对完成的吊顶剖面图进行小组自评，挑选出小组代表作品，小组间再进行互评。 2. 师评：教师点评各小组绘制的吊顶剖面图。
课时： 2 课时 1. 软资源：顶棚造型的电子图片及所需要的 AutoCAD 文件、吊顶剖面图评价表等。			
6. 绘制大样图。	1. 播放家具大样图绘制教学视频并抽选学生提问。 2. 巡回指导学生完成任务。 3. 发放家具大样图评价表，组织各小组学生对家具大样图进行自评和小组互评。	1. 观看家具大样图绘制教学视频，掌握家具构造在 AutoCAD 中的绘制方法；被抽到的学生回答问题。(20 分钟) 2. 完成别墅的家具大样图的绘制。(50 分钟) 3. 小组自评和互评家具大样图。(10 分钟)	1. 师评：教师点评学生回答问题的完整性和准确性。 2. 互评：各小组参照评价表对完成的家具大样图进行小组自评，挑选出小组代表作品，小组间再进行互评。 3. 师评：教师点评各小组绘制的家具大样图。
课时： 2 课时 1. 硬资源：计算机等。 2. 软资源：家具大样图绘制教学视频、家具大样图评价表等。 3. 教学设施：多媒体投影仪等。			

1 获取信息，制订计划　2 施工图绘制　3 审核修改　4 总结展示

	工作子步骤	教师活动	学生活动	评价
施工图绘制	7. 绘制电气线路图。	1. 播放线路图符号制作的教学视频并抽选学生提问。 2. 演示电气线路图的绘制。 3. 巡回指导学生完成任务。 4. 发放电气线路图评价表，组织各小组学生对电气线路图进行自评和小组互评。	1. 观看线路图符号制作的教学视频，认识掌握电气线路图符号，被抽到的学生回答问题。(15 分钟) 2. 观看教师演示电气线路图的绘制。(15 分钟) 3. 完成别墅的电气线路图的绘制。(40 分钟) 4. 小组自评和互评电气线路图。(10 分钟)	1. 师评：教师点评学生回答问题的完整性和准确性。 2. 互评：各小组参照评价表对完成的电气线路图进行小组自评，挑选出小组代表作品，小组间再进行互评。 3. 师评：教师点评各小组绘制的电气线路图。
	课时： 2 课时 1. 软资源：线路图符号制作的教学视频、电气线路图评价表等。			
	8. 绘制冷热水管走向图。	1. 播放水管走向图制作教学视频，并提出水位布置的任务。 2. 巡回指导学生完成任务。 3. 发放冷热水管走向图评价表，组织各小组学生对冷热水管走向图进行自评和小组互评。	1. 观看水管走向图制作教学视频，结合所学确定别墅水位位置。(20 分钟) 2. 完成别墅冷热水管走向图的绘制。(50 分钟) 3. 小组自评和互评冷热水管走向图。(10 分钟)	1. 互评：各小组参照评价表对完成的冷热水管走向图进行小组自评，挑选出小组代表作品，小组间再进行互评。 2. 师评：教师点评各小组绘制的冷热水管走向图。
	课时： 2 课时 1. 软资源：冷热水管走向图制作的教学视频、冷热水管走向图评价表等。			
审核修改	1. 检查图纸是否符合国家制图标准。	1. 发放图纸样表，提醒学生观察图纸的索引样表填写的内容有哪些。 2. 指导学生编排与填写图纸索引样表。 3. 要求学生下载制图模板。 4. 指导学生套用模板。 5. 组织学生自我检查施工图错误。 6. 指导学生改正图纸。 7. 检查学生提交的施工图纸是否齐全。	1. 图纸的索引与编排。 2. 观察图纸的索引样表填写的内容有哪些，听取教师提醒，做好填写记录。(10 分钟) 3. 编排图纸的索引并填写索引样表。(30 分钟) 4. 制图模板的运用。 5. 学生根据教师要求的尺寸，下载制图模板。(5 分钟) 6. 套用模板。(15 分钟) 7. 审核与修改。 8. 学生自我检查施工图有无错误和缺漏。(10 分钟) 9. 修改图纸。(80 分钟) 10. 提交施工图定稿。(10 分钟)	1. 过程性评价：重点观察学生检查图纸细节和修改后的图纸是否正确。 2. 成果验收方式：学生提交电子版图纸。 3. 成果验收标准：电子版图纸是否齐全，是否符合国家制图标准。
	课时： 4 课时 1. 硬资源：通用型计算机机房、互联网等。 2. 软资源：工作页、参考教材、授课 PPT、图纸的索引样表、制图模板、别墅空间施工图、《建筑工程施工质量评价标准》等。 3. 教学设施：投影仪、白板、交互式一体机等。			

1 获取信息，制订计划　2 施工图绘制　3 审核修改　4 总结展示

	工作子步骤	教师活动	学生活动	评价
总结展示	1. 制作整体别墅空间施工图总结 PPT。	1. 分析制作别墅空间施工图总结 PPT 的要点与要求（包括目录、原始户型图、平面布置图、地面材质图、顶棚图、立面图、剖面图、大样图、电气和冷热水管走向图）。	1. 听取教师讲授制作别墅空间施工图总结 PPT 的要点、原则与要求。（20 分钟）	1. 自评：各小组进行内部讨论和评比，评出小组中最优秀的施工图。 2. 自评和互评：各小组参照评价表对完成的整体别墅空间施工总结 PPT 进行小组自评，挑选出小组代表作品，小组间再进行互评。 3. 师评：教师听取各组的总结 PPT 演讲，参照点评表进行深入点评。
		2. 监督并指导学生小组讨论。	2. 小组内部进行讨论，分析优点、发现缺点，提出改进方法，归纳、总结、分析、提炼施工图绘制要点。（20 分钟）	
		3. 引导学生进行小组内成员的自评。	3. 各组进行小组内成员的自评，评出小组中最优秀的施工图。（15 分钟）	
		4. 引导学生进行总结 PPT 展示。	4. 各组根据组内最优秀的施工图来制作总结 PPT，并上台展示。（45 分钟）	
		5. 组织各组进行互评。	5. 观察各组的总结演示，与自己的总结 PPT 进行对比，归纳出别墅空间设计施工图的总体思路。（20 分钟）	
		6. 对学生的编写思路和步骤进行适当点评。	6. 对其他各组的总结 PPT 进行评价。（30 分钟）	
		7. 总结别墅空间施工图的绘制技巧和方法。	7. 认真记录教师对本组任务完成情况的点评。（10 分钟）	

课时： 4 课时

1. 软资源：工作页、参考教材、授课 PPT、《建筑工程施工质量评价标准》、施工图绘制总结 PPT 自评表、施工图绘制总结 PPT 互评表、学生作品评分标准表等。

考核标准

考核任务案例：咖啡厅施工图制作

情境描述：

现有商场内咖啡店的原始户型图，请根据课程所学知识，对商场内咖啡店内部进行装饰设计。

任务要求：

1. 设计要求。

（1）功能配置合理、空间功能分区合理，咖啡店应有客席桌椅、糕点柜台及收银台、小型灶台厨房及备用间，上下水管引入，洗手间商场公用。

（2）设计风格明确，整套设计需有统一的风格。

（3）环境舒适，优雅，清新。

（4）图纸符合制图规范（所绘制图形符合人体工程学尺寸、图层分类明确、墙体标注准确、材料注释清晰等）。

2. 设计内容。

（1）绘制图纸：平面布置图、地面材质图、顶棚图、咖啡店门头立面图（材质、比例自定）。

（2）室内透视施工图一张（A4 纸张手绘表现、简单着色）。

（3）简要设计说明不超过 200 字。

评价标准：

1. 设计风格明确，整套设计需有统一的风格。（30 分）

2. 空间功能分区合理。（20 分）

3. 图纸符合制图规范（所绘制图形符合人体工程学尺寸、图层分类明确、墙体标注准确、材料注释清晰等）。（50 分）

参考资料：

咖啡屋原始平面图、工作页、教材、网络资源等。

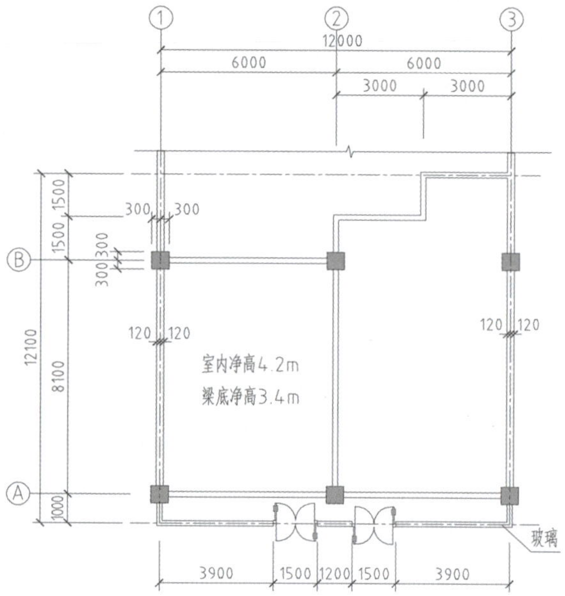

咖啡屋平面图

AutoCAD 施工图绘制

课程 2　3ds Max 效果图绘制

学习任务 1
居住空间效果图绘制
（60）课时

学习任务 2
办公空间效果图绘制
（50）课时

学习任务 3
餐饮空间效果图绘制
（50）课时

课程目标

学习完本课程后，学生应当能够使用 3ds Max 软件的主要功能进行室内效果图绘制。严格执行企业安全管理制度，具备工作过程中解读信息、沟通与表达、团队合作的职业能力和遵纪守法、爱岗敬业、团结合作、认真细致、一丝不苟的职业素养，具体包括：

1. 能够认真阅读任务书，使用专业术语与设计师进行沟通，记录任务的关键内容，明确工作任务的时间和要求。

2. 能够合理安排时间，思考完成任务所需的工作思路、技术和方法。

3. 能通过教师讲解和自主学习掌握各种装饰设计风格和效果图制作流程。

4. 能熟练操作 3ds Max 软件，掌握效果图制作的基本知识和软件各种工具的使用方法；参照 CAD 原始结构图，使用 3ds Max 软件完成模型墙体框架的创建。

5. 掌握导入家具的方法。

6. 掌握摄像机的设置，了解不同种类摄像机的区别和联系。

7. 掌握材质的设置，熟知各种类型材质参数的设置。

8. 掌握灯光的设置以及不同的场景使用何种灯光。

9. 掌握 Vray 渲染器的测试设置及 Vray 渲染大图设置。

10. 能够熟练应用 Photoshop 软件对效果图进行后期处理。

11. 能够按时提交初稿，与教师进行有效沟通，正确表达效果图制作思路，态度端正，虚心接受修改意见，认真思考达到修改要求的工作方法，并按时完成对效果图的完善和修改及完稿提交、整理归档等工作。

12. 能归纳和总结不同空间类型的效果图绘制特点，总结效果图制作的流程和方法。

13. 具备遵纪守法、爱岗敬业、团结合作的职业素养，养成认真细致、一丝不苟的工作作风。

课时：160

课程内容

本课程的主要学习内容包括：

1. 专业术语。

装饰设计风格、效果图制作流程、效果图绘制的专业术语、常用语、快捷键等。

2. 参考资料的收集与整理。

原始结构户型图、家具模型、材质库、光域网等参考资料收集和管理。

3. 效果图制作的基本知识和各种软件工具的使用方法。

4. 3ds Max 软件的使用。

3ds Max 软件绘图工具的使用，材质、灯光以及渲染参数设置的技巧。

5. 效果图的制作。

墙体框架图的创建、导入家具的方法、摄像机的设置、材质的设置、灯光的设置、Vray 渲染器的测试设置及 Vray 渲染大图设置、运用 Photoshop 软件对效果图进行后期处理的技巧。

6. 效果图的修改。

7. 工作规范 。

图纸尺寸规范，文件命名与存储规范，文件管理与备份规范等。

8. 职业素养。

相关法律法规知识、时间管理能力、理解能力、沟通与表达能力、团队合作能力、执行力。

学习任务 1　居住空间效果图绘制

任务描述

学习任务课时：60 课时

任务情境：

某学校室内装饰班王同学家的住房需要进行二次装修，该房户型为三房两厅，面积为 105 m^2，该学生家长委托学院室内装饰工作室帮其完成 3ds Max 效果图的制作，我们根据学生的能力，认为学生能完成这个任务，要求学生根据设计师的设计方案完成这个三居室的 3ds Max 效果图的制作。

具体要求见下页。

3Dmax
效果图

工作流程和标准

工作环节 1

明确任务

1

根据业主提供的施工图纸以及业主的想法，助理设计师要读懂施工图纸，搞清设计意图。不仅要搞清楚设计方案的空间结构，更重要的是要理解设计构思和理念，居住空间设计在以人居为中心的设计前提下，不仅要满足功能需求，同时要遵循生态设计、绿色设计的理念，满足人们心理与精神层面的需求。把以人为本的理念在效果图中表达出来，把握好在效果图场景中需要表现的格调和气氛，培养用技术表达人文，“极致而至善”的工作态度。助理设计师要在熟悉 3ds Max 软件、Vray 渲染器和 Photoshop 软件功能应用的情况下来完成三居室的效果图绘制。

工作成果：居住空间 CAD 原始结构图、平面布置图、地面铺设平面图、顶棚布置平面图、灯光分布平面图、各墙面装饰立面图。

工作环节 2

制订计划

2

1. 制订一份工作计划，明确工作步骤、时间节点和任务要求等。
2. 对拟定好的计划进行流程展示。

工作成果：效果图绘制工作计划。

工作环节 5

总结展示

5

1. 对打印出的“三居室效果图”进行展示。制作整体居住空间效果图总结 PPT。
2. 总结制作过程中遇到的问题，并分享项目制作中的收获。

工作环节 3

绘制效果图

3

1. 使用 3ds Max 软件建模，根据设计图纸进行建模工作。根据平面图的设计，在场景中建立地面、墙体、吊顶等的大体框架（包括场景模型：房间 / 客厅 / 餐厅 / 书房 / 门窗 / 顶棚 / 墙壁等），建好框架后便可在场景中创建其他三维造型和调入家具．（包括产品模型：案 / 台 / 柜 / 椅 / 凳 / 沙发 / 茶几 / 等；饰品模型：窗帘 / 餐具 / 烛台 / 抱枕 / 相框 / 挂画 / 挂件 / 瓷器 / 家用电器等；灯具模型：吊灯 / 壁灯 / 筒灯 / 射灯 / 台灯 / 落地灯等），适当增加场景中的小物品、画饰、花卉、人物等配景，使整个场景显得更为生动逼真、有家的气息。
2. 创建摄影机，在场景中加入相机，进一步调整相机的参数至满意的角度为止。
3. 设置 Vray 材质参数，给场景赋予材质，将各种建筑构件和造型摆放至合适的位置后，就可以给场景中各种物体赋予材质。对各部分构件赋予材质时，要求整体材质应该有一个主基调色，尽量避免大面积对比色的情况出现。
4. 创建场景中的灯光环境，使整个场景物体能表现出比较好的立体感、层次感和温馨感。（需要创建的灯有：台灯 / 壁灯 / 吊灯 / 吸顶灯 / 灯带 / 灯槽 / 落地灯等，还有例如夜间月色、太阳光、天空光、电视机屏幕发光等，通过这些光来照亮整个场景空间，模拟真实的空间环境以及光和影）。
5. 使用 Vray 渲染器渲染出图。首先进行测试渲染：检查整个空间以及灯光是否到位，材质是否到位，摄像机角度是否到位；其次进行全局调试：对测试渲染结果进行整体调节，调节完成后再进行测试渲染，反复多次测试渲染和全局调试，满意后再进行渲染出图；最后正式渲染出图：对测试和调试好的场景出最后的大尺寸、高像素、效果最好的图。

工作成果：主要空间效果图（客厅、主卧等）。

工作环节 4

审核修改

4

1. 使用 Vray 渲染大图设置，渲染参数调高，最后正式渲染出图（对测试和调试好的场景出最后的大尺寸、高像素、效果最好的图）。输出图像的大小要根据图纸大小而定，一般制作效果图的分辨率最好不小于 120 dpi(120 像素 / 英寸)。
2. 使用 Photoshop 软件对效果图进行后期处理，调整整个画面的基调色、亮度及反差，使画面表现出较好的色感和层次感；添加各种配景（饰品、花草、室外增加树木、天空的背景）使画面显得更为生动；进行适当的光影效果处理，使整个画面呈现出较好的艺术效果。设计师助理根据反馈意见进行分析、修改，进一步完善效果图。
3. 整理效果图文件并交付给设计师（教师）审核；设计师（教师）对效果图进行审查，发现问题，提出修改意见。
4. 设计师助理对效果图进行打印输出。

学习成果：主要空间效果图（打印版）。

学习内容

知识点	1.1 效果图的制作流程； 1.2 居住空间的构成内容； 1.3 居住空间装饰设计风格； 1.4 居住空间 CAD 原始结构图绘制； 1.5 以人为本的设计思想和理念的解读与分析； 1.6 以人为本的设计理念在居住空间效果图中的表达技巧与方法	2.1 3ds Max 软件建模的方法； 2.2 导入家具的方法； 2.3 摄像机的设置； 2.4 Vray 材质设置； 2.5 灯光的设置
技能点	1.1 绘制居住空间 CAD 原始结构图； 1.2 能够与设计师沟通（理解设计意图）； 1.3 填写居住空间效果图绘制工作计划	2.1 向 3ds Max 导入 CAD 文件； 2.2 3ds Max 软件各项工具的运用； 2.3 摄像机的设置； 2.4 Vray 材质的设置； 2.5 灯光的设置； 2.6 Vray 渲染器的设置
工作环节	工作环节 1 获取信息，制订计划	施工图绘制 工作环节 2
成果	1.1 确定居住空间效果图的风格； 1.2 居住空间 CAD 原始结构图； 1.3 居住空间效果图绘制工作计划	2.1 居住空间效果图初稿
素养	1.1 自主学习意识； 1.2 理解能力与沟通表达能力； 1.3 解读信息的能力； 1.4 制订工作计划的能力	2.1 通过自学获取新技术的能力； 2.2 利用网络、文献等获取信息的能力； 2.3 具有正确、系统理解效果图操作流程和方法的能力
	秉承以人为本的设计理念，提升技术与人文的融合表达能力，培养用技术表达人文、“极致而至善”的工作态度	

学习任务 1　居住空间效果图绘制

	3.1 Vray 渲染大图设置； 3.2 Photoshop 室内效果图后期修改技术	4.1 居住空间整体效果图制作总结 PPT
	3.1 Photoshop 软件各项工具的运用	4.1 口述设计方案
	工作环节 3 审核修改	工作环节 4 总结展示
	3.1 居住空间效果图出图	4.1 居住空间整体效果图制作总结 PPT
	3.1 具有效果图项目流程把控的能力； 3.2 培养严谨细致的工作作风和对资料素材的积累习惯	4.1 归纳、总结、分析的能力； 4.2 表达能力； 4.3 评估工作结果（自我、他人）的能力

学习任务 1 居住空间效果图绘制

1 获取信息，制订计划 → 2 效果图绘制 → 3 效果图出图 → 4 总结展示

获取信息，制订计划

工作子步骤	教师活动	学生活动	评价
1. 确定效果图的风格。	1. 整顿课堂，向全体学生问好并进行考勤点名。 2. 教师发放任务书并进行学习任务情境模拟，通过提问检查学生学习效果。 3. 提出观看《3ds Max 效果图制作流程》教学视频的规则，并监督学生观看。 4. 以视频中的知识点制作问题卡，教师随机抽选学生回答视频中的问题。 5. 要求学生上网查找居住空间的构成内容，并监督学生完成。 6. 以居住空间构成内容制作问题卡，教师随机抽选学生回答视频中的问题。 7. 提出观看教学视频《居住空间装饰设计风格》视频的规则，并监督学生观看。 8. 讲解居住空间装饰风格种类与设计特点，监督并指导学生记录居住空间装饰设计风格种类和设计特点。 9. 分析居住空间装饰风格案例，随机抽选学生回答问题。 10. 展示设计师手绘效果图，提示学生观察其设计特点，符合哪种设计风格。 11. 提出小组讨论任务并填写设计效果图风格和设计特点。 12. 发放评价表，组织各小组学生对效果图风格及特点进行自评和小组互评。 13. 教师对各小组确定的效果图风格特点进行总结点评并指导学生进行修改完善。 14. 教师引导学生通过查阅资料完成对以人为本的设计思想和理念的解读与分析。 15. 教师运用案例讲授以人为本的设计理念在居住空间效果图中的表达技巧与方法。	1. 整理仪容仪表，全体学生向老师问好。（5 分钟） 2. 独立解读任务书，明确学习任务。（15 分钟，强化自主学习意识和信息解读能力，教师检查效果可用其中 5 分钟） 3. 观看教学视频，了解效果图制作流程，记录居住空间效果图制作的特点。（20 分钟） 4. 回答教师提出的问题（效果图制作流程知识）。（10 分钟） 5. 结合教学视频，查找资料，了解居住空间的构成内容，做好笔记。（20 分钟）（强化自主学习意识） 6. 回答教师提出的问题（居住空间构成内容）。（10 分钟） 7. 观看教学视频：居住空间装饰设计风格。（20 分钟） 8. 听教师讲解，记录居住空间装饰的风格种类和设计特点。（30 分钟） 9. 回答教师提出的问题（居住风格与设计特点）。（20 分钟） 10. 听取教师提醒，观察设计手绘效果图并记录其设计特点。（30 分钟） 11. 小组讨论，确定设计效果图风格和设计特点。（30 分钟） 12. 小组自评、互评填写的设计效果图风格及特点。（20 分钟） 13. 听取教师总评并修改完善。（10 分钟） 14. 查询资料并完成对以人为本的设计思想和理念的解读与分析。 15. 学生认真听取教师讲授，并做好笔记。	1. 师评：教师点评学生回答问题的完整性和准确性。 2. 自评和互评：学生根据评价表自评和互评效果图风格及特点。 3. 师评：教师点评各小组确定的效果图风格及特点。

课时： 6 课时

1. 硬资源：通用型计算机机房、互联网等。
2. 软资源：《居住空间效果图绘制任务书》、《居住空间的构成》教学视频、问题卡片、《居住空间装饰设计风格》教学视频、《居住空间装饰设计风格》教学 PPT、居住空间设计手绘效果图、《效果图风格及特点评价表》（含评价标准）等。
3. 教学设施：投影仪、白板、交互式一体机、Auto CAD（2013 以上版本）、3ds Max（2012 以上版本）等。

获取信息，制订计划

工作子步骤	教师活动	学生活动	评价
2. 绘制 CAD 原始结构图。	1. 子任务之间的衔接（回顾任务总进度、介绍下一个子任务的具体内容、要求）。 2. 边演示居住空间 CAD 结构图的绘制，边讲授基本步骤和方法。 3. 发放居住空间 CAD 结构图绘制任务，监督并指导学生绘制。 4. 说明自评与互评规则，组织小组学生对居住空间 CAD 结构图进行自评和互评。 5. 教师对各小组的 CAD 原始结构图进行总结点评并指导学生进行修改完善。	1. 观摩教师演示，了解居住空间 CAD 结构图的绘制，记录制作的基本流程、技巧和方法。（20 分钟） 2. 绘制居住空间 CAD 结构图（尺寸比例要准确），绘制好后保存为 .dwg 格式。（100 分钟） 3. 展示作品，小组自评和互评 CAD 原始结构户型图（平面图、立面图）。（20 分钟） 4. 听取教师总评并修改完善 CAD 原始结构户型图。（20 分钟）	1. 自评和互评：学生根据居住空间 CAD 结构图评价标准自评和互评。 2. 师评：教师点评结构图绘制的准确性与完整性。
课时： 4 课时 1. 软资源：CAD 软件、计算机、多媒体、施工图、施工图自评表等。			
3. 填写效果图绘制工作计划表。	1. 子任务之间的衔接（回顾任务总进度、介绍下一个子任务的具体内容、要求）。 2. 组织学生进行角色扮演与学生进行沟通交流。 3. 教师评价学生的理解能力及表达能力。 4. 发放效果图绘制计划表并指导学生填写。 5. 对计划表进行点评并指导学生修改完善。	1. 由两位学生扮演制图员与设计师，了解设计师设计意图，其他学生观察聆听（理解能力及表达能力）。（20 分钟） 2. 听取教师点评，并进行记录。（10 分钟） 3. 填写效果图绘制计划表。（30 分钟） 4. 听取教师点评并修改完善效果图制作计划表。（20 分钟）	1. 师评：理解能力及表达能力评价。 2. 师评：教师点评效果图绘制工作计划填写的合理性和完整性。
课时： 6 课时 1. 软资源：效果图绘制计划表等。			

课程 2　3ds Max 效果图绘制

学习任务 1　居住空间效果图绘制

1 获取信息，制订计划　2 效果图绘制　3 效果图出图　4 总结展示

	工作子步骤	教师活动	学生活动	评价
效果图绘制	1. 3ds Max 软件建模的方法。	1. 子任务之间的衔接（回顾任务总进度、介绍下一个子任务的具体内容、要求）。 2. 讲授原始结构户型图导入 3ds Max 的要点、技巧和方法（案例讲解），通过提问检查学生学习效果。 3. 边演示 CAD 原始结构户型图的导入，边讲授基本步骤和方法。 4. 布置原始结构图在 3ds Max 中的导入任务并监督、指导学生完成。 5. 提出建立墙体模型任务，讲授建立空间墙体的技巧与方法，并监督、指导学生完成。 6. 提出评价标准，组织各小组学生对墙体模型进行自评和小组互评。 7. 教师对各小组的墙体模型进行总结点评并指导学生进行修改完善。 8. 播放 3ds Max 常用图例制作教学视频，提出观看视频的规则，监督学生观看。 9. 提出任务（家具、洁具等 3ds Max 常用图例练习）并巡回指导。 10. 提出评价标准，监督学生检查常用图例制作的准确性。 11. 演示 3ds Max 居住空间建模，讲授基本步骤和方法。 12. 提出效果图建模任务，并巡回指导。 13. 发放居住空间建模评价表，组织各小组学生对空间建模效果图进行自评和小组互评。	1. 听取教师讲授居住原始结构平面户型图导入 3ds Max 的要点、技巧和方法。（30 分钟） 2. 观摩教师将 CAD 原始结构平面户型图导入 3ds Max 的演示。（40 分钟） 3. 导入居住空间 3ds Max 原始结构户型图。（40 分钟） 4. 听取教师讲授建立空间墙体的技巧与方法，完成墙体模型的建立。(30 分钟) 5. 按评价标准，各小组学生对墙体模型进行自评和小组互评。（10 分钟） 6. 听取教师总评并修改完善墙体模型。（10 分钟） 7. 观看 3ds Max 常用图例的制作方法教学视频并完成相应的练习。（40 分钟） 8. 完成常用图例练习，掌握 3ds Max 软件各项工具的运用。(60 分钟) 9. 参照评价标准，学生自检制作效果。 10. 观摩教师演示，记录制作的基本流程、技巧和方法。(40 分钟) 11. 完成客厅、卧室、厨房、卫生间等效果图建模。（240 分钟） 12. 小组自评和互评空间建模效果图。(20 分钟)	1. 师评：教师通过提问检查学生学习效果。 2. 自评和互评：各小组参照评价表对完成的建模进行小组自评，挑选出小组代表作品，小组间再进行互评。 3. 师评：教师点评墙体模型的合理性和完整性。 4. 师评：教师点评各学生完成的 3ds Max 常用图例。 5. 师评：教师点评学生回答问题的完整性和准确性。 6. 师评：教师点评各小组的建模效果图。

课时： 12 课时

1. 软资源：效果图制图标准纸质资料、居住原始结构平面户型图、3ds Max 常用模型制作教学视频等。

效果图绘制

工作子步骤	教师活动	学生活动	评价
2. 导入家具。	1. 发放家具模型导入标准资料供学生阅读，提出规则和要求。 2. 以家具模型导入标准知识点制作问题卡，教师随机抽选学生回答家具模型的运用问题。 3. 播放家具模型导入的教学视频。提出观看视频的要求（记录居住空间在选取家具模型时的尺寸、材质等细节，观察其是否符合业主居住环境要求），监督观看过程。 4. 提出任务（家具、洁具模型等在3ds Max 中的导入练习）并巡回指导。 5. 提出评价标准，监督学生检查常用导入制作的准确性。 6. 讲授空间功能划分的原则与方法（案例讲授）。 7. 以空间功能分区原则和方法知识点制作问题卡，教师随机抽取学生回答问题。 8. 讲授家具模型导入技巧，让学生完成固定家具的创建。 9. 发放家具图库模型，观察并指导学生的练习。 10. 发放学习资料，让学生熟悉各类模型在 3ds Max 中的表示方法，通过提问检查学生学习效果。 11. 发放家具模型给学生练习，学生挑选家具导入，巡回指导学生完成任务。 12. 发放家具导入布置评价表，组织各小组学生对家居模型布置图进行自评和小组互评。	1. 独自学习家具模型导入的制图标准与应用。(20 分钟) 2. 回答教师提出的问题（家具模型的运用）。(15 分钟) 3. 观看家具模型导入方法教学视频并记录要点，完成相应的练习。（30 分钟） 4. 完成家具模型导入练习。(40 分钟) 5. 按家具导入方法与标准，小组自评和互评。（10 分钟） 6. 听教师讲授空间功能分区的原则与方法。(20 分钟) 7. 回答教师提出的问题（空间功能分区原则和方法）。(40 分钟) 8. 学生独立完成固定家具的创建。（20 分钟） 9. 调用图库的模型并完成室内家具模型布置图。(40 分钟) 10. 独自学习资料，掌握各类模型在 3ds Max 中的表示方法。(15 分钟) 11. 学生根据室内家具模型布置图，表述自己模型导入布局的合理性，并完成居住空间室内模型的导入。(55 分钟) 12. 小组自评和互评家具模型布置图。(15 分钟)	1. 师评：教师点评学生回答问题的完整性和准确性。 2. 师评：随机抽取学生进行作业展示，点评学生导入的完整性和准确性。 3. 自评和互评：各小组参照评价标准对完成的导入家具图进行小组自评，挑选出小组代表作品，小组间再进行互评。 4. 师评：教师点评各小组的布局图。 5. 师评：教师通过提问，检查学生对知识掌握的完整性和准确性。 6. 自评和互评：各小组参照评价表对完成的模型导入进行小组自评，挑选出小组代表作品，小组间再进行互评。 7. 师评：教师点评各小组的家居模型布置图。

课时： 8 课时

1. 软资源：家具模型导入制图标准、问题卡片、需导入的居住空间家具模型、整体布局设计使用教学视频、家具模型库资料、模型导入布置评价表等。

学习任务 1　居住空间效果图绘制

1 获取信息，制订计划　2 效果图绘制　3 效果图出图　4 总结展示

效果图绘制

工作子步骤	教师活动	学生活动	评价
3. 摄像机设置。	1. 播放教学视频（目标摄影机的使用），并安排学生完成目标摄像机的设置。 2. 教师发放各个角度摄像机文件给学生学习并提问。 3. 播放教学视频（目标摄像机表示方法）；提出观看视频的规则，监督观看过程。 4. 教师演示目标摄像机的制作。 5. 巡回指导学生完成任务。 6. 发放摄像机设置评价表，组织各小组学生对目标摄像机设置进行自评和小组互评。	1. 观看教学视频（目标摄影机的使用），并练习摄影机的设置。(30 分钟) 2. 观看目标摄像机的设置，掌握各个不同角度摄像机的设置方法。(20 分钟) 3. 观看视频学习目标摄像机的设置方法。(20 分钟) 4. 观看教师演示目标摄像机的制作。(10 分钟) 5. 完成目标摄像机设置。（60 分钟） 6. 小组自评和互评目标摄像机设置。(20 分钟)	1. 师评：教师通过抽查学生练习作业，检查学习效果。 2. 师评：教师点评各小组目标摄像机的设置。 3. 师评：教师点评学生回答问题的完整性和准确性。 4. 自评和互评：各小组参照评价表对完成的目标摄像机设置进行小组自评，挑选出小组代表作品，小组间再进行互评。
课时： 4 课时 1. 硬资源：计算机等。 2. 软资源：目标摄像机的使用教学视频、目标摄像机设置评价表等。 3. 教学设施：多媒体投影仪等。			
4. Vray 材质设置。	1. 播放 Vray 材质设置图的教学视频并抽选学生提问。 2. 巡回指导学生完成 Vray 材质设置。 3. 发放居住空间 Vray 材质设置评价表，组织各小组学生对 Vray 材质设置进行自评和小组互评。 4. 发放材质设置参数给学生学习。 5. 演示各种材质的设置方法。 6. 巡回指导学生完成任务。 7. 发放居住空间材质图效果评价表，组织各小组学生对居住空间材质图效果进行自评和小组互评。	1. 观看 Vray 材质设置教学视频，抽到的学生回答问题。(20 分钟) 2. 完成视频中 Vray 材质设置练习。(10 分钟) 3. 完成居住空间 Vray 材质设置（背景墙、餐厅背景墙、房、卫生间等材质的设置）。(40 分钟) 4. 小组自评和互评 Vray 材质设置图。(10 分钟) 5. 独自学习资料，掌握 Vray 材质设置（地板、墙体、饰品等）在 3ds Max 中的设置方法。(20 分钟) 6. 观看教师演示各种材质的设置。(10 分钟) 7. 完成 Vray 材质设置（地板、墙体、饰品等）在 3ds Max 中的设置。（30 分钟） 8. 作品展示，小组自评和互评居住空间 Vray 材质图效果。（20 分钟）	1. 各小组学生对 Vray 材质设置进行自评和小组互评。 2. 组织各小组学生对居住空间材质图效果进行自评和小组互评。
课时： 4 课时 1. 软资源：Vray 材质设置的教学视频、材质设置参数、材质设置效果图评价表等。			

效果图绘制

工作子步骤	教师活动	学生活动	评价
5. 灯光的设置。	1. 播放教学视频（灯光的设置），提出观看视频的规则，监督观看过程。（案例讲授） 2. 以抽签方式检查学生知识掌握情况。 3. 教师演示不同区间打灯光的要求及属性的设置（例如：餐厅灯光要设置暖色调使人增加食欲等），并安排学生完成打灯光的练习。 4. 布置效果图打灯光的任务，巡回指导学生完成空间效果图的灯光设置。 5. 发放灯光的设置评价表，组织各小组学生对打光效果图进行自评和小组互评。	1. 观看灯光的设置教学视频，记录打灯光的方法与技巧，以及场景布光的方法与原则。（10 分钟） 2. 被抽到的学生回答问题。(10 分钟) 3. 观看教师演示打灯光及属性的设置，记录居住空间灯光的运用原则，并完成打灯光的练习。(10 分钟) 4. 完成居住空间效果图建模及灯光的设置。(40 分钟) 5. 作品展示，小组自评和互评灯光的设置效果。(10 分钟)	1. 师评：教师点评学生回答问题的完整性和准确性。 2. 巡回指导过程中检查学生空间效果图的灯光设置，对比较突出的问题集中讲解。 3. 自评和互评：各小组参照评价表对完成的灯光设置效果图进行小组自评，挑选出小组代表作品，小组间再进行互评。 4. 师评：教师点评各小组居住空间灯光的设置效果图。
课时： 8 课时 1. 软资源：灯光的设置教学视频、灯光的设置效果图评价表（含评价标准）等。			
6.Vray 渲染器的测试设置。	1. 讲授 3ds Max 里 Vray 渲染器设置的技巧和方法（案例讲解）。 2. 演示在建立好的场景中将 Vray 渲染器进行初步设置，并讲授基本步骤和方法。 3. 布置在 3ds Max 中完成了材质、灯光、摄像机设置后，进行初步渲染设置的工作任务，并监督指导学生完成。 4. 发放初步渲染效果图评价表，组织各小组学生对空间整体效果进行自评和小组互评。 5. 教师对各小组的初步效果设置进行总结点评并指导学生进行修改完善。	1. 听取教师讲授 Vray 渲染器设置的要点、技巧和方法。（10 分钟） 2. 观摩教师在建立好的场景模型中导入 3ds Max 插件中的 Vray 渲染器的测试演示。（10 分钟） 3. 材质、灯光、摄像机的设置完毕后，进行初步渲染设置。（30 分钟） 4. 渲染初步效果图后，小组自评、互评初步渲染设置后的效果。（20 分钟） 5. 听取教师总评并修改完善细节。（10 分钟）	1. 师评：教师点评学生回答问题的完整性和准确性。 2. 自评和互评：各小组参照评价表对完成的 Vray 渲染器初步设置图进行小组自评，挑选出小组代表作品，小组间再进行互评。 3. 自评和互评：各小组完成测试设置，进行小组自评，挑选出小组代表作品，小组间再进行互评。 4. 师评：教师点评各小组渲染初步设置效果。
课时： 2 课时 1. 硬资源：计算机等。 2. 软资源：Vray 渲染器的测试设置教学视频、居住空间效果图文件、Vray 渲染器的测试设置评价表等。 3. 教学设施：多媒体投影仪等。			

学习任务 1　居住空间效果图绘制

1 获取信息，制订计划　2 效果图绘制　3 效果图出图　4 总结展示

效果图出图

工作子步骤	教师活动	学生活动	评价
1.Vray 渲染大图设置。	1. 引导学生查找 Vray 渲染大图设置与 Vray 渲染器的测试设置的区别，并以图表方式列出。（10 分钟） 2. 各小组对 Vray 渲染大图设置与 Vray 渲染器的测试设置的区别进行互评，将列出的区别补充完整。 3. 演示 Vray 渲染大图设置及打印输出，提醒学生记录渲染大图设置参数。 4. 提出输出大图的尺寸要求，指导学生渲染大图。 5. 组织学生自我检查效果图错误。 6. 指导学生改正效果图。	1. 查找 Vray 渲染大图设置与 Vray 渲染器的测试设置的区别，小组将查找的区别用图表方式列出。（10 分钟） 2. 听取各小组互评，将区别补充完整。(10 分钟) 3. 观摩 Vray 渲染大图设置，听取教师提醒，做好设置参数记录。（10 分钟） 4. 指导学生进行 Vray 渲染大图设置，完成渲染。（30 分钟） 5. 学生自我检查效果图有无错误和缺漏。(10 分钟) 6. 指导学生改正效果图。	1. 师评：点评学生回答问题的完整性和准确性。 2. 过程性评价：重点观察学生检查图纸细节和修改后的图是否正确。
课时： 4 课时 1. 硬资源：计算机等。 2. 软资源：Vray 渲染大图设置与 Vray 渲染器的测试设置的区别文件、Vray 渲染大图设置参数等。			
2. Photoshop 软件处理效果图的技巧。	1. 将 3ds Max 导出的原始效果图和通过 Photoshop 软件进行后期处理的效果图进行比对。 2. 用抽查提问的方式让学生回答这两张图的区别。 3. 讲授运用 Photoshop 软件进行效果图后期处理的要点、技巧和方法。 4. 教师发放任务单并进行学习任务情境模拟。 5. 发放居住空间 3D 原始效果图给学生，组织学生运用 Photoshop 软件对原始效果图进行后期处理。 6. 组织各小组学生对渲染好的居住空间效果图进行自我检查。	1. 观察 3d Max 导出的原始效果图和通过 Photoshop 软件进行后期处理的效果图，对两张图进行比对，总结这两张图的区别。 2. 听取教师讲授运用 Photoshop 软件进行效果图后期处理的要点、技巧和方法。(30 分钟) 3. 独立解读任务单，查阅任务单，明确学习任务。 4. 收到居住空间 3D 原始效果图，运用刚刚学习的 Photoshop 软件后期处理技巧和方法对原始效果图进行后期处理。 5. 对比原图和后期处理效果图，自我检查渲染好的居住空间效果图。 6. 听取教师总评并修改渲染好的居住空间效果图。	1. 师评：教师点评学生回答问题的完整性和准确性。 2. 过程性评价：重点检察学生运用 Photoshop 软件的熟练程度以及效果图后期处理是否达到要求。

1 获取信息，制订计划　2 效果图绘制　3 效果图出图　4 总结展示

	工作子步骤	教师活动	学生活动	评价
效果图出图	2. Photoshop 软件处理效果图的技巧。	7. 教师对渲染好的居住空间效果图进行总结点评并指导学生进行修改完善。		
	课时：4 课时 1. 软资源：居住空间效果图文件，讲授 Photoshop 软件效果图后期处理的要点、技巧和方法 PPT，居住空间 3D 原始效果图等。 2. 教学设施：多媒体投影仪等。			
总结展示	1. 制作整体居住空间效果图总结 PPT。	1. 提出制作居住空间效果图总结 PPT 的要点与要求（包括目录，原始户型图，平面布置图，客厅、卧室、厨房、餐厅、卫生间效果图等）。 2. 监督并指导学生小组讨论。 3. 提出学生进行小组内成员自评的内容和要求。 4. 提出学生进行总结 PPT 展示的要求和规则。 5. 组织每组进行演示，其他小组进行互评。 6. 对学生的 PPT 编写思路和效果图进行适当的点评。	1. 听取教师讲授制作居住空间效果图总结 PPT 的要点、原则与要求。（10 分钟） 2. 各小组内部进行讨论，分析优点、发现缺点，提出改进方法，分析、提炼、归纳、总结效果图制作要点。（10 分钟） 3. 为自己制作的效果图制作一个完整的展示 PPT，各组进行小组内成员的自评，投票评出小组中最优秀的效果图及 PPT。（60 分钟） 4. 各组派代表汇报本组优秀作品，展示组员风采，汇报讲解居住空间的风格定位及平面图、效果图制作思路。（30 分钟） 5. 认真记录教师对本组任务情况的点评。（20 分钟） 6. 根据教师提出的意见进行修改，提交作业。	1. 自评：各小组进行内部讨论和评比，评出小组中最优秀的效果图。 2. 互评：各小组参照评价表对完成的整体居住空间效果图总结 PPT 进行互评。 3. 师评：教师听取各组的总结 PPT 演讲，参照点评表对其 PPT 进行深入点评。
	课时：4 课时 1. 软资源：工作页、参考教材、授课 PPT、施工图、居住空间效果图绘制总结 PPT 自评表、效果图制作总结 PPT 互评表等。			

学习任务 2　办公空间效果图绘制

任务描述

学习任务课时：50 课时

任务情境：

某装饰专业教师的朋友李某开设了淘宝女装店，需要对淘宝工作室进行装修。该办公室为面积约 85 m^2 的公寓式办公空间，需容纳十几人进行办公。因为创业初期预算有限，现委托室内装饰专业工作室帮其绘制效果图作装修参考。我们根据助理设计师（学生）的能力，认为助理设计师能完成这个任务，并要求助理设计师根据店主的需求完成这个淘宝工作室的 3ds Max 效果图的制作。

具体要求见下页。

工作室效果图

工作流程和标准

工作环节 1

明确任务

1

根据店主李某提供的施工图纸以及店主的想法，助理设计师要理解店主的设计意图；不仅要清楚设计方案的空间结构，更重要的是要理解设计构思和理念，把握好在效果图场景中需要表现的格调和气氛；能够对空间形式、色彩、材料、光和家具等方面总结归纳出办公空间设计中的人性化特征。助理设计师需在熟悉 3ds Max 软件、Vray 渲染器和 Photoshop 软件功能应用的情况下来完成工作室的效果图绘制。

工作环节 2

制订计划

2

1. 制订一份工作计划，明确工作步骤、时间节点和任务要求等。
2. 对拟定好的计划进行流程展示。

工作成果：工作计划。

学习成果：强化自主学习意识，增强解读信息的能力、理解能力与沟通表达能力。

工作环节 3

绘制效果图

3

1. 使用 3ds Max 软件建模，根据设计图纸进行建模工作。根据平面图的设计，在场景中建立地面、墙体、吊顶等大体框架（包括场景模型：房间 / 客厅 / 餐厅 / 书房 / 门窗 / 顶棚 / 墙壁等），建好框架后便可在场景中创建其他三维造型和调入家具（包括产品模型：办公桌 / 柜 / 椅 / 沙发 / 茶几等；饰品模型：窗帘 / 餐挂画 / 挂件 / 办公电器等；灯具模型 ：吊灯 / 壁灯 / 筒灯 / 射灯 / 台灯 / 落地灯等），适当增加场景中的小品、画饰、绿植、花卉、人物等配景，使整个场景显得更为生动逼真。
2. 创建摄影机，在场景中加入相机，进一步调整相机的参数至满意的角度为止。
3. 给场景赋予材质，将各种建筑构件和造型摆放至合适的位置后，就可以给场景中的各种物体赋予材质。对各部分构件赋予材质时，要求整体材质应该有一个主基调色，尽量避免大面积对比色的情况出现。
4. 创建场景中的灯光环境，使整个场景物体能表现出比较好的立体感和层次感。（需要创建的灯有：台灯 / 壁灯 / 吊灯 / 吸顶灯 / 灯带 / 灯槽 / 落地灯等，还有例如夜间

工作环节 4

审核修改

4

1. 整理效果图文件并交付给设计师（教师）审核；设计师（教师）对效果图进行审查，发现问题，提出修改意见。
2. 设计师助理根据反馈意见进行分析、修改，进一步完善效果图。
3. 设计师助理对效果图进行打印输出，最好进行附膜、装裱等处理，使效果图更具艺术品位。

学习成果：修改并打印效果图。

工作环节 5

总结展示

5

1. 对打印出的“工作室效果图”进行展示。
2. 总结制作过程中遇到的问题，并分享项目制作中的收获。

工作环节 3

绘制效果图

3

月色、太阳光、天空光、电视机屏幕发光等，通过这些光来照亮整个场景空间，模拟真实的空间环境以及光和影）。

5. 使用 Vray 渲染器渲染出图。首先进行测试渲染：检查整个空间以及灯光是否到位，材质是否到位，摄像机角度是否到位；其次进行全局调试：对测试渲染结果进行整体调节，调节完成后再进行测试渲染，反复多次测试渲染和全局调试，满意后再进行渲染出图；最后正式渲染出图：对测试和调试好的场景出最后的大尺寸、高像素、效果最好的图。
6. 使用 Photoshop 软件对效果图进行后期处理，调整整个画面的基调色、亮度及反差，使画面表现出较好的色感和层次感；添加各种配景（饰品、花草，室外增加树木、天空的背景）使画面显得更为生动；进行适当的光影效果处理，使整个画面呈现出较好的艺术效果。

工作成果：完成工作室效果图的绘制。

学习成果：具有正确、系统理解效果图操作流程和方法的能力，对软件的应用具有精益求精的工匠精神。

学习内容

知识点	1.1 效果图的制作流程； 1.2 办公空间的构成内容； 1.3 办公空间装饰设计风格； 1.4 办公空间 CAD 原始结构图绘制	2.1 3ds Max 软件建模的方法； 2.2 导入家具的方法； 2.3 摄像机的设置； 2.4 Vray 材质的设置； 2.5 灯光的设置； 2.6 Vray 渲染器的测试设置
技能点	1.1 绘制办公空间 CAD 原始结构图； 1.2 能够与设计师沟通（理解设计意图）； 1.3 填写办公空间效果图绘制工作计划	2.1 向 3ds Max 导入 CAD 文件； 2.2 3ds Max 软件各项工具的运用； 2.3 摄像机的设置； 2.4 Vray 材质的设置； 2.5 灯光的设置； 2.6 Vray 渲染器的设置
 工作环节	工作环节 1 获取信息，制订计划	效果图绘制 工作环节 2
素养	1.1 确定办公空间效果图的风格； 1.2 绘制办公空间 CAD 原始结构图； 1.3 填写办公空间效果图绘制工作计划； 1.4 强化自主学习意识； 1.5 理解能力与沟通表达能力； 1.6 解读信息的能力； 1.7 制订工作计划的能力	2.1 绘制办公空间效果图初稿； 2.2 通过自学获取新技术的能力； 2.3 利用网络、文献等获取信息的能力； 2.4 具有决策能力和执行能力； 2.5 具有正确、系统理解效果图操作流程和方法的能力

3.1 Vray 渲染大图设置； 3.2 Photoshop 室内效果图后期修改技术	4.1 办公空间整体效果图制作总结 PPT
3.1 Photoshop 软件各项工具的运用； 3.2 效果图的打印输出； 3.3 效果图的附膜处理； 3.4 效果图的装裱处理	4.1 口述和展示设计方案
工作环节 3 审核修改	工作环节 4 总结展示
3.1 办公空间效果图出图； 3.2 具有把控效果图项目流程的能力； 3.3 培养严谨细致的工作作风和对资料素材的积累习惯； 3.4 对软件的应用具有精益求精的工匠精神	4.1 制作办公空间整体效果图制作总结 PPT； 4.2 归纳、总结、分析的能力； 4.3 团队合作意识； 4.4 语言表达能力； 4.5 评估工作结果（自我、他人）的能力

课程 2　3ds Max 效果图绘制
学习任务 2　办公空间效果图绘制

1 获取信息，制订计划　2 效果图绘制　3 审核修改　4 总结展示

获取信息，制订计划

工作子步骤	教师活动	学生活动	评价
1. 绘制办公空间 CAD 平面布置图。	1. 整顿课堂，向全体学生问好并进行考勤点名。 2. 教师发放居住空间 CAD 施工图绘制任务书，进行学习任务情境模拟，引导学生解读任务书。 3. 用 PPT 展示问题，提出观看《施工图制作流程》教学视频的规则和要求（观看视频，思考 PPT 上的问题），并监督学生观看。 4. 提出观看《办公空间 CAD 原始平面布置图制作流程》教学视频的规则，讲解布置图制作特点，并监督学生观看。 5. 抽选学生回答问题。 6. 监督并指导学生绘制办公空间 CAD 平面布置图，讲解制图的基本流程和技巧方法。 7. 抽选学生回答问题。	1. 整理仪容仪表，全体学生向老师问好。（5 分钟） 2. 学生解读任务书，用记号笔在任务书中标记关键信息，明确学习任务。（15 分钟） 3. 观看《办公空间 CAD 原始平面布置图制作流程》教学视频，了解 CAD 原始平面布置图制作流程，记录布置图制作的特点及思考 PPT 上展示的问题。（30 分钟） 4. 回答教师提出的问题（办公空间 CAD 原始平面布置图制作流程）。（15 分钟） 5. 绘制办公空间 CAD 平面布置图。（80 分钟） 6. 记录制图基本流程和技巧方法。（20 分钟） 7. 回答教师提出的问题（绘制办公空间 CAD 平面布置图的技巧和方法）。（15 分钟）	1. 师评：教师点评学生回答问题的完整性和准确性。 2. 师评：教师点评学生角色扮演活动。

课时： 8 课时

1. 硬资源：通用型计算机机房、互联网等。
2. 软资源：工作页、参考教材、授课 PPT、3ds Max 软件（2012 以上版本）安装包、AutoCAD 2013 软件安装包、《建筑工程施工质量评价标准》、《办公空间 CAD 原始平面布置图绘制任务书》、《办公空间 CAD 原始平面布置图制作流程》教学视频、问题卡片、《量房的技巧与方法》教学视频（教学资源包）等。
3. 教学设施：投影仪、白板、交互式一体机等。

工作子步骤	教师活动	学生活动	评价
2. 确定办公空间效果图的风格。	1. 组织学生进行角色扮演与学生进行沟通交流。 2. 教师点评学生活动。	1. 学生进行角色扮演了解设计师设计意图（其他学生观察聆听）。（15 分钟） 2. 听取教师点评，并进行记录。（10 分钟）	1. 师评：教师点评学生角色扮演活动。

1. 软资源：《原始结构户型图导入 3ds Max 的要点、技巧和方法》教学 PPT 等。
2. 教学设施：卷尺、绘图纸、勾线笔、实物投影仪等。

	工作子步骤	教师活动	学生活动	评价
获取信息，制订计划	3. 填写办公空间效果图绘制工作计划表。	1. 发放效果图绘制计划表并指导学生填写。 2. 对计划表进行点评并指导学生对计划表进行修改完善。	1. 填写效果图绘制计划表。（15 分钟） 2. 听取教师点评并修改完善办公空间效果图制作计划表。（25 分钟）	1. 师评：教师点评效果图绘制工作计划表（计划的完整度、可操作性）。 2. 自评和互评：学生根据评价表自评和互评办公空间原始结构图（通过小组自评挑选小组代表作品，再进行小组间互评）。 3. 师评：教师点评各小组办公空间效果图制作计划表。
	1. 软资源：办公空间绘图计划表自评表和互评表、办公空间效果图自评表和互评表等。			
效果图绘制	1. 3ds Max 软件建模。	1. 讲授原始结构户型图导入 3ds Max 的要点、技巧和方法（案例讲解）。 2. 演示原始结构户型图的导入，并讲授基本步骤和方法。 3. 布置原始结构图在 3ds Max 中的导入任务并监督、指导学生完成。 4. 发放墙体模型评价表，组织各小组学生对墙体模型进行自评和小组互评。 5. 教师对各小组的墙体模型进行总结点评并指导学生进行修改完善。 6. 教师讲授现场照片的拍摄技巧和方法。	1. 听取教师讲授原始结构平面户型图导入 3ds Max 的要点、技巧和方法。（30 分钟） 2. 观摩教师将原始结构平面户型图导入 3ds Max 的演示。（30 分钟） 3. 向 3ds Max 导入办公空间原始结构户型图。（40 分钟） 4. 建立墙体模型，小组自评、互评墙体模型。（20 分钟） 5. 听取教师总评并修改完善墙体模型。（10 分钟） 6. 听取教师讲授建立墙体的技巧与方法。（20 分钟）	1. 师评：教师点评学生回答问题的完整性和准确性。 2. 师评：教师点评各学生导入完成的户型图。 3. 自评和互评：各小组参照评价表对完成的建模进行小组自评，挑选出小组代表作品，小组间再进行互评。 4. 师评：教师点评各小组的墙体模型。
	1. 软资源：效果图制图标准纸质资料、3ds Max 常用模型制作教学视频、墙体模型评价表等。			

学习任务 2　办公空间效果图绘制

1 获取信息，制订计划　2 效果图绘制　3 审核修改　4 总结展示

	工作子步骤	教师活动	学生活动	评价
效果图绘制	2. 导入家具模型。	1. 发放效果图制图标准资料供学生阅读并提出规则和要求。 2. 抽选学生回答问题。 3. 播放家具模型导入的教学视频，提出观看视频的规则，监督观看过程。 4. 布置任务（家具模型等在 3ds Max 中的导入练习）并巡回指导。 5. 讲授空间功能划分的原则与方法（案例讲授）。 6. 抽选学生回答问题。 7. 讲授家具模型导入技巧。 8. 观察并指导学生练习。 9. 发放家具模型导入整体布局评价表，组织各小组学生对整体家具导入图进行自评和小组互评。 10. 发放家具模型给学生学习。 11. 演示家具模型的导入。 12. 巡回指导学生完成任务。 13. 发放家具模型布置图评价表，组织各小组学生对家具模型布置图进行自评和小组互评。	1. 独立学习家具模型导入后制图标准。 2. 回答教师提出的问题（家具模型的运用）。(20 分钟) 3. 观看家具模型导入方法教学视频并完成相应的练习。 4. 完成家具模型导入练习。(40 分钟) 5. 听教师讲授空间功能分区的原则与方法。 6. 回答教师提出的问题（空间功能分区原则和方法）。(40 分钟) 7. 完成固定家具的创建。 8. 调用图库的模型并完成室内家具模型布置图。(40 分钟) 9. 小组自评和互评家具模型导入图。(20 分钟) 10. 独立学习资料，掌握各类模型在 3ds Max 中的表示方法。(15 分钟) 11. 表述自己模型导入布局的合理性。(15 分钟) 12. 完成办公空间室内的模型导入。(40 分钟) 13. 小组自评和互评家具模型布置图。(10 分钟)	1. 自评和互评：各小组参照评价表对完成的导入家具图进行小组自评，挑选出小组代表作品，小组间再进行互评。 2. 师评：教师点评各小组家具模型的导入。 3. 师评：教师点评学生回答问题的完整性和准确性。 4. 自评和互评：各小组参照评价表对完成的模型导入进行小组自评，挑选出小组代表作品，小组间再进行互评。 5. 师评：教师点评各小组的模型导入。 6. 师评：教师点评学生回答问题的完整性和准确性。 7. 自评和互评：各小组参照评价表对完成的家具模型布置图进行小组自评，挑选出小组代表作品，小组间再进行互评。 8. 师评：教师点评各小组的家具模型布置。

课时： 32 课时

1. 软资源：需导入的家具模型、家具模型布置合理评价表、整体布局设计使用教学视频、家具模型库资料、整体模型布局评价表、家具模型库、家具模型导入教学视频、模型导入布置评价表等。

基准课时：50

1 获取信息，制订计划 → 2 效果图绘制 → 3 审核修改 → 4 总结展示

效果图绘制

工作子步骤	教师活动	学生活动	评价
3. 摄像机设置。	1. 播放教学视频（目标摄影机的使用），并安排学生完成标高的绘制。 2. 教师发放各个角度摄像机文件给学生学习并提问。 3. 播放教学视频（目标摄像机表示方法），提出观看视频的规则，监督观看过程。 4. 教师演示目标摄像机制作。 5. 巡回指导学生完成任务。 6. 发放目标摄像机设置图评价表，组织各小组学生对目标摄像机设置图进行自评和小组互评。	1. 观看教学视频（目标摄影机的使用），并练习摄影机的设置。(20 分钟) 2. 学习文件并回答问题。(10 分钟) 3. 观看视频学习目标摄像机的设置方法。(10 分钟) 4. 观看教师演示目标摄像机制作。(10 分钟) 5. 完成目标摄像机设置。(30 分钟) 6. 小组自评和互评目标摄像机设置图。(10 分钟)	1. 师评：教师点评学生回答问题的完整性和准确性。 2. 自评和互评：各小组参照评价表对完成的目标摄像机设置图进行小组自评，挑选出小组代表作品，小组间再进行互评。 3. 师评：教师点评各小组的目标摄像机设置图。
1. 软资源：摄像机设置评价表、目标摄像机表示方法教学视频、目标摄像机设置图评价表等。			
4. Vray 材质设置。	1. 播放 Vray 材质设置的教学视频并抽选学生提问。 2. 巡回指导学生完成 Vray 材质设置。 3. 发放材质设置评价表，组织各小组学生对材质设置进行自评和小组互评。 4. 发放材质设置参数给学生学习。 5. 演示各种材质的设置方法。	1. 观看 Vray 材质设置教学视频，被抽到的学生回答问题。(40 分钟) 2. 完成 Vray 材质设置（办公室背景墙、卫生间等材质的设置）。(40 分钟) 3. 小组自评和互评 Vray 材质设置图。(10 分钟) 4. 独立学习资料，掌握 Vray 材质（地板、墙体、饰品等）在 3ds Max 中的设置方法。(50 分钟) 5. 观看教师演示各种材质数据设置。(10 分钟)	1. 师评：教师点评各小组 Vray 材质设置。 2. 师评：教师点评学生回答问题的完整性和准确性。 3. 自评和互评：各小组参照评价表对完成的 Vray 材质设置效果图进行小组自评，挑选出小组代表作品，小组间再进行互评。 4. 师评：教师点评各小组材质设置效果图。
1. 软资源：Vray 材质设置的教学视频、材质设置效果图评价表等。			

学习任务 2　办公空间效果图绘制

1 获取信息，制订计划　2 效果图绘制　3 审核修改　4 总结展示

工作子步骤	教师活动	学生活动	评价
5. Vray 灯光的设置。	1. 讲授 3ds Max 里 Vray 灯光的设置技巧和方法（案例讲解）。 2. 演示在建立好的场景中导入 Vray 灯光，并讲授基本步骤和方法。 3. 布置向 3ds Max 中导入光域网灯光、进行数据设置的任务，并监督指导学生完成。 4. 发放灯光效果图初步设置评价表，组织各小组学生对空间灯光效果进行自评和小组互评。 5. 教师对各小组的灯光设置进行总结点评并指导学生进行修改完善。 6. 教师讲授模拟现实灯光的技巧和方法。	1. 听取教师讲授 Vray 灯光设置的要点、技巧和方法。（30 分钟） 2. 观摩教师向建立好的场景模型中导入 3ds Max 演示插件中，Vray 灯光。（30 分钟） 3. 导入光域网中的灯光，模拟真实灯光效果。（160 分钟） 4. 灯光导入后，小组自评、互评初步灯光设置后的效果。（40 分钟） 5. 听取教师总评并修改完善灯光明暗关系。（40 分钟） 6. 听取教师讲授灯光设置技巧与方法。（20 分钟）	1. 自评和互评：各小组参照评价表对完成的灯光设置进行小组自评，挑选出小组代表作品，小组间再进行互评。 2. 师评：教师点评各小组的灯光设置效果。
1. 软资源：灯光设置小组自评表、灯光设置师评表等。			
6.Vray 渲染器的测试设置。	1. 讲授 3ds Max 里 Vray 渲染器设置的技巧和方法（案例讲解）。 2. 演示在建立好的场景中将 Vray 渲染器进行初步设置，并讲授基本步骤和方法。 3. 布置在 3ds Max 中完成了材质、灯光、摄像机设置后，进行初步渲染设置的工作任务，并监督指导学生完成。 4. 发放初步渲染效果图评价表，组织各小组学生对空间整体效果进行自评和小组互评。 5. 教师对各小组的初步效果设置进行总结点评并指导学生进行修改完善。 6. 教师讲授渲染设置技巧和方法。	1.听取教师讲授Vray渲染器设置的要点、技巧和方法。(10 分钟) 2. 观摩教师向建立好的场景模型中导入 3ds Max 插件中 Vray 渲染器的测试演示。(5 分钟) 3. 材质、灯光、摄像机的设置完毕后，进行初步渲染设置。(30 分钟) 4. 完成渲染初步效果图后，小组自评、互评初步灯光设置后的效果。(20 分钟) 5. 听取教师总评并修改完善细节。(10 分钟) 6. 听取教师讲授渲染设置技巧与方法。(5 分钟)	1. 师评：教师点评学生回答问题的完整性和准确性。 2. 自评和互评：各小组参照评价表对完成的 Vray 渲染器初步设置图进行小组自评，挑选出小组代表作品，小组间再进行互评。 3. 师评：教师点评各小组的渲染初步设置效果。
1. 软资源：Vray 渲染器初步设置图互评表、Vray 渲染器初步设置图师评表、空间整体效果自评互评表等。			

效果图绘制

审核修改

工作子步骤	教师活动	学生活动	评价
1. 检查图纸是否符合国家标准。	1. 发放图纸样表，提醒学生观察图纸索引样表填写的内容有哪些。 2. 指导学生编排与填写。 3. 要求学生下载制图模板。 4. 指导学生套用模板。 5. 组织学生自我检查效果图错误。 6. 指导学生改正图纸。 7. 检查学生提交的效果图是否齐全。	1. 图纸的索引与编排。 ①观察图纸索引样表填写的内容有哪些，听取教师提醒，做好填写记录。（10 分钟） ②编排图纸的索引并填写样表。（30 分钟） 2. 制图模板的运用。 3. 学生根据教师要求的尺寸下载制图模板。（5 分钟） 4. 套用模板。（15 分钟） 5. 学生自我检查效果图有无错误和漏缺。（10 分钟） 6. 修改图纸。（80 分钟） 7. 提交效果图定稿。（10 分钟）	1. 过程性评价：重点观察学生检查图纸细节和修改后的图是否正确。 2. 成果验收方式：学生提交电子版图纸。 3. 成果验收标准：电子版图纸是否齐全，是否符合国家制图标准。
1. 软资源：授课 PPT、图纸的索引样表、制图模板等。			
2. 运用 Photoshop 软件修改效果图。	1. 将 3ds Max 导出的原始效果图和通过 Photoshop 软件后期处理过的效果图进行比对。 2. 用抽查提问的方式让学生回答这两张图的区别。 3. 讲授运用 Photoshop 软件对效果图进行后期处理的要点、技巧和方法（案例讲解）。 4. 教师发放任务单并进行学习任务情境模拟。 5. 发放办公空间 3D 原始效果图给学生，组织学生使用 Photoshop 对原始效果图进行后期处理。 6. 组织各小组学生对渲染好的办公室效果图进行自评和小组互评。 7. 教师对渲染好的办公室效果图进行总结点评并指导学生进行修改完善。 8. 发放图纸样表，提醒学生观察图纸的索引样表填写的内容有哪些。	1. 观察对比 3ds Max 导出的原始效果图和通过 Photoshop 软件后期处理过的效果图，总结出这两张图的区别。 2. 抽到提问的学生回答问题。 3. 听取教师讲授运用 Photoshop 软件进行效果图后期处理的要点、技巧和方法。（30 分钟） 4. 独立解读任务单，查阅任务单，明确学习任务。 5. 收到办公室 3ds Max 原始效果图，运用刚刚学习的 Photoshop 软件后期处理技巧和方法对原始效果图进行后期渲染。 6. 对渲染好的办公室效果图进行小组自评、互评。 7. 听取教师总评并修改渲染好的办公室效果图。 8. 观察图纸的填写内容有哪些，听取教师提醒，做好填写记录。（10 分钟）	1. 师评：教师点评学生回答问题的完整性和准确性。 2. 自评和互评：点评通过 Photoshop 软件后期处理的效果图。 3. 师评：教师点评通过 Photoshop 软件后期处理的效果图。 4. 成果验收方式：学生提交电子版图纸。 5. 成果验收标准：图纸是否齐全。

学习任务 2　办公空间效果图绘制

1 获取信息，制订计划　2 效果图绘制　3 审核修改　4 总结展示

	工作子步骤	教师活动	学生活动	评价
审核修改	2. 运用 Photoshop 软件修改效果图。	9. 指导学生图纸索引的编排与填写。 10. 组织学生自我检查效果图错误，并指导学生改正图纸。 11. 检查学生提交的效果图是否齐全。	9. 编排图纸的索引并填写样表。（5 分钟） 10. 审核与修改。 ① 学生自我检查效果图有无错误和缺漏。（10 分钟） ② 修改图纸（10 分钟）。 11. 提交效果图（定稿）。（10 分钟）	
	1. 软资源：3ds Max 导出的原始效果图、通过 Photoshop 软件后期处理过的效果图、办公空间效果图绘制任务单、Photoshop 软件后期处理效果图评价表等。			
总结展示	1. 制作办公空间整体效果图总结 PPT。	1. 分析制作办公空间整体效果图总结 PPT 的要点与要求（包括目录、原始户型图、平面布置图等）。 2. 监督学生小组讨论的过程。 3. 引导学生进行小组内成员的自评。 4. 引导学生进行总结 PPT 展示。 5. 组织各组进行互评。 6. 对学生的编写思路和步骤进行适当的点评。 7. 总结效果图的绘制技巧和方法。	1. 听取教师讲授制作办公空间效果图总结 PPT 的要点、原则与要求。（20 分钟） 2. 小组内部进行讨论，分析优点、发现缺点，提出改进方法，归纳总结效果图绘制要点。（20 分钟） 3. 各组进行小组内成员的自评，评出小组中最优秀的效果图。（15 分钟） 4. 各组根据组内最优秀的效果图来制作总结 PPT，并上台展示。（40 分钟） 5. 观察各组的总结演示，与自己的总结 PPT 进行对比，归纳出制作效果图的总体思路。（20 分钟） 6. 对其他各组的总结 PPT 进行评价。（30 分钟） 7. 认真记录教师对本组任务完成情况的点评。（15 分钟）	1. 自评：各小组进行内部讨论和评比，评出小组中最优秀的效果图。 2. 互评：各小组参照评价表对完成的整体效果图总结 PPT 进行互评。 3. 师评：教师听取各组的总结 PPT 演讲，参照点评表对其 PPT 进行深入点评。
	课时： 4 课时 1. 软资源：工作页、参考教材、授课 PPT、效果图绘制总结 PPT 自评表、效果图绘制总结 PPT 互评表、效果图绘制总结 PPT 评价表等。			

基准课时：50

学习任务 3　餐饮空间效果图绘制

任务描述

学习任务课时：50 课时

任务情境：

现有一间名为咖啡时间（CAFE TIME）的私人小型咖啡厅需要进行效果图的绘制，该店面积约 320 m^2，主营西餐和咖啡饮品，现委托室内装饰专业工作室帮其绘制效果图作装修参考。我们根据助理设计师（学生）的能力，认为助理设计师能完成这个任务，现要求助理设计师根据店主的需求完成这个 CAFE TIME 餐饮空间的 3ds Max 效果图的制作。

具体要求见下页。

3DMAX
咖啡厅
效果图
设计

工作流程和标准

工作环节 1 明确任务 1

根据店主提供的施工图纸以及店主的想法，助理设计师要搞清楚设计方案的空间结构，更重要的是要理解设计构思和理念，把握好咖啡厅效果图场景中需要表现的格调和气氛；助理设计师在熟悉 3ds Max 软件、Vray 渲染器和 Photoshop 软件功能应用的情况下强化自主学习意识，增强解读信息的能力、理解能力与沟通表达能力，完成 CAFE TIME 咖啡厅效果图绘制。

学习成果：

餐饮空间 CAD 原始结构图绘制、CAD 室内结构图、空间布置图（陈设平面图）、地面铺设平面图，顶棚布置平面图、灯光分布平面图和各个墙面装饰立面图。

工作环节 2 制订计划 2

1. 制订一份工作计划，明确工作步骤、时间节点和任务要求等。
2. 对拟定好的计划进行流程展示。

学习成果：3ds Max 效果图绘制工作计划。

工作环节 3 绘制效果图 3

设计师应具有正确、系统理解效果图操作流程和方法的能力，具有崇尚实践和创新的能力。在效果图制作中符合 CAFE TIME 咖啡厅个性化主题，在空间结构、细节、材质等方面体现餐饮空间的特色。

1. 使用 3ds Max 软件建模，根据设计图纸进行建模工作。根据平面图图纸的设计，针对咖啡厅的空间结构在场景中建立地面、墙体、吊顶等大体框架（包括场景模型：房间 / 客厅 / 餐厅 / 书房 / 门窗 / 顶棚 / 墙壁等），建好框架后便可在场景中创建其他三维造型和调入家具（包括产品模型：台 / 柜 / 椅 / 凳 / 沙发 / 茶几等；饰品模型：窗帘 / 餐具 / 烛台 / 抱枕 / 相框 / 挂画 / 挂件 / 瓷器 / 家用电器等；灯具模型：吊灯 / 壁灯 / 筒灯 / 射灯 / 台灯 / 落地灯等），适当增加场景中的小物品、画饰、花卉、人物等配景细节，使整个场景显得更为生动逼真。
2. 创建摄影机，在场景中加入相机，进一步调整相机的参数至满意的角度为止。
3. 给场景赋予材质，将各种建筑构件和造型摆放至合适的位置后，就可以给场景中各种物体赋予材质。针对咖啡厅的主题对各部分构件线架赋予材质时，要求整体材质应该有一个主基调色，尽量避免大面积对比色的情况出现。
4. 创建场景中的灯光环境，使整个场景物体能表现出比较

工作环节 4

审核修改

4

1. 整理效果图文件并交付给设计师（老师）审核；设计师（老师）对效果图进行审查，发现问题，提出修改意见。
2. 设计师助理根据反馈意见进行分析、修改，进一步完善效果图。
3. 设计师助理对效果图进行打印输出，最好进行附膜、装裱等处理，使效果图更具艺术品位。

学习成果：主要空间效果图打印版。

工作环节 5

总结展示

5

1. 对打印出的“CAFE TIME 咖啡厅效果图”进行展示。
2. 总结制作过程中遇到的问题，并分享项目制作中的收获。

工作环节 3

绘制效果图

3

好的立体感和层次感。（需要创建的灯有：台灯 / 壁灯 / 吊灯 / 吸顶灯 / 灯带 / 灯槽 / 落地灯等，还有例如夜间月色、太阳光、天空光、电视机屏幕发光等，通过这些光来照亮整个场景空间，模拟真实的空间环境以及光和影）。

5. 使用 Vray 渲染器渲染出图。首先进行测试渲染：检查整个空间以及灯光是否到位，材质是否到位，摄像机角度是否到位；其次进行全局调试：对测试渲染结果进行整体调节，调节完成后再进行测试渲染，反复多次测试渲染和全局调试，满意后再进行渲染出图；最后正式渲染出图：对测试和调试好的场景出最后的大尺寸、高像素、效果最好的图。
6. 使用 Photoshop 软件对效果图进行后期处理，调整整个画面的基调色、亮度及反差，使画面表现出较好的色感和层次感；添加各种配景（饰品、花草，室外增加树木、天空的背景）使画面显得更为生动；进行适当的光影效果处理，使整个画面呈现出较好的艺术效果。

工作成果：完成 CAFE TIME 咖啡厅主要空间效果图的绘制。

学习内容

知识点	1.1 效果图的制作流程； 1.2 餐饮空间的构成内容； 1.3 餐饮空间装饰设计的形式种类、空间结构、细节元素和材质运用； 1.4 餐饮空间 CAD 原始结构图绘制； 1.5 个性化餐饮空间的典型特性； 1.6 个性化餐饮空间的设计手法	2.1 3ds Max 软件建模的方法； 2.2 导入家具的方法； 2.3 摄像机的设置； 2.4 Vray 材质的设置（针对咖啡厅主题个性化材质）； 2.5 灯光的设置； 2.6 Vray 渲染器的测试设置
技能点	1.1 绘制餐饮空间 CAD 原始结构图； 1.2 能够与设计师沟通（理解设计意图）； 1.3 填写餐饮空间效果图绘制工作计划	2.1 向 3ds Max 导入 CAD 文件； 2.2 3ds Max 软件各项工具的运用； 2.3 摄像机的设置； 2.4 Vray 材质的设置； 2.5 灯光的设置； 2.6 Vray 渲染器的设置
工作环节 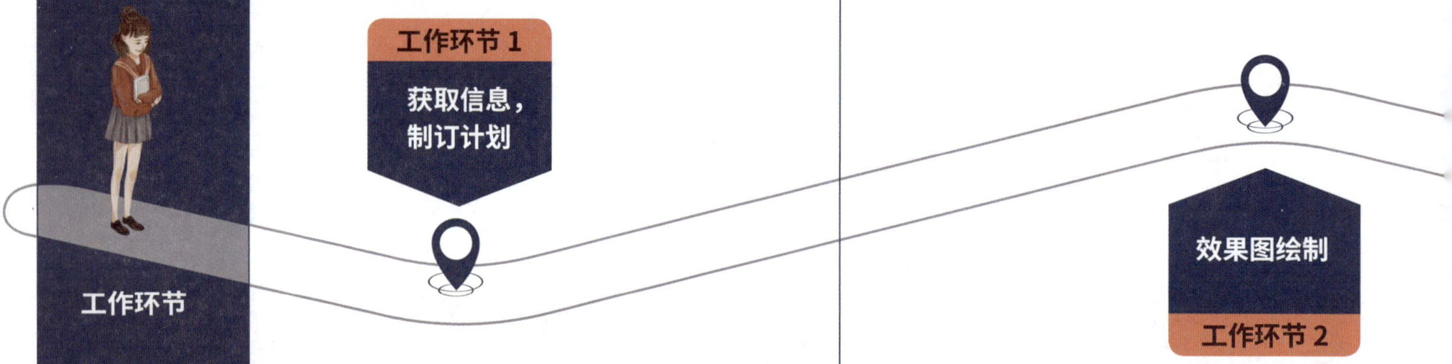	工作环节 1 获取信息，制订计划	效果图绘制 工作环节 2
成果	1.1 确定餐饮空间效果图的风格； 1.2 餐饮空间 CAD 原始结构图； 1.3 餐饮空间效果图绘制工作计划	2.1 餐饮空间效果图（初稿）
素养	1.1 强化自主学习意识； 1.2 理解能力与沟通表达能力； 1.3 解读信息的能力； 1.4 制订工作计划的能力； 1.5 提升实践创新和个性设计的能力	2.1 通过自学获取新技术的能力； 2.2 利用网络、文献等获取信息的能力； 2.3 具有决策能力和执行能力； 2.4 具有正确、系统理解效果图操作流程和方法的能力

学习任务 3　餐饮空间效果图绘制

3.1 Photoshop 室内效果图后期修改技术； 3.2 Vray 渲染大图设置	4.1 餐饮空间整体效果图制作总结 PPT
3.1 Photoshop 软件各项工具的运用； 3.2 效果图的排版； 3.3 效果图的打印输出； 3.4 效果图的附膜处理； 3.5 效果图的装裱处理	4.1 口述和展示设计方案

3.1 餐饮空间效果图出图	4.1 餐饮空间整体效果图制作总结 PPT
3.1 具有把控效果图项目流程的能力； 3.2 培养严谨细致的工作作风和对资料素材的积累习惯； 3.3 具有崇尚实践和创新的能力	4.1 归纳、总结、分析的能力，形成自己的一套 3ds Max 的制作方法和流程； 4.2 团队合作意识； 4.3 语言表达能力； 4.4 评估工作结果（自我、他人）的能力

学习任务 3　餐饮空间效果图绘制

1 获取信息，制订计划　2 效果图绘制　3 效果图出图　4 总结展示

获取信息，制订计划

工作子步骤	教师活动	学生活动	评价
1. 绘制餐饮空间 CAD 平面布置图。	1. 教师发放任务单并进行学习任务情境模拟。 2. 提出观看《效果图制作流程》教学视频的规则，讲解餐饮空间效果图制作特点，并监督学生观看。 3. 抽选学生回答问题，通过提问检查学生学习效果。 4. 讲解空间的构成部分及功能分区。 5. 组织学生通过网络搜集不同主题的餐饮空间效果图，并让学生归纳总结各主题的特色要点。 6. 监督并指导学生绘制餐饮空间 CAD 平面图， 7. 讲解 3ds Max 效果图制作的基本流程和技巧方法。 8. 抽选学生回答问题，并进行点评。 9. 教师引用图片讲授个性化餐饮空间的典型特征。 10. 教师引用案例讲授个性化餐饮空间的设计手法，并进行提问。	1. 独立解读任务单，查阅任务单，明确学习任务；成立小组。（15 分钟） 2. 观看教学视频，了解 3ds Max 效果图制作流程，记录餐饮空间效果图制作的特点。（30 分钟） 3. 回答教师提出的问题（3ds Max 效果图制作流程）。（15 分钟） 4. 记录教师所讲授内容。 5. 通过网络搜集不同主题的餐饮空间效果图，整理并总结效果图的个性化特点。 6. 绘制餐饮空间 CAD 平面图。（80 分钟） 7. 记录制图基本流程和技巧方法。（20 分钟） 8. 回答教师提出的问题（绘制餐饮空间 CAD 平面图的技巧和方法）。（15 分钟） 9. 学生认真听取教师讲授，并做好笔记。 10. 学生认真听取教师讲授，思考并回答教师提问。	1. 师评：教师点评学生回答问题的完整性和准确性。 2. 师评：教师点评学生回答功能分区相关问题的完整性。
课时： 6 课时 1. 硬资源：通用型计算机机房、互联网等。 2. 软资源：《餐饮空间 3ds Max 效果图绘制任务书》、《3ds Max 效果图制作流程》教学视频、问题卡片、《3ds Max 室内效果图完美空间表现》教学视频等。 3. 教学设施：投影仪、白板、交互式一体机等。			
2. 填写效果图绘制计划表。	1. 组织学生进行角色扮演与学生进行沟通交流。 2. 教师点评学生活动。 3. 发放效果图绘制计划表并指导学生填写。 4. 对计划表进行点评并指导学生对计划表进行修改完善。	1. 由两位学生进行角色扮演了解设计师设计意图(其他学生观察聆听)(15 分钟) 2. 听取教师点评，并进行记录。(10 分钟) 3. 填写效果图绘制计划表。(15 分钟) 4. 听取教师点评并修改完善餐饮空间效果图制作计划表（25 分）。	1. 师评：教师点评学生角色扮演活动。 2. 自评和互评：学生根据评价表自评和互评餐饮空间原始结构图（通过小组自评挑选小组代表作品，再进行小组间互评）。 3. 师评：教师点评各小组餐饮空间效果图制作计划表。
1. 软资源：《餐饮空间绘图计划表》自评表和互评表、《餐饮空间效果图》自评表和互评表等。			

基准课时：50

1 获取信息，制订计划　2 效果图绘制　3 效果图出图　4 总结展示

效果图绘制

工作子步骤	教师活动	学生活动	评价
1.3ds Max 软件建模的方法。	1. 讲授原始结构户型图导入 3ds Max 的要点、技巧和方法（案例讲解）。 2. 演示原始结构户型图的导入，并讲授基本步骤和方法。 3. 布置在 3ds Max 中导入原始结构图的任务并监督、指导学生完成。 4. 发放墙体模型评价表，组织各小组学生对墙体模型进行自评和小组互评。 5. 教师对各小组的墙体模型进行总结点评并指导学生进行修改完善。 6. 教师讲授建立墙体的技巧和方法。	1. 听取教师讲授将原始结构平面户型图导入 3ds Max 的要点、技巧和方法。（40 分钟） 2. 观摩教师将原始结构平面户型图导入 3ds Max 的演示。（30 分钟） 3. 导入餐饮空间 3ds Max 原始结构户型图。（40 分钟） 4. 建立墙体模型，小组自评、互评。（30 分钟） 5. 听取教师总评并修改完善原始结构户型图建墙。（40 分钟） 6. 听取教师讲授建立墙体的技巧与方法。（20 分钟）	1. 师评：教师点评学生回答问题的完整性和准确性。 2. 师评：教师点评各学生完成导入的户型图。 3. 自评和互评：各小组参照评价表对完成的建模进行小组自评，挑选出小组代表作品，小组间再进行互评。 4. 师评：教师点评各小组墙体模型。

课时： 6 课时
1. 软资源：《原始结构户型图导入 3ds Max 的要点、技巧和方法》教学 PPT、效果图制图标准纸质资料、3ds Max 常用模型制作教学视频、墙体模型评价表等。

工作子步骤	教师活动	学生活动	评价
2. 导入家具模型的方法。	1. 发放效果图制图标准资料供学生阅读并提出规则和要求。 2. 抽选学生回答问题。 3. 播放家具模型导入的教学视频，提出观看视频的规则，监督观看过程。 4. 提出任务（家具、洁具模型等在 3ds Max 中的导入练习）并巡回指导。 5. 讲授空间功能划分的原则与方法（案例讲授）。 6. 抽选学生回答问题。 7. 讲授家具模型建模技巧。 8. 观察并指导学生练习。 9. 发放家具导入整体布局评价表，组织各小组对整体家具模型导入图进行自评和互评。 10. 发放家具模型给学生学习。	1. 预习家具模型资源的下载及导入方法。（15 分钟） 2. 回答教师提出的问题（家具模型的运用）。（15 分钟） 3. 观看家具模型导入方法教学视频并完成相应的练习。（20 分钟） 4. 完成家具模型导入练习。(20 分钟) 5. 听教师讲授空间功能分区的原则与方法。（15 分钟） 6. 回答教师提出的问题（空间功能分区原则和方法）。(20 分钟) 7. 完成固定家具的创建。（25 分钟） 8. 调用图库的模型并完成室内家具模型布置图。(40 分钟) 9. 小组自评和互评家具模型导入图。(5 分钟) 10. 表述自己模型导入布局的合理性。(5 分钟) 11. 独立学习资料，掌握各类模型在 3ds Max 中的表示方法。(10 分钟)	1. 自评和互评：各小组参照评价表对完成的家具导入图进行小组自评，挑选出小组代表作品，小组间再进行互评。 2. 师评：教师点评各小组的家具导入图。 3. 师评：教师点评学生回答问题的完整性和准确性。 4. 自评和互评：各小组参照评价表对完成的家具模型布置图进行小组自评，挑选出小组代表作品，小组间再进行互评。 5. 师评：教师点评各小组的家具模型布置图。

课时： 6 课时
1. 软资源：准备导入的家具模型、家具模型布置合理评价表、整体布局设计使用教学视频、家具模型库资料、整体模型布局评价表等。

学习任务 3　餐饮空间效果图绘制

1 获取信息，制订计划　2 效果图绘制　3 效果图出图　4 总结展示

	工作子步骤	教师活动	学生活动	评价
效果图绘制	3. 摄像机设置。	1. 播放教学视频（目标摄影机的使用），并安排学生完成目标摄像机的设置。 2. 教师发放各个角度摄像机文件给学生学习并提问。 3 播放教学视频（目标摄像机表示方法），提出观看视频的规则，监督观看过程。 4. 教师演示目标摄像机制作。 5. 巡回指导学生完成任务。 6. 发放目标摄像机设置图评价表，组织各小组学生对目标摄像机设置图进行自评和小组互评。	1. 观看教学视频（目标摄影机的使用），并练习摄影机的设置。(30 分钟) 2. 学习文件并回答问题。(20 分钟) 3. 观看视频学习目标摄像机的设置方法。(20 分钟) 4. 观看教师演示目标摄像机制作。(10 分钟) 5. 完成目标摄像机的设置。(60 分钟) 6. 小组自评和互评目标摄像机设置图。(20 分钟)	1. 师评：教师通过抽查学生练习作业，检查学习效果。 2. 师评：教师点评各小组目标摄像机的设置。 3. 师评：教师点评学生回答问题的完整性和准确性。 4. 互评：各小组学生对目标摄像机的设置进行小组互评。
	课时： 6 课时 1. 软资源：目标摄像机的使用教学视频、目标摄像机设置图评价表等。 2. 教学设施：多媒体投影仪等。			
	4.Vray 材质设置。	1. 播放 Vray 材质设置的教学视频并抽选学生提问。 2. 针对本咖啡厅案例主题发放设置材质任务并巡回指导学生完成 Vray 材质设置。 3. 发放餐饮空间 Vray 材质设置图评价表，组织各小组学生对 Vray 材质设置图进行自评和小组互评。 4. 发放材质设置参数给学生学习。 5. 演示各种材质的设置方法。 6. 巡回指导学生完成任务。 7. 发放餐饮空间材质设置效果图评价表，组织各小组学生对餐饮空间材质设置效果图进行自评和小组互评。	1. 观看 Vray 材质设置教学视频，被抽到的学生回答问题。(强化学习意识) (20 分钟) 2. 完成咖啡厅中 Vray 材质设置练习。(40 分钟) 3. 完成餐饮空间 Vray 材质设置（餐厅背景墙、房、卫生间等材质的设置）。(40 分钟) 4. 小组自评和互评 Vray 材质设置图。(10 分钟) 5. 独立学习资料，掌握 Vray 材质（地板、墙体饰品等）在 3ds Max 中的设置方法。(20 分钟) 6. 观看教师演示各种材质数据设置。(10 分钟) 7. 完成 Vray 材质（地板、墙体、饰品等）在 3ds Max 中的设置。(30 分钟) 8. 作品展示，小组自评和互评餐饮空间 Vray 材质效果图。(20 分钟)	1. 自评和互评：各小组学生对 Vray 材质设置图进行自评和小组互评。 2. 自评和互评：组织各小组学生对餐饮空间材质设置效果图进行自评和小组互评。
	1. 软资源：Vray 材质设置的教学视频、材质设置参数、材质设置效果图评价表等。			

1 获取信息，制订计划　2 效果图绘制　3 效果图出图　4 总结展示

效果图绘制

工作子步骤	教师活动	学生活动	评价
5. Vray 灯光的设置。	1. 讲授 3ds Max 里 Vray 灯光设置的技巧和方法（案例讲解）。 2. 演示将 Vary 灯光导入建立好的场景中，并讲授基本步骤和方法。 3. 布置向 3ds Max 中导入光域网灯光，并进行数据设置的工作任务，监督指导学生完成。 4. 发放灯光效果图初步设置评价表，组织各小组学生对空间灯光效果进行自评和小组互评。 5. 教师对各小组的灯光设置进行总结点评并指导学生进行修改完善。 6. 教师讲授模拟现实灯光的技巧和方法。	1. 听取教师讲授 Vray 灯光设置的要点、技巧和方法。（30 分钟） 2. 观摩教师向建立好的场景模型中导入 3ds Max 插件中 Vray 灯光的演示。(30 分钟) 3. 将灯光导入光域网中模拟真实灯光效果。（160 分钟） 4. 灯光导入后，小组自评、互评初步灯光设置后的效果。（40 分钟） 5. 听取教师总评并修改完善灯光明暗关系。（40 分钟） 6. 听取教师讲授灯光设置的技巧与方法。（20 分钟）	1. 师评：教师点评学生回答问题的完整性和准确性。 2. 师评：教师点评各学生导入完成的户型图。 3. 自评和互评：各小组参照评价表对完成的灯光设置进行小组自评，挑选出小组代表作品，小组间再进行互评。 4. 师评：教师点评各小组的灯光效果。
课时： 8 课时 1. 软资源：灯光的设置教学视频、灯光的设置效果图评价表（含评价标准）等。			
6.Vray 渲染器的测试设置。	1. 讲授 3ds Max 里 Vray 渲染器设置的技巧和方法（案例讲解）。 2. 演示在建立好的场景中将 Vray 渲染器进行初步设置，并讲授基本步骤和方法。 3. 布置在 3ds Max 中完成了材质、灯光、摄像机设置后，进行初步渲染设置的工作任务，并监督指导学生完成。 4. 发放初步渲染效果图评价表，组织各小组学生对空间整体效果进行自评和小组互评。 5. 教师对各小组的初步效果设置进行总结点评并指导学生进行修改完善。	1. 听取教师讲授 Vray 渲染器设置的要点、技巧和方法。（10 分钟） 2. 观摩教师演示向建立好的场景模型中导入 3ds Max 插件中的 Vray 渲染器。（10 分钟） 3. 材质、灯光、摄像机的设置完毕后，进行初步渲染设置。（30 分钟） 4. 渲染初步效果图后，小组自评、互评初步灯光设置后的效果。（20 分钟） 5. 听取教师总评并修改完善细节。（10 分钟）	1. 师评：教师点评学生回答问题的完整性和准确性。 2. 自评和互评：各小组参照评价表对完成的 Vray 渲染器初步设置图进行小组自评，挑选出小组代表作品，小组间再进行互评。 3. 自评和互评：各小组完成测试设置，进行小组自评，挑选出小组代表作品，小组间再进行互评。 4. 师评：教师点评各小组渲染初步设置的效果。
课时： 2 课时 1. 硬资源：计算机等。 2. 软资源：Vray 渲染器的测试设置教学视频、餐饮空间效果图文件、Vray 渲染器的测试设置评价表等。 3. 教学设施：多媒体投影仪等。			

学习任务 3　餐饮空间效果图绘制

1 获取信息，制订计划　2 效果图绘制　3 效果图出图　4 总结展示

	工作子步骤	教师活动	学生活动	评价
效果图出图	1.Vray 渲染大图设置。	1. 引导学生查找 Vray 渲染大图设置与 Vray 渲染器测试设置的区别，小组将查找的区别用图表方式列出。（10 分钟） 2. 各小组对 Vray 渲染大图设置与 Vray 渲染器测试设置的区别进行互评，将列出的区别补充完整。 3. 演示 Vray 渲染大图设置及打印输出，提醒学生记录渲染大图设置参数。 4. 提出输出大图尺寸要求，指导学生渲染大图。 5. 组织学生自我检查效果图错误。 6. 指导学生改正效果图。	1. 查找 Vray 渲染大图设置与 Vray 渲染器测试设置的区别，小组将查找的区别用图表方式列出。（10 分钟）（强化学习意识） 2. 听取各小组互评，将区别补充完整。(10 分钟) 3. 观摩 Vray 渲染大图设置，听取教师提醒，做好设置参数记录。（10 分钟） 4. 进行 Vray 渲染大图设置，完成渲染。(30 分钟) 5. 学生自我检查效果图有无错误和缺漏。（10 分钟） 6. 修改效果图。	1. 师评：点评学生回答问题的完整性和准确性。 2. 过程性评价：重点观察学生检查图纸细节和修改后的图是否正确。
	1. 硬资源：计算机等。 2. 软资源：Vray 渲染大图设置与 Vray 渲染器测试设置的区别文件、Vray 渲染大图设置参数等。			
	2.Photoshop 软件处理效果图技巧。	1. 将 3ds Max 导出的原始效果图和通过 Photoshop 软件后期处理过的效果图进行比对。 2. 用抽查提问的方式让学生回答这两张图的区别。 3. 讲授通过 Photoshop 软件对效果图进行后期处理的要点、技巧和方法（案例讲解）。 4. 教师发放任务单并进行学习任务情境模拟。 5. 发放餐饮空间 3D 原始效果图给学生，组织学生运用 Photoshop 软件对原始效果图进行后期处理。	1. 通过观察对比 3ds Max 导出的原始效果图和 Photoshop 软件后期处理过的效果图，总结出这两张图的区别。 2. 抽到的学生回答问题。 3. 听取教师讲授运用 Photoshop 软件进行效果图后期处理的要点技巧和方法。（30 分钟） 4. 独立解读任务单，查阅任务单，明确学习任务。 5. 收到餐饮空间 3D 原始效果图，运用刚刚学习的 Photoshop 软件后期处理技巧和方法对原始效果图进行后期处理。	1. 师评：教师点评学生回答问题的完整性和准确性。 2. 过程性评价：重点观察学生对 Photoshop 软件运用的熟练程度，以及效果图后期处理效果是否达到要求。

1 获取信息，制订计划　2 效果图绘制　3 效果图出图　4 总结展示

	工作子步骤	教师活动	学生活动	评价
效果图出图	2.Photoshop 软件处理效果图技巧。	6. 组织各小组学生对渲染好的餐饮空间效果图进行自我检查。 7. 教师对渲染好的餐饮空间效果图进行总结点评并指导学生进行修改完善。	6. 对比原图和后期处理过的效果图，自我检查渲染好的餐饮空间效果图。 7. 听取教师总评并修改渲染好的餐饮空间效果图。	
课时： 4 课时 1. 软资源：餐饮空间效果图文件、餐饮空间 3D 原始效果图等。 2. 教学设施：多媒体投影仪，讲授 Photoshop 软件效果图后期处理的要点、技巧和方法 PPT 等。				
总结展示	1. 制作餐饮空间整体效果图总结 PPT。	1. 分析制作餐饮空间效果图总结 PPT 的要点与要求。 2. 监督学生小组讨论的过程。 3. 引导学生进行小组内成员的自评。 4. 引导学生进行总结 PPT 展示。 5. 组织各组进行互评。 6. 对学生的编写思路和步骤进行适当的点评。 7. 总结效果图的绘制技巧和方法。	1. 听取教师讲授制作餐饮空间效果图总结 PPT 的要点、原则与要求。（20 分钟） 2. 组长组织小组成员进行讨论，分析优点、发现缺点，提出改进方法，归纳总结效果图绘制要点。（20 分钟） 3. 各组进行小组内成员的自评，评出小组中最优秀的效果图。（15 分钟） 4. 各组根据组内最优秀的效果图来制作总结 PPT，并上台展示。（40 分钟） 5. 观察各组的总结演示，与自己的总结 PPT 进行对比，归纳出制作效果图的总体思路。（20 分钟） 6. 对其他各组的总结 PPT 进行评价。（30 分钟） 7. 认真记录教师对本组任务完成情况的点评。（15 分钟）	1. 自评：各小组进行内部讨论和评比，评出小组中最优秀的效果图。 2. 互评：各小组参照评价表对完成的餐厅效果图总结 PPT 进行互评。 3. 师评：教师听取各组的总结 PPT 演讲，参照点评表对其 PPT 进行深入点评。
课时： 4 课时 1. 软资源：工作页、参考教材、授课 PPT、效果图绘制总结 PPT 自评表等。				

考核标准

考核任务案例：卧室设计

情境描述：

在人的一生中，几乎会有三分之一的时光是在卧室中度过的。卧室作为人们休息的环境，应考虑如何将其设计得更温馨、舒适。现有一间长 5 m、宽 5 m、高 2.8 m 的卧室，要求对其进行方案设计，并制作 3D 效果图及后期的设计说明。

任务要求：

1. 设计要求。

（1）明确设计风格。

（2）整体布局合理。

（3）符合任务要求。

2. 设计内容。

（1）完成卧室模型的创建。

（2）完成模型材质的设置。

（3）完成场景的灯光设置。

（4）完成效果图的渲染出图。

（5）完成 Photoshop 效果图的后期处理。

（6）简要设计说明不超过 300 字。

参考资料：

工作页、教材、网络资源等。

评价标准：

1. 模型制作结构准确生动，布线匀称规则。（30 分）

2. 材质贴图设置方法正确，表现效果突出。（20 分）

3. 整体布局合理，局部细节表现突出。（10 分）

4. 符合任务要求，创意新颖。（20 分）

5. 作品主题突出，设计风格明确，表现效果好。（20 分）

课程 3　居住空间设计

学习任务 1
商品房空间设计
（32）课时

学习任务 2
别墅空间设计
（48）课时

课程目标

学习完本课程后，学生应当能够完成居住空间的设计工作任务，严格执行企业安全管理制度，具备工作过程中解读信息、沟通与表达、团队合作的职业能力和遵纪守法、爱岗敬业、团结合作、认真细致、较强客户意识的职业素养，具体包括：

1. 能够与客户和设计总监进行专业沟通，明确工作任务、时间和要求，主动了解客户需求，满足客户需要，能够向客户展示自己的专业能力。
2. 能够正确进行现场勘测及记录尺寸。
3. 能正确识读建筑框架图、分析户型、辨别主体墙、规划空间平面布局，能够懂得造型设计的基本原理及形式美法则在实际中的应用，并勾画初步住宅平面图、空间效果图等，制作设计项目提案。
4. 能进一步收集、分析、运用与设计任务有关的资料、信息与构思立意，进行方案的设计、分析和比较，按客户的具体要求正确绘制出设计草图。
5. 能根据项目的设计要求，结合中国传统建筑风格确定其设计的风格，将设计风格与合理的布局和运用融合一体，制订符合客户要求的方案。
6. 能按照国家统一的室内制图规范，正确绘制平面图、立面图、顶棚图、水电图、效果图、拆墙图、砌筑图等。
7. 根据设计需要或客户需求修改图纸并能按照公司管理制度将完成后的图纸交付设计总监审核。
8. 能与施工队进行工程现场交底，组织施工，并能向施工人员讲解施工方法、材料规格型号的使用，和业主确认预算增减单，绘制有变动的施工图纸，协调办理相关手续。
9. 能够将最终图纸资料整理、归类与存档，并提供给项目主管备档。
10. 能按照公司管理规定节约使用各类耗材。

课程内容

1. 与客户沟通的技巧，居住空间设计原理，居住空间的设计风格。
2. 现场量房的技巧和方法，施工图识读的技巧与方法，空间草图绘制技巧和方法。
3. 空间平面布局的规划，户型分析，施工材料使用。
4. 进一步收集、分析、运用与设计任务有关的资料、信息与构思立意，进行方案的设计、分析和比较，按客户的具体要求正确绘制出设计草图。
5. 空间组织的方法、界面设计、家具的选择和布置、人体工程学、色彩搭配原理与应用、住宅风水学、提案制作与编排技巧。
6. 室内制图规范，平面图、立面图、水电图、效果图、拆墙图、砌筑图的绘制方法与技巧。
7. 设计意图说明和相对准确的工程预算。
8. 工程现场交底。
9. 图纸资料整理、归类与存档。

学习任务 1 商品房空间设计

任务描述

学习任务课时：32 课时

任务情境：

广州某设计院的电力工程师李先生，购买了一套商品房，面积为 108 m^2，三室两厅、一厨、两卫，计划近期装修入住。业主成熟稳重，从事设计工作，希望有独立的工作空间；妻子是自由职业者，喜欢舒适的居家生活；女儿四岁，父母偶尔会来家居住。业主有着极高的生活品质要求，喜欢有品质且舒适的生活状态，尤其注重生活细节中的艺术感，希望能设计新中式风格家居空间，隐去传统中式繁杂的设计表现，用现代的设计语言来表达中式家居。李先生通过朋友介绍，委托我系建筑装饰专业空间设计工作室为其进行装修方案设计，负责本项目的设计师（教师）将该项目的施工图绘制工作任务交给了助理设计师（学生），要求半个月完成方案设计。

具体要求见下页。

居住空间设计

工作流程和标准

工作环节 1

获取信息，制订计划

1

1. 设计师带领助理设计师到达施工现场与业主进行沟通，并对其现场空间进行测量和现场拍照，用手绘的形式绘制建筑原始平面图，并记录相关尺寸数据和管线梁柱等部位，了解项目基本情况。
2. 助理设计师做好客户调查记录表，主动与客户进行沟通并记录业主提出的需求（空间功能的分布、装修风格的制订、客户对其空间的特殊要求、材料的运用、工程预算、预计工期等），从客户角度分析个性化需求，收集相关资料（装修风格图片及与其风格相对应的材料资料），不断增强客户服务意识。
3. 利用 CAD 软件绘制建筑原始结构平面图，完成后交给设计师做平面布局方案，助理设计师要积极和设计师沟通，并按照设计师设计概念完成草图设计（反映功能、空间、风格、技术四方面要素的草图）。
4. 据设计师的草图方案意见明确施工图绘图任务要求和时间节点，并制订一份施工图绘制工作计划。

工作成果：手绘原始结构图、CAD 原始结构图。
学习成果：客户调查表、施工图绘制工作计划。

工作环节 2

方案设计

2

1. 根据设计师提供的新中式概念草图方案绘制出符合国家标准和规范的建筑平面布置图、地面材质图、顶棚图、灯具尺寸平面图、强电插座平面图、灯具开关连线图。
2. 根据设计师提出的深化设计方案绘制出符合国家标准和规范的各空间主要立面图。
3. 与设计师沟通，明确空间新中式设计风格的主要造型特点以及应用的材料与工艺，根据设计师绘制的造型节点草图绘制出节点剖面图、大样图。
4. 根据建筑平面图绘制出符合国家标准和规范的电气和冷热水管走向图。
5. 根据制图规范完成图纸封面、目录并对整套施工图进行排版。
6. 制作至少四张表现新中式设计风格的主要场景效果图。
7. 制作设计说明，工程材料做法表，材料分类表。

工作成果：全套施工图初稿（封面、目录、原始户型图、平面布置图、地面材质图、顶棚图、灯具尺寸平面图、强电插座平面图、灯具开关连线图、立面图、剖面图、大样图、水电图、主要场景效果图）。
学习成果：设计说明、材料做法表、材料分类表。

工作环节 3

审核修改

3

1. 提交全套施工图给设计师进行审核，并根据设计师的反馈意见对施工图进行修改和完善。
2. 将效果图打印并装订成册。

学习成果：全套施工图纸定稿。

工作环节 4

总结展示

4

1. 对审核通过的商品房全套施工图纸和效果图进行展示。
2. 总结制作过程中遇到的各种难点和问题，并分享项目制作中的收获。

学习成果：总结汇报 PPT。

学习内容

知识点	1.1 现场测量技巧； 1.2 建筑结构有关知识； 1.3 施工图制作流程和技巧； 1.4 新中式风格居住空间划分、功能布局，新中式风格空间形式的表达，新中式风格空间形式的技术表现； 1.5 新中式居住空间设计程序、设计原则、设计主题的确定； 1.6 新中式风格的相关设计元素； 1.7 新中式风格居住空间色彩定位设计方案； 1.8 客户服务意识的内涵； 1.9 设计工作中客户服务意识的重要性	2.1 平面施工图的常规绘图比例； 2.2 墙体改造； 2.3 新中式风格平面布置图； 2.4 照明系统设计； 2.5 新中式风格居住空间人体工程学尺寸，家具尺寸，室内交通流向； 2.6 地面铺装材料的表现方法； 2.7 各类灯具的标识方法，顶棚图绘制（造型、灯具、标高、材料说明）	3.1 立面施工图的常规绘图比例； 3.2 建筑材料的立面图表现方法； 3.3 家具和墙面造型结构表现方法； 3.4 引线做法标注的方法； 3.5 尺寸和标高标注的方法
技能点	1.1 正确测量现场空间尺寸（定性测量和定位测量）； 1.2 按照现场的行走路线拍摄正确的现场照片； 1.3 手绘原始结构户型图； 1.4 根据手绘图用软件绘制出 CAD 原始结构图； 1.5 能够与设计师沟通，并参与制作客户调查表； 1.6 能理解设计师草图概念设计，并能够制订施工图绘制计划	2.1 熟练应用 AutoCAD 软件绘制原始户型图； 2.2 正确标注图纸； 2.3 熟练应用 AutoCAD 软件绘制平面布置图； 2.4 正确进行新中式风格空间形式的表达（造型设计能力）； 2.5 正确进行新中式风格空间形式的技术表现（材料运用）； 2.6 正确控制与运用空间材料尺寸的能力； 2.7 正确认识电气的使用标准； 2.8 正确掌握灯具的电力承受能力	3.1 绘制电视背景墙立面图； 3.2 绘制餐厅背景墙立面图； 3.3 绘制厨房立面图； 3.4 绘制卫生间立面图； 3.5 绘制房间立面图
工作环节	 工作环节 1 获取信息，制订计划	方案设计 工作环节 2	
成果	1.1 手绘原始结构图； 1.2 新中式设计风格相关的特点与元素； 1.3 施工图绘制工作计划	2.1 原始户型图； 2.2 平面布置图； 2.3 地面材质图； 2.4 顶棚图； 2.5 灯具尺寸平面图； 2.6 强电插座平面图； 2.7 灯具开关连线图	3.1 立面图
素养	1.1 解读信息的能力； 1.2 表达与沟通的能力； 1.3 关注企业文化，增强客户服务意识	熟悉建筑装饰行业识图制图标准和规范	

	4.1 结构施工图的常规绘图比例和字高； 4.2 剖面标记符号的方法； 4.3 索引符号标注的方法； 4.4 剖面及大样图做法标注和尺寸标注的方法	5.1 电气图基本知识； 5.2 电气图形符号认知； 5.3 冷热水管的标识方法； 5.4 新中式居住空间效果图绘制（3D）		
	4.1 准确绘制吊顶和地面材料结构剖面图； 4.2 绘制新中式家具大样图	5.1 按照规范绘制电气线路图（配电、开关、插座）； 5.2 按照规范和标准绘制水管走向图； 5.3 掌握各种效果图软件（3D）； 5.4 掌握新中式家具的尺寸	6.1 制作与编排图纸索引； 6.2 编写室内装修和电气施工设计说明； 6.3 编制五金配件表格； 6.4 编制材料表格； 6.5 编制洁具表格； 6.6 正确应用制图模板	7.1 制作项目设计总结 PPT 并进行汇报

	4.1 剖面图； 4.2 大样图	5.1 电气、冷热水管及排水走向图； 5.2 新中式居住空间效果图	6.1 全套图纸定稿	7.1 项目设计总结 PPT（学习成果）
				7.1 归纳、总结、分析的能力

学习任务 1　商品房空间设计

1 获取信息，制订计划　2 方案设计　3 审核修改　4 总结展示

步骤	工作子步骤	教师活动	学生活动	评价
获取信息，制订计划	1. 解读任务书，手绘原始结构图。 2. 与客户交谈，了解商品房设计要求与设计风格意向。	1. 整顿课堂，向全体学生问好并进行考勤点名。	1. 整理仪容仪表，全体学生向老师问好。（5 分钟）	1. 教师对抽选学生回答问题的完整性和准确性进行点评。 2. 自评和互评：学生根据评价表自评和互评手绘原始结构图（通过小组自评挑选小组代表作品，再进行小组间互评）。 3. 师评：教师点评各小组手绘原始结构图（标注的准确性、完整性）。
		2. 教师发放新中式居住空间 CAD 施工图绘制任务书，进行学习任务情境模拟，引导学生解读任务书。	2. 学生解读任务书，用记号笔在任务书中标记关键信息，明确学习任务(信息的解读能力)。(15 分钟)	
		3. 用 PPT 展示问题，提出观看《新中式居住空间设计流程》教学视频的规则和要求（观看视频，思考 PPT 上的问题），并监督学生观看。	3. 带着问题观看教学视频，思考 PPT 上展示的问题。（15 分钟）	
		4. 抽选学生回答 PPT 上的问题（施工图制作流程）。	4. 回答 PPT 展示的问题。(10 分钟)	
		5. 发放问题卡片，提出观看教学视频《量房的技巧与方法》的规则和要求(观看视频，思考卡片上的问题)。	5. 查看卡片上的问题，带着卡片上的问题观看教学视频，了解量房的技巧与方法。	
		6. 监督并指导学生记录量房基本流程和技巧方法。	6. 记录量房基本流程、技巧方法。(20 分钟）。	
		7. 向各小组发放问题卡片，抽选各小组成员回答问题卡片上列出的问题。	7. 思考问题卡片上的问题，回答问题（量房的技巧和方法）。(15 分钟)	
		8. 讲授原始结构户型图的绘制要点、技巧和方法（案例讲解）。	8. 听取教师讲授手绘原始结构户型图的要点、技巧和方法。(30 分钟)	
		9. 演示原始结构户型图的绘制，并讲授基本步骤和方法。	9. 观摩教师手绘原始结构户型图的演示。（30 分钟）	
		10. 布置原始结构图绘制任务并监督、指导学生完成。	10. 手绘原始结构户型图。(40 分钟)	
		11. 发放手绘原始户型图评价表，组织各小组学生对手绘原始结构户型图进行自评和小组互评。	11. 小组自评、互评手绘原始结构户型图。（20 分钟）	
		12. 教师对各小组的手绘原始结构图进行总结点评并指导学生进行修改完善。	12. 听取教师总评并修改完善原始结构户型图。（10 分钟）	

基准课时：32

1 获取信息，制订计划　2 方案设计　3 审核修改　4 总结展示

获取信息，制订计划

工作子步骤	教师活动	学生活动	评价
1. 解读任务书，手绘原始结构图。 2. 与客户交谈，了解商品房设计要求与设计风格意向。	13. 教师讲授现场照片的拍摄技巧和方法。 14. 抽选学生回答问题（现场拍摄的方法和技巧）。 15. 组织指导学生进行施工现场拍照。 16. 教师展示 PPT，讲授客户服务意识的内涵。 17. 教师举例讲授客户服务意识的重要性。	13. 听取教师讲授现场照片的拍摄技巧与方法（20 分钟）。 14. 回答教师提出的问题。(15 分钟) 15. 进行现场模拟拍照，记录施工现场重要位置节点。(30 分钟) 16. 学生听取教师讲授并做好笔记。 17. 学生听取教师讲授，并认真思考，回答问题。	

课时： 12 课时
1. 硬资源：通用型计算机机房、互联网等。
2. 软资源：AutoCAD（2013 以上版本）、新中式居住空间施工图绘制任务书》、授课 PPT、参考教材、《新中式居住空间设计流程》教学视频、问题卡片、《量房的技巧与方法》教学视频（教学资源包）、《手绘原始结构户型图的要点、技巧和方法》教学 PPT、手绘原始结构图自评表和互评表、手绘原始结构图教师评价表等。
3. 教学设施：投影仪、白板、交互式一体机等。

工作子步骤	教师活动	学生活动	评价
3. 绘制 CAD 原始结构图。	1. 对子任务 1（手绘原始草图和施工现场拍照）的工作完成情况进行回顾，并介绍子任务 2（绘制原始户型图）的工作内容、目标和要求。 2. 教师下发 CAD 常用工具快捷键及使用方法文字资料，并进行常用快捷键操作演示。 3. 演示并讲授绘制 CAD 原始结构户型图的步骤和方法。 4. 布置 CAD 原始结构图绘制任务并监督、指导学生。 5. 组织小组学生对 CAD 原始结构户型图进行自评和互评。 6. 教师对各小组的 CAD 原始结构图进行总结点评并指导学生进行修改完善。	1. 回顾子任务 1 的完成情况，听取教师介绍子任务 2 的工作内容、目标和要求等信息，明确子任务 2 的工作内容、目标和要求。 2. 自主阅读 CAD 常用工具快捷键及使用方法资料，标记关键词，并在计算机上进行快捷键的实操练习。 3. 观摩教师演示原始结构平面图的制作并记录步骤与方法。(30 分钟) 4. 参考手绘原始结构图，利用 CAD 软件绘制 CAD 原始结构户型图。(60 分钟) 5. 小组自评和互评 CAD 原始结构户型图。 6. 听取教师总评并修改完善 CAD 原始结构户型图。15 分钟)	1. 自评和互评：学生根据评价表自评和互评 CAD 原始结构图（通过小组自评挑选小组代表作品，再进行小组间互评）。 2. 师评：教师点评各小组 CAD 原始结构图。

1. 硬资源：通用型计算机机房、互联网等。
2. 软资源：CAD 常用工具快捷键及使用方法资料、CAD 原始结构图自评表和互评表等。
3. 教学设施：投影仪、白板、交互式一体机等。

课程 3　居住空间设计

学习任务 1　商品房空间设计

1 获取信息，制订计划 → 2 方案设计 → 3 审核修改 → 4 总结展示

	工作子步骤	教师活动	学生活动	评价
获取信息，制订计划	4. 填写施工图绘制计划表。	1. 教师扮演设计师与助理设计师（学生扮演）进行沟通交流，告知其设计意图、施工图绘制要求等信息。 2. 教师点评学生活动。 3. 发放施工图绘制计划表并指导学生填写。 4. 对计划表进行点评并指导学生对计划表进行修改完善。	1. 学生扮演助理设计师与设计师（教师扮演）进行沟通，了解设计师设计意图、施工图绘制要求等信息（其他学生观察聆听）。（15 分钟） 2. 听取教师点评并进行记录。（10 分钟） 3. 填写施工图绘制计划表。（15 分钟） 4. 听取教师点评并修改完善施工图制作计划。（15 分钟）	1. 师评：教师点评学生角色扮演活动。 2. 师评：教师点评施工图绘制工作计划。
	1. 硬资源：通用型计算机机房、互联网等。 2. 软资源：施工图绘制计划表等。 3. 教学设施：投影仪、白板、交互式一体机等。			
方案设计	1. 绘制平面布置图。	1. 发放施工图制图标准资料供学生学习，要求学生通过关键词法进行自我学习，并提出学习的规则和要求（时间 20 分钟、标记关键词、提问），采用旋转木马学习法强化学习内容。 2. 利用卡片法，抽选每个小组代表，回答卡片上提出的问题。 3. 展示提问，播放 CAD 常用图例制作教学视频。提出观看视频的规则和要求（要根据问题记录笔记），监督观看过程。 4. 提出任务（新中式家具、洁具等在 CAD 中的绘制练习），并巡回指导。 5. 讲授新中式空间功能划分的原则与方法（案例讲授）。 6. 抽选学生回答问题。 7. 讲授新中式平面布置图绘制技巧。 8. 观察并指导学生练习。	1. 自主学习施工图制图标准（关键词、旋转木马法）。 2. 回答教师提出的问题（CAD 国家制图标准）。（20 分钟） 3. 观看 CAD 常用图例的表示方法教学视频并完成相应的练习。 4. 完成常用图例练习。（40 分钟） 5. 听教师讲授空间功能分区的原则与方法。 6. 回答教师提出的问题（新中式空间功能分区原则和方法）。（40 分钟） 7. 完成固定家具的创建。 8. 调用图库的图例并完成三居室平面布置图。（40 分钟）	1. 师评：教师对被抽选学生回答问题的完整性和准确性进行点评。 2. 师评：教师点评各学生完成的 CAD 常用图例。 3. 自评和互评：各小组参照评价表对完成的平面布置图进行小组自评，挑选出小组代表作品，小组间再进行互评。 4. 师评：教师点评各小组的平面布置图。
	课时： 20 课时 1. 硬资源：通用型计算机机房、互联网等。 2. 软资源：AutoCAD（2013 以上版本）、施工图制图标准纸质资料、问题卡片、CAD 常用图例制作教学视频、平面布置图评价表等。 3. 教学设施：投影仪、白板、交互式一体机等。			

1 获取信息，制订计划 → 2 方案设计 → 3 审核修改 → 4 总结展示

方案设计

工作子步骤	教师活动	学生活动	评价
2. 绘制地面材质图。	1. 发放材质图例给学生学习。 2. 演示新中式三居室地面材质图的绘制。 3. 巡回指导学生完成任务。 4. 发放地面材质图评价表，组织各小组学生对地面材质图进行自评和小组互评。	1. 自主学习资料，掌握各类建材在 CAD 中的表示方法（自我学习）。(15 分钟) 2. 观看教师演示新中式三居室地面材质图的绘制。(15 分钟) 3. 完成三居室的地面材质图。(40 分钟) 4. 小组自评和互评地面材质图。(10 分钟)	1. 自评和互评：各小组参照评价表对完成的地面材质图进行小组自评，挑选出小组代表作品，小组间再进行互评。 2. 师评：教师点评各小组的地面材质图。
1. 硬资源：通用型计算机机房、互联网等。 2. 软资源：材质图纸质资料、地面材质图评价表等。 3. 教学设施：投影仪、白板、交互式一体机等。			
3. 绘制顶棚图。	1. 播放教学视频（标高的使用）并安排学生完成标高的绘制。 2. 教师发放各种顶棚的造型图纸资料给学生学习并提问。 3. 播放教学视频（灯具的表示方法），提出观看视频的规则，监督观看过程。 4. 教师演示顶棚图的制作。 5. 巡回指导学生完成任务。 6. 发放顶棚图评价表，组织各小组学生对顶棚图进行自评和小组互评。	1. 观看教学视频（标高的使用），并练习标高的绘制。(10 分钟) 2. 观看各类顶棚图纸，掌握各种吊顶及顶部造型的表示方法。(10 分钟) 3. 观看视频学习各种灯具的表示方法。(10 分钟) 4. 观看教师演示顶棚图的制作。(10 分钟) 5. 完成顶棚图的绘制。(30 分钟) 6. 小组自评和互评顶棚图。(10 分钟)	1. 师评：教师点评学生回答问题的完整性和准确性。 2. 自评和互评：各小组参照评价表对完成的顶棚图进行小组自评，挑选出小组代表作品，小组间再进行互评。 3. 师评：教师抽查小组顶棚图设计是否符合新中式设计。
1. 硬资源：通用型计算机机房、互联网等。 2. 软资源：标高的使用教学视频、顶棚造型纸质资料、灯具的表现方法教学视频、顶棚图评价表等。 3. 教学设施：投影仪、白板、交互式一体机等。			

学习任务 1　商品房空间设计

1 获取信息，制订计划　2 方案设计　3 审核修改　4 总结展示

方案设计

<table>
<tr><th>工作子步骤</th><th>教师活动</th><th>学生活动</th><th>评价</th></tr>
<tr><td>4. 绘制立面图。</td><td>1. 教师演示引线标注的使用并安排学生完成引线标注的绘制练习。
2. 播放立面图绘制的教学视频并抽选学生提问。
3. 巡回指导学生完成立面图的绘制。
4. 发放立面图评价表，组织各小组学生对立面图进行自评和小组互评。</td><td>1. 观看教师演示引线标注的使用并完成引线标注的练习。(10 分钟)
2. 观看立面图制作的教学视频，抽到的学生回答问题。(20 分钟)
3. 完成立面图的绘制（新中式电视背景墙、餐厅背景墙、房、卫生间立面图）。(40 分钟)
4. 小组自评和互评立面图。(10 分钟)</td><td>1. 师评：教师点评学生回答问题的完整性和准确性。
2. 自评和互评：各小组参照评价表对完成的建筑立面图进行小组自评，挑选出小组代表作品，小组间再进行互评。
3. 师评：教师点评各小组的建筑立面图。</td></tr>
<tr><td colspan="4">1. 硬资源：通用型计算机机房、互联网等。
2. 软资源：引线的使用教学视频、立面图制作的教学视频、立面图评价表等。
3. 教学设施：投影仪、白板、交互式一体机等。</td></tr>
<tr><td>5. 绘制剖面图。</td><td>1. 发放吊顶材料图例给学生学习。
2. 演示新中式风格三居室吊顶剖面图的绘制。
3 巡回指导学生完成任务。
4. 发放吊顶剖面图评价表，组织各小组学生对吊顶剖面图进行自评。</td><td>1. 独自学习资料，掌握吊顶材料（轻钢龙骨、石膏线等）在 CAD 中的绘制方法。(20 分钟)
2. 观看教师演示吊顶剖面图的绘制。(10 分钟)
3. 完成新中式风格三居室的吊顶剖面图的绘制。(50 分钟)
4. 小组自评和互评吊顶剖面图。(10 分钟)</td><td>1. 自评和互评：各小组参照评价表对完成的吊顶剖面图进行小组自评，挑选出小组代表作品，小组间再进行互评。
2. 师评：教师点评各小组的吊顶剖面图。</td></tr>
<tr><td colspan="4">1. 硬资源：通用型计算机机房、互联网等。
2. 软资源：顶棚造型的电子图片及所需要的 CAD 文件、吊顶剖面图评价表等。
3. 教学设施：投影仪、白板、交互式一体机等。</td></tr>
</table>

1 获取信息，制订计划　2 方案设计　3 审核修改　4 总结展示

方案设计

工作子步骤	教师活动	学生活动	评价
6. 绘制大样图。	1. 通过人性化家具设计大样图、中国特色家具欣赏，组织学生讨论新中式家具设计。 2. 播放家具大样图绘制教学视频并抽选学生提问。 3. 讲解家具大样图的设计要点、难点。 4. 巡回指导学生完成任务。 5. 发放家具大样图评价表，组织各小组学生对家具大样图进行自评和小组互评。	1. 小组讨论人性化家具设计，思考从家具的细节凸显中国传统文化的传承。 2. 观看家具大样图绘制教学视频，掌握家具构造在 CAD 中的绘制方法；抽到的学生回答问题。(20 分钟) 3. 听取教师讲解家具大样图的设计要点、难点。 4. 完成三居室家具大样图的绘制。(50 分钟) 5. 小组自评和互评家具大样图。(10 分钟)	1. 师评：教师点评学生回答问题的完整性和准确性。 2. 自评和互评：各小组参照评价表对完成的家具大样图进行小组自评，挑选出小组代表作品，小组间再进行互评。 3. 师评：教师点评各小组的家具大样图。
1. 硬资源：通用型计算机机房、多媒体投影仪、互联网等。 2. 软资源：家具大样图绘制教学视频、家具大样图评价表等。 3. 教学设施：投影仪、白板、交互式一体机等。			
7. 绘制新中式空间效果图。	1. 介绍 3ds Max 软件的设计范围与功能。通过讲解引导小组如何把中式设计元素、设计重点用软件呈现出来。 2. 教师演示重点区域的效果图制作要点，并抽选学生提问。 3. 演示 3D 空间效果图的绘制。 4. 巡回指导学生完成任务。 5. 教师点评各小组效果图并提出修改意见。	1. 观看 3D 空间效果图制作的教学视频。 2. 利用 3ds Max 软件制作新中式居住空间效果图。 3. 认真观看教师示范。小组讨论并分工合作完成各自效果图的区域，通过小组协作沟通等方式完成此项工作任务。 4. 完成新中式居住 3D 空间效果图绘制。 5. 小组自评（以成果汇报的方式展示效果图空间区域的设计重点、设计方式与效果图绘制遇到的困难与解决办法。） 6. 小组互评（提出疑问）。	1. 小组自评（以成果汇报的方式展示效果图区域的设计重点、设计方式与效果图绘制遇到的困难与解决办法）。 2. 自评和互评：各小组参照评价表对完成的 3D 空间效果图进行小组自评，挑选出小组代表作品，小组间再进行互评。 3. 师评：教师点评各小组的 3D 空间效果图。
1. 硬资源：通用型计算机机房、互联网等。 2. 软资源：3D 空间效果图制作教学视频、3D 空间效果图评价表等。 3. 教学设施：投影仪、白板、交互式一体机等。			

学习任务 1　商品房空间设计

1 获取信息，制订计划 → 2 方案设计 → 3 审核修改 → 4 总结展示

	工作子步骤	教师活动	学生活动	评价
方案设计	8. 绘制电气、冷热水管走向图。	1. 播放电气、水管走向图制作教学视频，并发放水位布置的任务。 2. 巡回指导学生完成任务。 3. 发放电气、冷热水管走向图评价表，组织各小组学生对电气、冷热水管走向图进行自评和小组互评。	1. 观看电气、水管走向图制作教学视频，结合所学定好三居室水位位置。(20 分钟) 2. 完成三居室水管走向图的绘制。(50 分钟) 3. 小组自评和互评冷热水管走向图。(10 分钟)	1. 自评和互评：各小组参照评价表对完成的电气、水管走向图进行小组自评，挑选出小组代表作品，小组间再进行互评。 2. 师评：教师点评各小组的电气、水管走向图。
方案设计	1. 硬资源：通用型计算机机房、互联网等。 2. 软资源：电气、水管走向图制作教学视频，电气、冷热水管走向图评价表等。 3. 教学设施：投影仪、白板、交互式一体机等。			
审核修改	1. 检查图纸是否符合国家制图标准。	1. 发放图纸样表，提醒学生观察图纸的索引样表填写的内容有哪些。 2. 指导学生编排与填写。 3. 要求学生下载制图模板。 4. 指导学生套用模板。 5. 组织学生自我检查施工图错误。 6. 指导学生改正图纸。 7. 检查学生提交的施工图纸是否齐全。	1. 图纸的索引与编排。 2. 观察图纸索引样表填写的内容有哪些，听取教师提醒，做好填写记录。(10 分钟) 3. 编排图纸的索引并填写样表。(30 分钟) 4. 制图模板的运用。 5. 学生根据教师要求的尺寸，下载制图模板。(5 分钟) 6. 套用模板。(15 分钟) 7. 审核与修改。 8. 学生自我检查施工图有无错误和缺漏。(10 分钟) 9. 修改图纸。(80 分钟) 10. 提交施工图定稿。(10 分钟)	1. 过程性评价：重点观察学生检查图纸细节和修改后的图是否正确。 2. 成果验收方式：学生提交电子版图纸。 3. 成果验收标准：电子版图纸是否齐全，是否符合国家制图标准。
审核修改	**课时：** 4 课时 1. 硬资源：通用型计算机机房、互联网等。 2. 软资源：工作页、参考教材、授课 PPT、图纸的索引样表、制图模板、新中式居住空间施工图、《建筑工程施工质量评价标准》等。 3. 教学设施：投影仪、白板、交互式一体机等。			

基准课时：32

1 获取信息，制订计划　2 方案设计　3 审核修改　4 总结展示

总结展示

工作子步骤	教师活动	学生活动	评价
1. 制作新中式居住空间施工图总结 PPT。	1. 分析制作新中式居住空间施工图总结 PPT 的要点与要求（包括目录、原始户型图、平面布置图、地面材质图、顶棚图、立面图、剖面图、大样图、电气和冷热水管走向图）。 2. 监督学生小组讨论的过程。 3. 引导学生进行小组内成员的自评。 4. 引导学生进行总结 PPT 展示。	1. 听取教师讲授制作新中式居住空间施工图总结 PPT 的要点、原则与要求。（20 分钟） 2. 组长组织小组成员进行讨论，分析优点、发现缺点，提出改进方法，归纳总结施工图绘制要点。（20 分钟） 3. 各组进行小组内成员的自评，评出小组中最优秀的施工图。（15 分钟） 4. 各组根据组内最优秀的施工图来制作总结 PPT，展示组员风采，并上台展示。（45 分钟）	自评：各小组进行内部讨论和评比，评出小组中最优秀的施工图。
课时： 4 课时 1. 硬资源：通用型计算机机房、互联网等。 2. 软资源：Word（2007 以上版本）、施工图绘制总结 PPT 自评表等。 3. 教学设施：投影仪、白板、交互式一体机等。			
2. 点评新中式居住空间施工图总结 PPT。	1. 组织各组进行互评。 2. 对学生的编写思路和步骤进行适当的点评。 3. 总结新中式居住空间施工图的绘制技巧和方法。 4. 收集本学习任务完整的学习成果（手绘原始结构图、CAD 原始户型平面图、平面布置图、地面材质图、各层顶棚图、电视背景墙立面图、厨房立面图、卫生间立面图、吊顶剖面图、家具大样图、电气线路图、五金配件表格、图纸的索引、材料表格、洁具表格）和总结汇报 PPT，并按照优秀、中等、一般、差四个等级进行归类存档。	1. 观看各组的总结演示，与自己的总结 PPT 进行对比，归纳出新中式居住空间设计施工图的总体思路。（20 分钟） 2. 对其他各组的总结 PPT 进行评价。（30 分钟） 3. 认真记录教师对本组任务完成情况的点评。（10 分钟）	1. 互评：各小组参照评价表对完成的新中式居住空间施工总结 PPT 进行互评。 2. 师评：教师听取各组的总结 PPT 演讲，参照点评表对其 PPT 进行深入点评并填写评分表。
1. 硬资源：通用型计算机机房、互联网等。 2. 软资源：施工图绘制总结 PPT 互评表、学习任务总体评价表等。 3. 教学设施：投影仪、白板、交互式一体机等。			

学习任务 2　别墅空间设计

任务描述

学习任务课时：48 课时

任务情境：

本次接到的设计任务是新中式别墅设计。项目的具体情况：广州番禺某公司老板陈先生购买了一套三层别墅，需进行室内装修设计，要求每层楼板底净高 3 m。该别墅为五室两厅、一厨、四卫，同时还有一个户外花园、一个天台花园。业主成熟稳重，体形偏胖，由于从事顶棚材料制造与施工工作，平时需要审阅大量工作资料和合同，希望有独立的书房；妻子是自由职业者，长时间在家照顾孩子，喜欢舒适的居家生活；此外，业主有 2 个小孩，大儿子 5 岁、小儿子 2 岁，均喜欢户外运动，双方父母长期居住家中。陈先生通过朋友介绍，委托我系建筑装饰专业空间设计工作室为其进行装修方案设计，负责本项目的设计师（教师）将该项目的施工图绘制工作任务交给了助理设计师（学生），要求一个月完成方案设计。

具体要求见下页。

工作流程和标准

工作环节 1

获取信息，制订计划

1

1. 设计师带领助理设计师到达施工现场与业主进行沟通，并以认真谨慎的态度对其现场空间进行测量和现场拍照，用手绘的形式绘制建筑原始平面图，并记录相关尺寸数据和管线梁柱等部位，了解项目基本情况。
2. 辅助设计师做好客户调查记录表，并认真仔细记录客户提出的需求（空间功能的分布、装修风格的制订、客户对其空间特殊要求、材料的运用、工程预算、预计工期等），分析个性化需求，收集相关资料（根据业主的需求搜集有关新中式的设计元素）。
3. 利用 CAD 软件绘制建筑结构原始结构平面图，完成后交给设计师做平面布局方案，助理设计师要积极和设计师沟通，并按照设计师设计概念完成草图设计（反映功能、空间、风格、技术四方面要素的草图）。
4. 据设计师的草图方案意见明确施工图绘图任务要求和时间节点，并制订一份施工图绘制工作计划。

工作成果：手绘原始结构图、CAD 原始结构图。
学习成果：客户调查表、施工图绘制工作计划。

工作环节 3

审核修改

3

1. 提交全套施工图给设计师进行审核，并根据设计师的反馈意见对施工图进行修改和完善。
2. 将效果图打印并装订成册。

学习成果：全套新中式别墅方案定稿。

工作环节 2

方案设计

2

1. 根据设计师提供的新中式概念草图方案绘制出符合国家标准和规范的建筑平面布置图、地面材质图、顶棚图、灯具尺寸平面图、强电插座平面图、灯具开关连线图。
2. 根据设计师提出的深化设计方案绘制出符合国家标准和规范的各空间主要立面图。
3. 与设计师沟通，明确空间新中式设计风格的主要造型特点以及应用的材料与工艺，根据设计师绘制的造型节点草图绘制出节点剖面图、大样图。
4. 根据建筑平面图绘制出符合国家标准和规范的电气和冷热水管走向图。
5. 制作设计说明、工程材料做法表和材料分类表。
6. 根据平面图与设计元素提炼的结合，制作新中式别墅效果图。
7. 根据制图规范完成图纸封面、目录并对整套施工图进行排版（方案排版中，封面、封底、内页贯穿统一的设计元素）。

工作成果：全套新中式别墅方案初稿（封面、目录、原始户型图、平面布置图、地面材质图、顶棚图、灯具尺寸平面图、强电插座平面图、灯具开关连线图、立面图、剖面图、大样图、水电图、主要场景效果图）。

学习成果：设计说明、材料做法表、材料分类表。

工作环节 4

总结展示

4

1. 对审核通过的“新中式别墅”方案以 PPT 的形式展示。
2. 总结制作过程中遇到的问题，并分享项目制作中的收获。

学习成果：总结汇报 PPT。

学习内容

知识点	1.1 居住空间设计基础理论知识； 1.2 现场测量技巧； 1.3 建筑结构有关知识； 1.4 施工图制作流程和技巧； 1.5 新中式风格居住空间划分、功能布局，新中式风格空间形式的表达，新中式风格空间形式的技术表现； 1.6 别墅空间设计程序、设计原则、设计风格及主题的确定； 1.7 新中式风格的相关设计元素； 1.8 新中式风格居住空间色彩定位设计方案	2.1 平面施工图的常规绘图比例； 2.2 墙体改造； 2.3 新中式风格平面布置图； 2.4 识图及图纸规范； 2.5 认识中式户外植物的运用与户外场景的搭配、室外路道的流向； 2.6 新中式风格居住空间人体工程学尺寸、家具尺寸、室内交通流向； 2.7 地面铺装材料的表现方法； 2.8 各类灯具的标识方法，顶棚图绘制（造型、灯具、标高）。	3.1 立面施工图的常规绘图比例； 3.2 建筑材料的立面图表现方法； 3.3 家具和墙面造型结构表现方法； 3.4 引线标注的方法； 3.5 尺寸和标高标注的方法； 3.6 户外棚架和造型的尺寸、标高标注、材料的使用
技能点	1.1 正确测量现场空间尺寸（定性测量和定位测量）； 1.2 按照现场的行走路线拍摄正确的现场照片； 1.3 手绘原始结构户型图； 1.4 根据手绘图用软件绘制出 CAD 原始结构图； 1.5 能够与设计师沟通，并参与制作客户调查表； 1.6 能理解设计师草图概念设计，并能够制订施工图绘制计划	2.1 熟练应用 AutoCAD 软件绘制原始户型图； 2.2 正确标注图纸； 2.3 熟练应用 AutoCAD 软件绘制平面布置图； 2.4 正确进行新中式风格空间形式的表达（造型设计能力）； 2.5 正确进行新中式风格空间形式的技术表现（材料运用）； 2.6 正确控制和运用空间材料尺寸的能力； 2.7 正确认识电气的使用标准； 2.8 正确掌握灯具的电力承受能力； 2.9 正确掌握清拆墙体及新建墙体的尺寸定位	3.1 绘制电视背景墙立面图； 3.2 绘制餐厅背景墙立面图； 3.3 绘制厨房立面图； 3.4 绘制卫生间立面图； 3.5 绘制房间立面图； 3.6 绘制楼梯衔接立面图； 3.7 绘制户外花园造型立面图
 工作环节	工作环节 1 获取信息，制订计划	方案设计 工作环节 2	
成果	1.1 手绘原始结构图； 1.2 CAD 软件制作原始结构图； 1.3 施工图绘制工作计划（及客户调查表）	2.1 原始户型图； 2.2 平面布置图； 2.3 地面材质图； 2.4 顶棚平面图； 2.5 灯具尺寸平面图； 2.6 强电插座平面图； 2.7 灯具开关连线图； 2.8 砌筑平面图	3.1 立面图
素养	1.1 解读信息的能力； 1.2 语言表达与沟通的能力	熟悉建筑装饰行业识图制图标准和规范	

学习任务 2　别墅空间设计

	4.1 结构施工图的常规绘图比例和字高； 4.2 剖面标记符号的方法； 4.3 索引符号标注的方法； 4.4 剖面及大样图做法标注和尺寸标注的方法	5.1 电气图基本知识； 5.2 电气图形符号认知； 5.3 冷热水管的标识方法； 5.4 新中式居住空间效果图绘制（3D）		
	4.1 准确绘制吊顶和地面材料结构剖面图； 4.2 绘制新中式家具大样图	5.1 按照规范绘制电气线路图（配电、开关、插座）； 5.2 按照规范和标准绘制水管走向图； 5.3 按照规范和标准绘制户外花园给排水走向图； 5.4 掌握新中式家具的尺寸	6.1 编排与制作图纸索引； 6.2 编写室内装修和电气施工设计说明； 6.3 编制五金配件表格； 6.4 编制材料表格； 6.5 编制洁具表格； 6.6 正确应用制图模板； 6.7 编制植物选材表格	7.1 制作项目设计总结 PPT 并进行汇报

	4.1 剖面图； 4.2 大样图	5.1 电气、冷热水管及排水走向图； 5.2 新中式居住空间效果图	6.1 全套图纸（定稿）	7.1 项目设计总结 PPT（学习成果）
				7.1 归纳、总结、分析的能力

学习任务 2 别墅空间设计

1 获取信息，制订计划 → 2 方案设计 → 3 审核修改 → 4 总结展示

获取信息，制订计划

工作子步骤	教师活动	学生活动	评价
1. 解读任务书，手绘原始结构图。 2. 与客户交谈，了解商品房设计要求与设计风格意向。	1. 整顿课堂，向全体学生问好并进行考勤点名。 2. 教师发放新中式别墅空间 CAD 施工图绘制任务书，进行学习任务情境模拟，引导学生解读任务书。 3. 用 PPT 展示问题，提出观看《新中式别墅空间设计流程》教学视频的规则和要求（观看视频，思考 PPT 上的题），并监督学生完成。 4. 抽选学生回答 PPT 上的问题（施工图制作流程）。 5. 发放问题卡片，提出观看教学视频《量房的技巧与方法》的规则和要求（观看视频，思考卡片上的问题）。 6. 监督并指导学生记录量房基本流程和技巧方法。 7. 向各小组发放问题卡片，抽选小组成员回答卡片上列出的问题。 8. 讲授原始结构户型图的绘制要点、技巧和方法（案例讲解）。 9. 演示原始结构户型图的绘制，并讲授基本步骤和方法。 10. 布置原始结构图绘制任务并监督、指导学生完成。 11. 发放手绘原始户型图评价表，组织各小组学生对手绘原始结构户型图进行自评和小组互评。 12. 教师对各小组的手绘原始结构图进行总结点评并指导学生进行修改完善。 13. 教师讲授现场照片的拍摄技巧和方法。 14. 抽选学生回答问题（现场拍摄的方法和技巧）。 15. 组织指导学生进行施工现场拍照。	1. 整理仪容仪表，全体学生向老师问好。（5 分钟） 2. 学生解读任务书，用记号笔在任务书中标记关键信息，明确学习任务。（15 分钟） 3. 带着问题观看教学视频，思考 PPT 上展示的问题。（15 分钟） 4. 回答 PPT 展示的问题。（10 分钟） 5. 查看卡片上的问题，带着卡片上的问题观看教学视频，了解量房的技巧与方法。 6. 记录量房基本流程和技巧方法。（20 分钟） 7. 思考问题卡片上的问题，回答问题（量房的技巧和方法）。（15 分钟） 8. 听取教师讲授手绘原始结构户型图的要点、技巧和方法。（30 分钟） 9. 观摩教师手绘原始结构户型图的演示。（30 分钟） 10. 手绘原始结构户型图。（40 分钟） 11. 小组自评、互评手绘原始结构户型图。（20 分钟） 12. 听取教师总评并修改完善原始结构户型图。（10 分钟） 13. 听取教师讲授现场照片的拍摄技巧与方法。（20 分钟） 14. 回答教师提出的问题。（15 分钟） 15. 进行现场模拟拍照，记录施工现场重要位置节点。（30 分钟）	1. 师评：教师点评学生回答问题的完整性和准确性。 2. 自评和互评：学生根据评价表自评和互评手绘原始结构图（通过小组自评挑选小组代表作品，再进行小组间互评）。 3. 师评：教师点评各小组手绘原始结构图（标注的准确性、完整性）。

课时： 12 课时

1. 硬资源：通用型计算机机房、互联网等。
2. 软资源：AutoCAD（2013 以上版本）、《新中式别墅空间施工图绘制任务书》、授课 PPT、参考教材、《新中式别墅空间设计流程》教学视频、问题卡片、《量房的技巧与方法》教学视频（教学资源包）、《手绘原始结构户型图的要点、技巧和方法》教学 PPT、手绘原始结构图自评表和互评表、手绘原始结构图教师评价表等。
3. 教学设施：投影仪、白板、交互式一体机等。

工作子步骤	教师活动	学生活动	评价
3. 绘制 CAD 原始结构图。	1. 对子任务 1（手绘原始草图和施工现场拍照）的工作完成情况进行回顾，并介绍子任务 2（绘制原始户型图）的工作内容、目标和要求。 2. 教师下发 CAD 常用工具快捷键及使用方法文字资料，并进行常用快捷键操作演示。 3. 演示并讲授绘制 CAD 原始结构户型图的基本步骤和方法。 4. 布置 CAD 原始构图绘制任务并监督、指导学生完成。 5. 组织各小组对 CAD 原始结构户型图进行自评和互评。 6. 教师对各小组的 CAD 原始结构图进行总结点评并指导学生进行修改完善。	1. 回顾子任务 1 的完成情况，听取教师介绍子任务 2 的工作内容、目标和要求等信息，明确子任务 2 的工作内容、目标和要求。 2. 自主阅读 CAD 常用工具快捷键及使用方法资料，标记关键词，并在计算机上进行快捷键的实操练习。 3. 观摩教师演示原始结构平面图的制作步骤与方法。（30 分钟） 4. 参考手绘原始结构图，利用 CAD 软件绘制 CAD 原始结构户型图。（60 分钟） 5. 小组自评和互评 CAD 原始结构户型图。 6. 听取教师总评并修改完善 CAD 原始结构户型图。（15 分钟）	1. 自评和互评：学生根据评价表自评和互评 CAD 原始结构图（通过小组自评挑选小组代表作品，再进行小组间互评）。 2. 师评：教师点评各小组的 CAD 原始结构图。
课时： 12 课时 1. 硬资源：通用型计算机机房、互联网等。 2. 软资源：CAD 常用工具快捷键及使用方法资料、CAD 原始结构图自评表和互评表等。 3. 教学设施：投影仪、白板、交互式一体机等。			
4. 填写施工图绘制计划表。	1. 教师扮演设计师与助理设计师(学生扮演）进行沟通交流，告知其设计意图、施工图绘制要求等信息。 2. 教师点评学生活动。 3. 发放施工图绘制计划表并指导学生填写。 4. 对计划表进行点评并指导学生进行修改完善。	1. 学生扮演助理设计师与设计师（教师扮演）进行沟通，了解设计师设计意图、施工图绘制要求等信息(其他学生观察聆听）。（15 分钟） 2. 听取教师点评并进行记录。（10 分钟） 3. 填写施工图绘制计划表。（15 分钟） 4. 听取教师点评并修改完善施工图制作计划表。（15 分钟）	1. 师评：教师点评学生角色扮演活动。 2. 师评：教师点评施工图绘制工作计划。
1. 硬资源：通用型计算机机房、互联网等。 2. 软资源：施工图绘制计划表等。 3. 教学设施：投影仪、白板、交互式一体机等。			

学习任务 2 别墅空间设计

1 获取信息，制订计划 2 方案设计 3 审核修改 4 总结展示

方案设计

工作子步骤	教师活动	学生活动	评价
1. 绘制平面布置图。	1. 发放施工图制图标准资料供学生学习，要求学生通过关键词法进行自我学习，并提出学习的规则和要求，采用旋转木马学习法强化学习内容。 2. 利用卡片法，抽选每个小组代表回答卡片上提出的问题。 3. 展示提问，播放 CAD 常用图例制作教学视频。提出观看视频的规则和要求，监督观看过程。 4. 提出任务（新中式家具、洁具等在 CAD 中的绘制练习）并巡回指导。 5. 讲授新中式空间功能划分的原则与方法（案例讲授）。 6. 抽选学生回答问题。 7. 讲授新中式平面布置图绘制技巧。 8. 观察并指导学生练习。 9. 发放平面布置图评价表，组织各小组学生对平面布置图进行自评和小组互评。	1.自主学习施工图制图标准(关键词、旋转木马法）。 2. 回答教师提出的问题（CAD 国家制图标准）。(20 分钟) 3. 观看 CAD 常用图例的表示方法教学视频并完成相应的练习。 4. 完成常用图例练习。(40 分钟) 5. 听教师讲授空间功能分区的原则与方法。 6. 回答教师提出的问题（新中式空间功能分区原则和方法）。(40 分钟) 7. 完成固定家具的创建。 8. 调用图库的图例并完成新中式别墅空间平面布置图。(40 分钟) 9. 小组自评和互评平面布置图。(20 分钟)	1. 师评：教师对抽选学生回答问题的完整性和准确性进行点评。 2. 师评：教师点评各学生完成的 CAD 常用图例。 3. 自评和互评：各小组参照评价表对完成的平面布置图进行小组自评，挑选出小组代表作品，小组间再进行互评。 4. 自评和师评：教师点评各小组的平面布置图。
课时： 20 课时 1. 硬资源：通用型计算机机房、互联网等。 2. 软资源：AutoCAD（2013 以上版本）、施工图制图标准纸质资料、问题卡片、CAD 常用图例制作教学视频、平面布置图评价表等。 3. 教学设施：投影仪、白板、交互式一体机等。			
2. 绘制地面材质图。	1. 发放材质图例给学生学习。 2. 演示新中式空间地面材质图的绘制。 3. 巡回指导学生完成任务。 4. 发放地面材质图评价表，组织各小组学生对地面材质图进行自评和小组互评。	1. 自主学习资料，掌握各类建材在 CAD 中的表示方法。(15 分钟) 2. 观看教师演示新中式空间地面材质图的绘制。(15 分钟) 3. 完成新中式别墅空间的地面材质图。(40 分钟) 4. 小组自评和互评地面材质图。(10 分钟)	1. 自评和互评：各小组参照评价表对完成的地面材质图进行小组自评，挑选出小组代表作品，小组间再进行互评。 2. 师评：教师点评各小组的地面材质图。
1. 硬资源：通用型计算机机房、互联网等。 2. 软资源：地面材质图纸质资料、地面材质图评价表等。 3. 教学设施：投影仪、白板、交互式一体机等。			

方案设计

工作子步骤	教师活动	学生活动	评价
3. 绘制顶棚图。	1. 播放教学视频（标高的使用）并安排学生完成标高的绘制。 2. 教师发放各种顶棚的造型图纸资料给学生学习并提问。 3. 播放教学视频（灯具的表示方法），提出观看视频的规则，监督观看过程。 4. 教师演示顶棚图的制作。 5. 巡回指导学生完成任务。 6. 发放顶棚图评价表，组织各小组学生对顶棚图进行自评和小组互评。	1. 观看教学视频（标高的使用），并练习标高的绘制。(10 分钟) 2. 识读各类顶棚图纸，掌握各种吊顶及顶部造型的表示方法。(10 分钟) 3. 观看视频学习各种灯具的表示方法。(10 分钟) 4. 观看教师演示顶棚图的制作。(10 分钟) 5. 完成顶棚图的绘制。(30 分钟) 6. 小组自评和互评顶棚图。(10 分钟)	1. 师评：教师点评学生回答问题的完整性和准确性。 2. 自评和互评：各小组参照评价表对完成的顶棚图进行小组自评，挑选出小组代表作品，小组间再进行互评。 3. 师评：教师抽查小组顶棚图设计是否符合新中式设计。
1. 硬资源：通用型计算机机房、互联网等。 2. 软资源：标高的使用教学视频、顶棚图造型纸质资料、灯具的表现方法教学视频、顶棚图评价表等。 3. 教学设施：投影仪、白板、交互式一体机等。			
4. 绘制立面图。	1. 教师演示引线标注的使用并安排学生完成引线标注的绘制练习。 2. 播放立面图绘制的教学视频并抽选学生提问。 3. 巡回指导学生完成立面图的绘制。 4. 发放立面图评价表，组织各小组学生对立面图进行自评和小组互评。	1. 观看教师演示引线标注的使用并完成引线标注的练习。(10 分钟) 2. 观看立面图制作的教学视频，抽到的学生回答问题。(20 分钟) 3. 完成立面图的绘制（新中式电视背景墙、餐厅背景墙、房、卫生间立面图）。(40 分钟) 4. 小组自评和互评立面图。(10 分钟)	1. 师评：教师点评学生回答问题的完整性和准确性。 2. 自评和互评：各小组参照评价表对完成的建筑立面图进行小组自评，挑选出小组代表作品，小组间再进行互评。 3. 师评：教师点评各小组的建筑立面图。
1. 硬资源：通用型计算机机房、互联网等。 2. 软资源：引线的使用教学视频、立面图制作的教学视频、立面图评价表等。 3. 教学设施：投影仪、白板、交互式一体机等。			

学习任务 2 别墅空间设计

1 获取信息，制订计划　2 方案设计　3 审核修改　4 总结展示

<table>
<tr><th></th><th>工作子步骤</th><th>教师活动</th><th>学生活动</th><th>评价</th></tr>
<tr><td rowspan="4">方案设计</td><td>5. 绘制剖面图。</td><td>1. 发放吊顶材料图例给学生学习。
2. 演示新中式别墅空间吊顶剖面图的绘制。
3. 巡回指导学生完成任务。
4. 发放吊顶剖面图评价表，组织各小组学生对吊顶剖面图进行自评和小组互评。</td><td>1. 独立学习资料，掌握吊顶材料（轻钢龙骨、石膏线等）在 CAD 中的绘制方法。(20 分钟)
2. 观看教师演示吊顶剖面图的绘制。(10 分钟)
3. 完成新中式别墅空间的吊顶剖面图的绘制。(50 分钟)
4. 小组自评和互评吊顶剖面图。(10 分钟)</td><td>1. 自评和互评：各小组参照评价表对完成的吊顶剖面图进行小组自评，挑选出小组代表作品，小组间再进行互评。
2. 师评：教师点评各小组的吊顶剖面图。</td></tr>
<tr><td colspan="4">1. 硬资源：通用型计算机机房、互联网等。
2. 软资源：顶棚造型的电子图片及所需要的 CAD 文件、吊顶剖面图评价表等。
3. 教学设施：投影仪、白板、交互式一体机等。</td></tr>
<tr><td>6. 绘制大样图。</td><td>1. 通过人性化家具设计大样图及中国特色家具欣赏，组织学生讨论新中式家具的设计。
2. 教师讲解家具大样图的设计要点和难点。
3. 播放家具大样图绘制教学视频并抽选学生提问。
4. 巡回指导学生完成任务。
5. 发放家具大样图评价表，组织各小组学生对家具大样图进行自评和小组互评。</td><td>1. 小组讨论人性化家具设计，思考如何从家具的细节凸显中国传统文化的传承。
2. 听取教师讲解家具大样图的设计要点和难点。
3. 观看家具大样图绘制教学视频，掌握家具构造在 CAD 中的绘制方法；抽到的学生回答问题。(20 分钟)
4. 完成新中式别墅空间的家具大样图的绘制。(50 分钟)
5. 小组自评和互评家具大样图。(10 分钟)</td><td>1. 师评：教师点评学生回答问题的完整性和准确性。
2. 自评和互评：各小组参照评价表对完成的家具大样图进行小组自评，挑选出小组代表作品，小组间再进行互评。
3. 师评：教师点评各小组的家具大样图。</td></tr>
<tr><td colspan="4">1. 硬资源：通用型计算机机房、互联网等。
2. 软资源：家具大样图绘制教学视频、家具大样图评价表等。
3. 教学设施：投影仪、白板、交互式一体机等。</td></tr>
</table>

基准课时：48

1 获取信息，制订计划　2 方案设计　3 审核修改　4 总结展示

方案设计

工作子步骤	教师活动	学生活动	评价
7. 绘制新中式别墅空间效果图。	1. 介绍 3ds Max 软件的设计范围与功能。通过讲解引导小组如何把中式设计元素及设计重点用软件呈现出来。 2. 教师演示重点区域的效果图制作要点，并抽选学生提问。 3. 演示 3D 空间效果图的绘制。 4. 巡回指导学生完成任务。 5. 教师点评各小组效果图并提出修改意见。	1. 观看 3D 空间效果图制作的教学视频。 2. 利用 3ds Max 软件制作新中式别墅空间效果图。 3. 认真观看教师示范。小组讨论并分工合作完成各自效果图的区域，通过小组协作沟通等方式完成此项工作任务。 4. 完成新中式居住空间 3D 效果图的绘制。 5. 小组自评（以成果汇报的方式展示效果图空间区域的设计重点、设计方式与效果图绘制遇到的困难与解决办法）。 6. 小组互评（提出疑问）。	1. 小组自评（以成果汇报的方式展示效果图区域的设计重点、设计方式与效果图绘制遇到的困难与解决办法）。 2. 自评和互评：各小组参照评价表对完成的 3D 空间效果图进行小组自评，挑选出小组代表作品，小组间再进行互评。 3. 师评：教师点评各小组 3D 空间效果图。
1. 硬资源：通用型计算机机房、互联网等。 2. 软资源：3D 空间效果图制作的教学视频、3D 空间效果图评价表等。 3. 教学设施：投影仪、白板、交互式一体机等。			
8. 绘制电气、冷热水管走向图。	1. 播放电气、水管走向图制作教学视频，并布置绘制水路布置图的任务。 2. 巡回指导学生完成任务。 3. 发放电气、冷热水管走向图评价表，组织各小组学生对电气、冷热水管走向图进行自评和小组互评。	1. 观看电气、水管走向图制作教学视频，结合所学定好新中式别墅空间水位位置。(20 分钟) 2. 完成新中式别墅空间水管走向图的绘制。(50 分钟) 3. 小组自评和互评冷热水管走向图。(10 分钟)	1. 自评和互评：各小组参照评价表对完成的电气、水管走向图进行小组自评，挑选出小组代表作品，小组间再进行互评。 2. 师评：教师点评各小组的电气、水管走向图。
1. 硬资源：通用型计算机机房、互联网等。 2. 软资源：电气、水管走向图制作的教学视频，电气、冷热水管走向图评价表等。 3. 教学设施：投影仪、白板、交互式一体机等。			

学习任务 2 别墅空间设计

1 获取信息，制订计划 → 2 方案设计 → 3 审核修改 → 4 总结展示

	工作子步骤	教师活动	学生活动	评价
审核修改	1. 检查图纸是否符合国家制图标准。	1. 发放图纸样表，提醒学生观察图纸的索引样表填写的内容有哪些。 2. 指导学生编排与填写。 3. 要求学生下载制图模板。 4. 指导学生套用模板。 5. 组织学生自我检查施工图错误。 6. 指导学生改正图纸。 7. 检查学生提交的施工图纸是否齐全。	1. 图纸的索引与编排。 2. 观察图纸的索引样表填写的内容有哪些，听取教师提醒，做好填写记录。（10 分钟） 3. 编排图纸的索引并填写样表。（30 分钟） 4. 制图模板的运用。 5. 学生根据教师要求的尺寸，下载制图模板。（5 分钟） 6. 套用模板。（15 分钟） 7. 审核与修改。 8. 学生自我检查施工图有无错误和缺漏。（10 分钟） 9. 修改图纸。（80 分钟） 10. 提交施工图定稿。（10 分钟）	1. 过程性评价：重点观察学生检查图纸细节和修改后的图是否正确。 2. 成果验收方式：学生提交电子版图纸。 3. 成果验收标准：电子版图纸是否齐全，是否符合国家制图标准。

课时： 4 课时

1. 硬资源：通用型计算机机房、互联网等。
2. 软资源：工作页、参考教材、授课 PPT、图纸的索引样表、制图模板、新中式别墅空间施工图、《建筑工程施工质量评价标准》等。
3. 教学设施：投影仪、白板、交互式一体机等。

1 获取信息，制订计划 → 2 方案设计 → 3 审核修改 → 4 总结展示

	工作子步骤	教师活动	学生活动	评价
总结展示	1. 制作新中式别墅空间施工图制作总结 PPT。	1. 分析制作新中式别墅空间施工图总结 PPT 的要点与要求。 2. 监督学生小组讨论的过程。 3. 引导学生进行小组内成员的自评。 4. 引导学生进行总结 PPT 展示。 5. 组织各组进行互评。 6. 对学生的编写思路和步骤进行适当的点评。 7. 总结新中式别墅空间施工图的绘制技巧和方法。 8. 收集本任务完整的学习成果（手绘原始结构图、CAD 原始户型平面图、平面布置图、地面材质图、各层顶棚图、电视背景墙立面图、厨房立面图、卫生间立面图、吊顶剖面图、家具大样图、电气线路图、五金配件表格、图纸的索引、材料表格、洁具表格）和总结汇报 PPT，并按照优秀、中等、一般、差四个等级进行归类存档。	1. 听取教师讲授制作新中式别墅空间施工图总结 PPT 的要点、原则与要求。（20 分钟） 2. 组长组织小组成员进行讨论，分析优点、发现缺点，提出改进方法，归纳总结施工图绘制要点。（20 分钟） 3. 各组进行小组内成员的自评，评出小组中最优秀的施工图。（15 分钟） 4. 各组根据组内最优秀的施工图来制作总结 PPT，展示组员风采，并上台展示。（45 分钟） 5. 观看各组的总结演示，与自己的总结 PPT 进行对比，归纳出新中式别墅空间设计施工图的总体思路。（20 分钟） 6. 对其他各组的总结 PPT 进行评价。（30 分钟） 7. 认真记录教师对本组任务完成情况的点评。（10 分钟）	1. 自评：各小组进行内部讨论和评比，评出小组中最优秀的施工图。 2. 互评：各小组参照评价表对完成的整体新中式别墅空间施工总结 PPT 进行互评。 3. 师评：教师听取各组的总结 PPT 演讲，参照点评表对其 PPT 进行深入点评并填写评分表。

课时： 4 课时

1. 硬资源：通用型计算机机房、互联网等。
2. 软资源：Word（2007 以上版本）、施工图绘制总结 PPT 自评表、施工图绘制总结 PPT 互评表等。
3. 教学设施：投影仪、白板、交互式一体机等。

考核标准

考核任务案例：公寓空间设计。

情境描述：

广州某中学的马老师购买了一套单身公寓，面积为 50 m^2，层高 2.8 m。马老师喜爱时尚，喜欢购买服装，注重品牌，平时也会有一些朋友过来玩，希望有自己的私密空间和衣帽间。公寓所在小区交通便利，离马老师上班的地方不远，希望尽快将房子装修入住。通过对比，马老师认为我系建筑装饰专业空间设计工作室设计风格比较符合要求，委托为其进行装修方案设计，要求 2 天内完成。

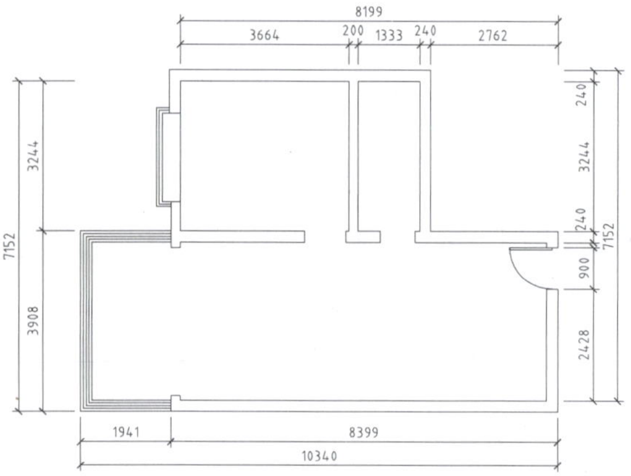

原始平面图 1∶75

任务要求：

1. 设计要求。

参照所给平面图，自由选择不同主题的居住空间进行室内设计。对空间的各个界面进行深化设计，使之功能合理化，符合居住空间使用要求，风格特点根据客户需求进行选择，要注重概念设计创新，突出工程与概念的结合。

2. 图纸内容。

（1）封面。

（2）设计说明。

（3）图纸目录。

（4）平面图：包括基本的空间尺寸、家具布置及主要家具名称、室内绿化与陈设，如地面有高差应注明标高，比例为 1：100。

（5）铺地平面图：包括地面材质名称、标注，比例为 1：100 。

（6）顶棚图灯具布置图：包括顶棚的灯具布置和灯具名称、顶棚造型基本尺寸、顶棚材质名称，比例为 1：100。

（7）顶棚图灯具定位图：包括顶棚灯具间距的尺寸标注和顶棚标高，比例为 1：100。

（8）立面图：客厅、餐厅、厨房、主卧、书房、卫生间各主要墙面的立面图，标明尺寸及材质，比例自定。

（9）主要家具、门的立面图及大样图，比例自定。

（10）效果图： 6 张以上（手绘）。

（11）图纸要求: A3 大小，图纸平面、立面表达丰富，详图、大样尽量清晰详细，应达到能够施工的标准，有设计说明，图纸量不少于 20 张（手绘图、计算机绘图均可）。

（12）图纸应按要求装订成册。

参考资料：

《室内设计师专用色彩与材质搭配手册》《室内设计资料集》《居住空间室内设计速查手册》。

评价标准：

1. 构图合理，透视正确，能够客观地反映空间气氛。

2. 空间分布合理。

3. 功能划分合理，功能分区符合要求。

4. 色彩搭配合理，材料运用得当。

5. 尺寸合理，符合人体工程学要求。

6. 设计风格统一、美观，符合客户需求。

实操测试评分表

序号	评分标准	配分	得分
1	构图合理、透视正确，能够客观地反映空间气氛	5	
2	空间分布合理	10	
3	功能划分合理，功能分区符合要求	10	
4	色彩搭配合理，材料运用得当	15	
5	尺寸合理，符合人体工程学要求	10	
6	设计风格统一、美观	10	
7	符合客户需求	10	

课程 4　办公空间设计

学习任务 1
传统办公空间设计
（60）课时

学习任务 2
个性化办公空间设计
（60）课时

课程目标

学习完本课程后，学生应当能够胜任办公空间的设计工作，严格执行企业安全管理制度，具备工作过程中解读信息、沟通与表达、团队合作的职业能力和遵纪守法、爱岗敬业、认真细致、一丝不苟的职业素养，具体包括：

1. 能够与客户和设计总监进行专业沟通，明确工作任务、时间和要求，了解企业文化和人员配置，了解客户需求，能够向客户展示自己的专业能力。

2. 能够正确进行现场勘测及记录尺寸。

3. 能正确识读建筑框架图、分析户型、辨别主体墙及规划空间平面布局，能够懂得造型设计的基本原理及形式美法则在实际中的应用，并勾画初步办公场所平面图、空间效果图等，制作设计项目提案。

4. 能进一步收集、分析、运用与设计任务有关的资料、信息与构思立意，要彰显企业独特个性，进行方案的设计、分析与比较，按客户的具体要求正确绘制出设计草图。

5. 能够把握办公空间设计的整体性和系列性，通过整体与局部的变化规律，掌握空间设计的特点及变化形式。

6. 能根据项目的设计要求，确定其设计风格，将设计风格与合理的布局和运用融合为一体。

7. 能按照国家统一的室内制图规范，正确绘制平面图、立面图、顶棚图、水电图、效果图、拆墙图、砌筑图等。

8. 能完成整套设计图与设计意图说明和相对准确的工程预算，编制工程量、工程材料预算表。

9. 根据设计需要或客户需求修改图纸并能按照公司管理制度将完成后的图纸交付设计总监审核。

10. 能与施工队进行工程现场交底，组织施工，并能向施工人员讲解施工方法、材料规格型号的使用，和业主确认预算增减单，绘制有变动的施工图纸，协调办理相关手续。

11. 能够将最终图纸资料整理、归类与存档，并提供给项目主管备档；能按照公司管理规定节约使用各类耗材。

课时：120

课程内容

1. 与客户沟通的技巧、办公空间设计原理、办公空间设计原则、办公空间的设计风格、工程预算。
2. 现场勘测及记录尺寸。
3. 施工图识读的技巧与方法，空间草图绘制技巧和方法。
3. 办公空间平面布局的规划，施工材料、消防设施的设置。
4. 按客户的具体要求正确绘制出设计草图。
5. 通过整体与局部的变化规律，掌握空间设计的特点及变化形式。
6. 确定其设计的风格，将设计风格与合理的布局和运用融合为一体。
7. 室内制图规范，平面图、立面图、水电图、效果图、拆墙图、砌筑图的绘制方法与技巧。
8. 工程预算，编制工程量、工程材料预算表。
9. 空间组织的方法、界面设计、家具的选择和布置、人体工程学、色彩搭配原理与应用、提案制作与编排技巧。
10. 工程现场交底。
11. 图纸资料整理、归类与存档，并提供给项目主管备档。

学习任务 1　传统办公空间设计

任务描述

学习任务课时：60 课时

任务情境：

某学校室内装饰设计工作室承接了一个传统办公空间设计的项目，要求在设计细节中体现企业创始人的品位喜好和审美情趣。

现要制定整套设计方案，负责本项目的设计师（教师）将该项目的施工图和效果图绘制工作任务交给了助理设计师（学生），要求其在一学期内完成此项目的全套 CAD 施工图和效果图的绘制任务，并且所有施工图要符合国家建筑制图标准和规范。

具体要求见下页。

工作流程和标准

工作环节 1

获取信息，制订计划

1

1. 与设计师到施工现场与业主进行沟通，并以认真谨慎的态度进行量房和现场拍照，手绘建筑原始结构图，并记录相关数据和管线梁柱等部位，了解项目基本情况。
2. 协助设计师做好客户调查表，并认真仔细记录客户提出的需求，做好项目定位与调研（企业的概况、经营规模、经营理念、品牌策略、业务范围、公司的管理结构、客户的空间要求和审美要求、装修面积、装修风格、装修预算、预计工期、工程承包方式等），收集相关资料（根据业主的需求搜集有关新中式的设计元素）。
3. 利用 CAD 软件绘制建筑结构原始平面图，完成后交给设计师做平面布局方案，助理设计师要积极和设计师沟通，并完全理解设计师的概念草图设计（反映功能、空间、形式、技术四方面要素的草图）。
4. 根据设计师的草图方案明确施工图绘图任务要求和时间节点，并制订一份施工图绘制工作计划。

工作成果：手绘原始结构图、CAD 原始结构图。
学习成果：客户调查表、施工图绘制工作计划。

工作环节 3

审核修改

3

1. 提交全套施工图给设计师进行审核，并根据设计师的反馈意见对施工图进行修改和完善。
2. 将效果图打印并装订成册。

学习成果：全套新中式办公空间方案定稿。

工作环节 2

方案设计

2

1. 根据设计师提供的新中式概念草图方案绘制出符合国家标准和规范的空间平面布置图、地面材质图、顶棚图；要求设计融入新兴理念和主题，以形式和内容的变化之美展现科技与艺术的人文价值。
2. 根据设计师提出的深化草图方案绘制出符合国家标准和规范的各空间主要立面图（前厅立面图、员工办公区立面图、展厅立面图、会议室立面图、总经理室立面图）。
3. 与设计师沟通，确定新中式设计风格空间主要设计节点，根据设计师绘制的节点草图绘制出节点剖面图、大样图。
4. 根据空间平面图绘制出符合国家标准和规范的电气和冷热水管走向图。
5. 根据制图规范完成图纸目录并对整套施工图进行排版。
6. 根据平面图与设计元素提炼的结合，设计新中式办公空间效果图。
7. 根据制图规范完成图纸封面、目录并对整套施工图进行排版（方案排版中，封面、封底、内页贯穿统一的设计元素）。

工作成果：全套新中式办公空间方案初稿（目录、原始户型图、平面布置图、地面材质图、顶棚图、立面图、剖面图、大样图、电气和冷热水管走向图、主要场景效果图）。

学习成果：制作设计说明、材料做法表、材料分类表。

工作环节 4

总结展示

4

1. 对审核通过的“新中式办公空间”方案以 PPT 的形式展示。
2. 总结制作过程中遇到的问题，并分享项目制作中的收获。

学习成果：总结汇报 PPT。

学习内容

知识点	1.1 量房技巧； 1.2 建筑结构有关知识； 1.3 施工图制作流程和技巧； 1.4 新中式办公空间划分、功能布局，空间形式的表达，空间形式的技术表现； 1.5 新中式办公空间设计程序、设计原则、设计风格及主题的确定； 1.6 新中式办公室的相关元素提取； 1.7 新中式办公空间室内配色方案	2.1 平面施工图的常规绘图比例； 2.2 墙体改造； 2.3 新中式办公空间平面布置图； 2.4 识图及图纸规范； 2.5 新中式办公空间功能划分与布局，人体工程学尺寸，家具尺寸，室内交通流向； 2.6 地面铺装材料的表现方法； 2.7 各类灯具的标识方法，顶棚图绘制（造型、灯具）、标高、材料说明）	3.1 立面施工图的常规绘图比例； 3.2 建筑材料的立面表现方法； 3.3 家具和墙面造型结构表现方法； 3.4 引线标注的方法； 3.5 尺寸和标高标注的方法
技能点	1.1 正确地量房（定性测量和定位测量）； 1.2 拍摄正确的现场照片； 1.3 手绘原始结构户型图； 1.4 根据手绘图用软件绘制出 CAD 原始结构图； 1.5 能够与设计师沟通，并参与制作客户调查表； 1.6 能理解设计师草图概念设计，并能够制订施工图绘制计划	2.1 熟练应用 AutoCAD 软件绘制原始户型改造图； 2.2 熟练应用 AutoCAD 软件绘制平面布置图； 2.3 正确表达地面铺装； 2.4 正确表达顶棚造型及材料运用； 2.5 正确进行新中式办公空间形式的表达（造型设计能力）； 2.6 正确进行新中式办公空间形式的技术表现（材料运用）	3.1 准确绘制前厅各立面图； 3.2 准确绘制展厅各立面图； 3.3 准确绘制员工办公区各立面图； 3.4 准确绘制会议室各立面图； 3.5 准确绘制总经理室各立面图
工作环节	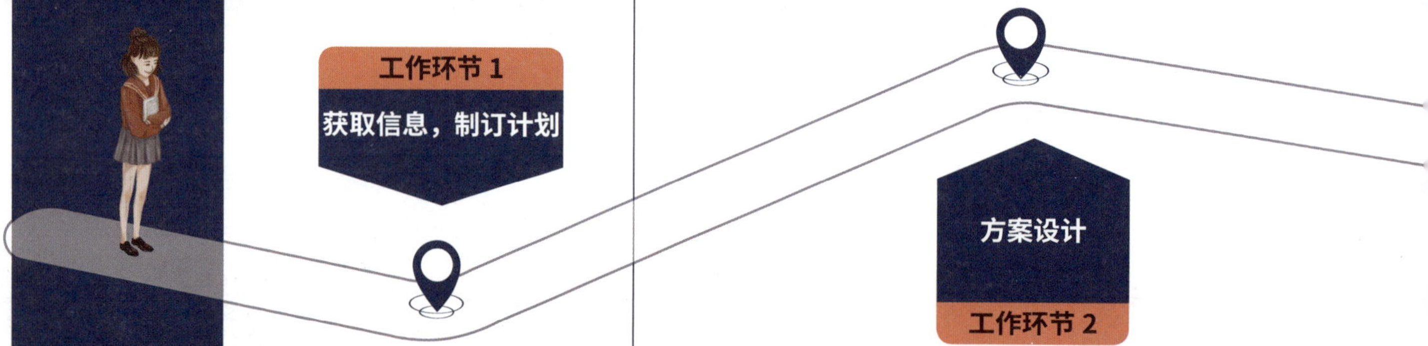 工作环节 1 获取信息，制订计划	方案设计 工作环节 2	
成果	1.1 手绘原始结构图； 1.2 CAD 软件制作原始结构图； 1.3 施工图绘制工作计划（及客户调查表）	2.1 原始户型改造图； 2.2 平面布置图； 2.3 地面材质图； 2.4 顶棚图	3.1 立面图
素养	1.1 解读信息的能力； 1.2 语言表达与沟通的能力	熟悉建筑装饰行业识图制图标准和规范	

	4.1 结构施工图的常规绘图比例和字高； 4.2 剖面标记符号的表达； 4.3 索引符号标注的表达； 4.4 剖面及大样图做法标注和尺寸标注的表达	5.1 电气图基本知识； 5.2 电气图形符号认知； 5.3 冷热水管的标识方法； 5.4 新中式办公空间 3D 效果图绘制		
	4.1 准确绘制吊顶剖面图； 4.2 绘制新中式家具大样图	5.1 按照规范绘制电气线路图（配电、开关、插座）； 5.2 按照规范和标准绘制水管走向图	6.1 编排与制作图纸索引； 6.2 编写室内装修和电气施工设计说明； 6.3 编制五金配件表格； 6.4 编制材料表格； 6.5 编制洁具表格； 6.6 正确应用制图模板	

	4.1 剖面图； 4.2 大样图	5.1 电气、冷热水管及排水走向图 2D、3D 效果图绘制	6.1 全套图纸（定稿）	7.1 总结 PPT
				7.1 归纳、总结、分析的能力

课程 4　办公空间设计

学习任务 1　传统办公空间设计

① 获取信息，制订计划　② 方案设计　③ 审核修改　④ 总结展示

获取信息，制订计划

工作子步骤	教师活动	学生活动	评价
1. 解读任务书，手绘原始结构图。 2. 与客户交谈了解新中式办公空间设计要求。	1. 整顿课堂，向全体学生问好并进行考勤点名。 2. 教师发放新中式办公空间的任务书，进行学习任务情境模拟，引导学生解读任务书。 3. 用 PPT 展示问题，提出观看《新中式办公空间设计》教学视频的规则和要求（观看视频，思考 PPT 上的问题），并监督学生观看。 4. 抽选学生回答 PPT 上的问题（新中式办公空间设计制作流程）。 5. 发放问题卡片，提出观看教学视频《量房的技巧与方法》的规则和要求（观看视频，思考卡片上的问题）。 6. 监督并指导学生记录量房基本流程和技巧方法。 7. 向各小组发放问题卡片，抽选各小组成员回答问题卡片上列出的问题。 8. 讲授原始结构户型图的绘制要点、技巧和方法（案例讲解）。 9. 演示原始结构户型图的绘制，并讲授基本步骤和方法。 10. 布置原始结构图绘制任务并监督、指导学生完成。 11. 发放手绘原始户型图评价表，组织各小组学生对手绘原始结构户型图进行自评和小组互评。 12. 教师对各小组的手绘原始结构图进行总结点评并指导学生进行修改完善。 13. 教师讲授现场照片的拍摄技巧和方法。 14. 抽选学生回答问题（现场拍摄的方法和技巧）。 15. 组织指导学生进行施工现场拍照。	1. 整理仪容仪表，全体学生向老师问好。（5 分钟） 2. 学生解读任务书，用记号笔在任务书中标记关键信息，明确学习任务。（信息的解读能力）（15 分钟） 3. 带着问题观看教学视频，思考 PPT 上展示的问题。（15 分钟） 4. 回答 PPT 上展示的问题。（10 分钟） 5. 查看卡片上的问题，带着卡片上的问题观看教学视频，了解量房的技巧与方法。 6. 记录量房基本流程、技巧方法。（20 分钟） 7. 思考问题卡片上的问题，回答问题（量房的技巧和方法）。（15 分钟） 8. 听取教师讲授手绘原始结构户型图的要点、技巧和方法。（30 分钟） 9. 观摩教师手绘原始结构户型图的演示。（30 分钟） 10. 手绘原始结构户型图。（40 分钟） 11. 小组自评、互评手绘原始结构户型图。（20 分钟） 12. 听取教师总评并修改完善原始结构户型图。（10 分钟） 13. 听取教师讲授现场照片的拍摄技巧与方法。（20 分钟） 14. 回答教师提出的问题。（15 分钟） 15. 进行现场模拟拍照，记录施工现场重要位置节点。（30 分钟）	1. 师评：教师点评学生回答问题的完整性和准确性。 2. 自评和互评：学生根据评价表自评和互评手绘原始结构图（通过小组自评挑选小组代表作品，再进行小组间互评）。 3. 师评：教师点评各小组手绘原始结构图（标注的准确性、完整性）。

课时： 12 课时

1. 硬资源：通用型计算机机房、互联网等。
2. 软资源：AutoCAD（2013 以上版本）、《办公空间施工图绘制任务书》、授课 PPT、参考教材、《新中式办公空间设计》教学视频、问题卡片、《量房的技巧与方法》教学视频（教学资源包）、《手绘原始结构户型图的要点、技巧和方法》教学 PPT、手绘原始结构图自评表和互评表、手绘原始结构图教师评价表等。
3. 教学设施：投影仪、白板、交互式一体机等。

工作子步骤	教师活动	学生活动	评价
3．绘制 CAD 原始结构图。	1. 对子任务 1（手绘原始草图和施工现场拍照）的工作完成情况进行回顾，并介绍子任务 2（绘制原始户型图）的工作内容、目标、要求。 2. 教师下发 CAD 常用工具快捷键及使用方法文字资料，并进行常用快捷键操作演示。 3. 演示并讲授绘制 CAD 原始结构户型图的基本步骤和方法。 4. 布置 CAD 原始结构图绘制任务并监督、指导学生完成。 5. 组织小组学生对 CAD 原始结构户型图进行自评和互评。 6. 教师对各小组的 CAD 原始结构图进行总结点评并指导学生进行修改完善。	1. 回顾子任务 1 的完成情况，听取教师介绍子任务 2 的工作内容、目标和要求等信息，明确子任务 2 的工作内容、目标和要求。 2. 自主阅读 CAD 常用工具快捷键及使用方法资料，标记关键词，并在计算机上进行快捷键的实操练习。（30 分钟） 3. 观摩教师演示原始结构平面图的制作并记录步骤与方法。（30 分钟） 4. 参考手绘原始结构图，利用 CAD 软件绘制 CAD 原始结构户型图。（60 分钟） 5. 小组自评和互评 CAD 原始结构户型图。（15 分钟） 6. 听取教师总评并修改完善 CAD 原始结构户型图。（15 分钟）	1. 自评和互评：学生根据评价表自评和互评 CAD 原始结构图（通过小组自评挑选小组代表作品，再进行小组间互评）。 2. 师评：教师点评各小组 CAD 原始结构图。
课时： 12 课时 1. 硬资源：通用型计算机机房、互联网等。 2. 软资源：CAD 常用工具快捷键及使用方法资料、CAD 原始结构图自评表和互评表等。 3. 教学设施：投影仪、白板、交互式一体机等。			
4. 填写施工图绘制计划表及客户调查表。	1. 教师扮演设计师与助理设计师（学生扮演）进行沟通交流，告知其设计意图、施工图绘制要求等信息。 2. 教师点评学生活动。 3. 发放施工图绘制计划表并指导学生填写。 4. 对计划表进行点评并指导学生对计划表及客户调查表进行修改完善。	1. 学生扮演助理设计师与设计师（教师扮演）进行沟通，了解设计师设计意图、施工图绘制要求等信息（其他学生观察聆听）。（15 分钟） 2. 听取教师点评并进行记录。（10 分钟） 3. 填写施工图绘制计划表及客户调查表。（15 分钟） 4. 听取教师点评并修改完善施工图制作计划表及客户调查表。（15 分钟）	1. 师评：教师点评学生角色扮演活动。 2. 师评：教师点评施工图绘制工作计划及客户调查表。
1. 硬资源：通用型计算机机房、互联网等。 2. 软资源：施工图绘制计划表及客户调查表等。 3. 教学设施：投影仪、白板、交互式一体机等。			

学习任务 1　传统办公空间设计

1 获取信息，制订计划　2 方案设计　3 审核修改　4 总结展示

方案设计

工作子步骤	教师活动	学生活动	评价
1. 绘制平面布置图。	1. 发放施工图制图标准资料供学生学习，要求学生通过关键词方法进行自我学习，并提出学习的规则和要求（时间 20 分钟，标记关键词、提问），采用旋转木马学习法强化学习内容。 2. 利用卡片法，抽选每个小组代表回答卡片上提出的问题。 3. 展示提问，播放 CAD 常用图例制作教学视频。提出观看视频的规则和要求（要根据问题记录笔记、提问），监督观看过程。 4. 提出任务（家具、洁具等在 CAD 中的绘制练习）并巡回指导。 5. 讲授新中式办公空间功能划分的原则与方法（案例讲授）。 6. 抽选学生回答问题。 7. 讲授平面布置图绘制技巧。 8. 观察并指导学生练习。 9. 发放平面布置图评价表，组织各小组学生对平面布置图进行自评和小组互评。	1. 自主学习新中式办公空间功能划分与布局，人体工程学尺寸，家具尺寸，室内交通流向（关键词、功能与布局）。 2. 回答教师提出的问题（CAD 国家制图标准）。（20 分钟） 3. 观看常用功能划分、交通流线设计等方法的教学视频并完成相应的练习。 4. 完成常用办公空间平面布置练习。（40 分钟） 5. 听教师讲授新中式办公空间功能分区的原则与方法。 6. 回答教师提出的问题（新中式办公空间功能分区原则和方法）。（40 分钟） 7. 完成固定家具的创建。 8. 调用图库的图例并完成平面布置图。（40 分钟） 9. 小组自评和互评平面布置图。（20 分钟）	1. 师评：教师对抽选学生回答问题的完整性和准确性进行点评。 2. 师评：教师点评各学生完成的 CAD 平面布置图。 3. 自评和互评：各小组参照评价表对完成的平面布置图进行小组自评，挑选出小组代表作品，小组间再进行互评。 4. 师评：教师点评各小组的平面布置图。
课时： 36 课时 1. 硬资源：通用型计算机机房、互联网等。 2. 软资源：AutoCAD（2013 以上版本）、施工图制图标准纸质资料、问题卡片、CAD 办公空间平面图绘制教学视频、平面布置图评价表等。 3. 教学设施：投影仪、白板、交互式一体机等。			
2. 绘制地面材质图。	1. 发放材质图例给学生学习。 2. 演示新中式办公空间地面材质图的绘制。 3. 巡回指导学生完成任务。 4. 派发地面材质图评价表，组织各小组学生对地面材质图进行自评和小组互评。	1. 自主学习资料，掌握各类建材在 CAD 中的表示方法。（自我学习）（15 分钟） 2. 观看教师演示新中式办公空间地面材质图的绘制。（15 分钟） 3. 完成地面材质图的绘制。（40 分钟） 4. 小组自评和互评地面材质图。（10 分钟）	1. 自评和互评：各小组参照评价表对完成的地面材质图进行小组自评，挑选出小组代表作品，小组间再进行互评。 2. 师评：教师点评各小组地面材质图。
1. 硬资源：通用型计算机机房、互联网等。 2. 软资源：地面材质图纸质资料、地面材质图评价表等。 3. 教学设施：投影仪、白板、交互式一体机等。			

方案设计

工作子步骤	教师活动	学生活动	评价
3. 绘制顶棚图。	1. 播放教学视频（标高的使用）并安排学生完成标高的绘制。 2. 教师发放各种顶棚的造型图纸资料给学生学习并提问。 3. 播放教学视频（灯具的表示方法）；提出观看视频的规则，监督观看过程。 4. 教师演示新中式办公空间顶棚图的制作。 5. 巡回指导学生完成任务。 6. 发放顶棚图评价表，组织各小组学生对顶棚图进行自评和小组互评。	1. 观看教学视频（标高的使用），并练习标高的绘制。（10 分钟） 2. 观看各类顶棚图纸，掌握各种吊顶及顶部造型的表示方法。（10 分钟） 3. 观看视频学习各种灯具的表示方法。（10 分钟） 4. 观看教师演示新中式办公空间顶棚图的制作。（10 分钟） 5. 完成新中式办公空间顶棚图的绘制。（30 分钟） 6. 小组自评和互评顶棚图。（10 分钟）	1. 师评：教师点评学生回答问题的完整性和准确性。 2. 自评和互评：各小组参照评价表对完成的顶棚图进行小组自评，挑选出小组代表作品，小组间再进行互评。 3. 师评：教师点评各小组顶棚图。
1. 硬资源：通用型计算机机房、互联网等。 2. 软资源：标高的使用教学视频、顶棚图造型纸质资料、灯具的表现方法教学视频、顶棚图评价表等。 3. 教学设施：投影仪、白板、交互式一体机等。			
4. 绘制立面图。	1. 教师演示引线标注的使用并安排学生完成引线标注的绘制练习。 2. 播放立面图绘制的教学视频并抽选学生提问。 3. 巡回指导学生完成立面图的绘制。 4. 发放立面图评价表，组织各小组学生对立面图进行自评和小组互评。	1. 观看教师演示引线标注的使用并完成引线标注的练习。（10 分钟） 2. 观看立面图制作的教学视频，抽到的学生回答问题。（20 分钟） 3. 完成立面图的绘制（新中式办公空间 logo 墙、主要立面墙、会议室立面图）。（40 分钟） 4. 小组自评和互评立面图。（10 分钟）	1. 师评：教师点评学生回答问题的完整性和准确性。 2. 自评和互评：各小组参照评价表对完成的建筑立面图进行小组自评，挑选出小组代表作品，小组间再进行互评。 3. 师评：教师点评各小组建筑立面图。
1. 硬资源：通用型计算机机房、互联网等。 2. 软资源：引线的使用教学视频、立面图制作的教学视频、立面图评价表等。 3. 教学设施：投影仪、白板、交互式一体机等。			

学习任务 1　传统办公空间设计

1 获取信息，制订计划　2 方案设计　3 审核修改　4 总结展示

方案设计

工作子步骤	教师活动	学生活动	评价
5. 绘制剖面图。	1. 发放吊顶材料图例给学生学习。 2. 演示新中式办公空间吊顶剖面图的绘制。 3. 巡回指导学生完成任务。 4. 发放吊顶剖面图评价表，组织各小组学生对吊顶剖面图进行自评和小组互评。	1. 独立学习资料，掌握吊顶材料（轻钢龙骨、石膏线等）在 CAD 中的绘制方法。（20 分钟） 2. 观看教师演示吊顶剖面图的绘制。（10 分钟） 3. 完成新中式办公空间吊顶剖面图的绘制。（50 分钟） 4. 小组自评和互评吊顶剖面图。（10 分钟）	1. 自评和互评：各小组参照评价表对完成的吊顶剖面图进行小组自评，挑选出小组代表作品，小组间再进行互评。 2. 师评：教师点评各小组吊顶剖面图。
1. 硬资源：通用型计算机机房、互联网等。 2. 软资源：顶棚造型的电子图片及所需要的 CAD 文件、吊顶剖面图评价表等。 3. 教学设施：投影仪、白板、交互式一体机等。			
6. 绘制大样图。	1. 介绍人性化家具设计大样图。 2. 播放家具大样图绘制教学视频并抽选学生提问。 3. 巡回指导学生完成任务。 4. 发放家具大样图评价表，组织各小组学生对家具大样图进行自评和小组互评。	1. 小组讨论人性化家具设计，思考如何从家具的细节中凸显新中式元素。 2. 听取教师讲授家具大样图的设计要点和难点。 3. 观看家具大样图绘制教学视频，掌握家具构造在 CAD 中的绘制方法；抽到的学生回答问题。（20 分钟） 4. 完成家具大样图的绘制。（50 分钟） 5. 小组自评和互评家具大样图。（10 分钟）	1. 师评：教师点评学生回答问题的完整性和准确性。 2. 自评和互评：各小组参照评价表对完成的家具大样图进行小组自评，挑选出小组代表作品，小组间再进行互评。 3. 师评：教师点评各小组家具大样图。
1. 硬资源：通用型计算机机房、互联网等。 2. 软资源：家具大样图绘制教学视频、家具大样图评价表等。 3. 教学设施：投影仪、白板、交互式一体机等。			
7. 绘制电气走向图。	1. 播放线路图符号制作的教学视频并抽选学生提问。 2. 演示电气线路图的绘制。 3. 巡回指导学生完成任务。 4. 发放电气走向图评价表，组织各小组学生对电气走向图进行自评和小组互评。	1. 观看线路图符号制作的教学视频，认识掌握电气线路图符号，抽到提问的学生回答问题。（15 分钟） 2. 观看教师演示电气线路图的绘制。（15 分钟） 3. 完成电气线路图的绘制。（40 分钟） 4. 小组自评和互评电气走向图。（10 分钟）	1. 师评：教师点评学生回答问题的完整性和准确性。 2. 自评和互评：各小组参照评价表对完成的电气线路图进行小组自评，挑选出小组代表作品，小组间再进行互评。 3. 师评：教师点评各小组电气线路图。
1. 硬资源：通用型计算机机房、互联网等。 2. 软资源：线路图符号制作的教学视频、电气线路图评价表等。 3. 教学设施：投影仪、白板、交互式一体机等。			

1 获取信息，制订计划　2 方案设计　3 审核修改　4 总结展示

方案设计

工作子步骤	教师活动	学生活动	评价
8. 绘制冷热水管走向图。	1. 播放水管走向图制作教学视频，并发放水位布置的任务。 2. 巡回指导学生完成任务。 3. 发放冷热水管走向图评价表，组织各小组学生对冷热水管走向图进行自评和小组互评。	1. 观看水管走向图制作教学视频，结合所学定好水位位置。（20 分钟） 2. 完成水管走向图的绘制。（50 分钟） 3. 小组自评和互评冷热水管走向图。（10 分钟）	1. 师评：教师点评学生回答问题的完整性和准确性。 2. 自评和互评：各小组参照评价表对完成的冷热水管走向图进行小组自评，挑选出小组代表作品，小组间再进行互评。 3. 师评：教师点评各小组冷热水管走向图。
1. 硬资源：通用型计算机机房、互联网等。 2. 软资源：水管走向图制作的教学视频、冷热水管走向图评价表等。 3. 教学设施：投影仪、白板、交互式一体机等。			
9. 3ds Max 软件建模。	1. 讲授原始结构户型图导入 3ds Max 里的要点、技巧和方法（案例讲解）。 2. 演示并讲授原始结构户型图导入的基本步骤和方法。 3. 布置在 3ds Max 中导入原始结构图的任务并监督、指导学生完成。 4. 发放墙体模型评价表，组织各小组学生对墙体模型进行自评和小组互。 5. 教师对各小组的墙体模型进行总结点评并指导学生进行修改完善。 6. 教师讲授建立墙体的技巧和方法。	1. 听取教师讲授将原始结构户型图导入 3ds Max 的要点、技巧和方法。（30 分钟） 2. 观摩教师将原始结构户型图导入 3ds Max 的演示。（30 分钟） 3. 向 3ds Max 中导入办公空间原始结构户型图。（40 分钟） 4. 建立墙体模型，小组自评、互评墙体模型。（20 分钟） 5. 听取教师总评并修改完善墙体模型。（10 分钟） 6. 听取教师讲授建立墙体技巧与方法。（20 分钟）	1. 师评：教师点评学生回答问题的完整性和准确性。 2. 师评：教师点评各学生导入完成的户型图。 3. 自评和互评：各小组参照评价表对完成的建模进行小组自评，挑选出小组代表作品，小组间再进行互评。
1. 硬资源：通用型计算机机房、互联网等。 2. 软资源：效果图制图标准纸质资料、3ds Max 常用模型制作教学视频、墙体模型评价表等。 3. 教学设施：投影仪、白板、交互式一体机等。			

学习任务 1 传统办公空间设计

1 获取信息，制订计划　2 方案设计　3 审核修改　4 总结展示

工作子步骤	教师活动	学生活动	评价
10. Photoshop 软件处理效果图技巧。	1. 将 3ds Max 导出的原始效果图和通过 Photoshop 软件后期处理过的效果图进行比对。 2. 用抽查提问的方式让学生回答这两张图的区别。 3. 讲授 Photoshop 软件效果图后期处理的要点、技巧和方法（案例讲解）。 4. 教师发放任务单并进行学习任务情境模拟。 5. 发放办公空间3D原始效果图给学生，组织学生运用 Photoshop 软件对原始效果图进行后期处理。 6. 组织各小组学生对渲染好的办公室效果图进行自评和小组互评。 7. 教师对渲染好的办公室效果图进行总结点评并指导学生进行修改完善。	1. 通过观察对比 3ds Max 导出的原始效果图和通过 Photoshop 软件后期处理过的效果图，总结出这两张图的区别。 2. 抽到的学生回答问题。 3. 听取教师讲授运用 Photoshop 软件进行效果图后期处理的要点、技巧和方法。（30 分钟） 4. 独立解读任务单，查阅任务单，明确学习任务。 5. 收到办公室 3D 原始效果图，运用刚刚学习的 Photoshop 软件后期处理技巧和方法对原始效果图进行后期渲染。 6. 对于渲染好的办公室效果图进行小组自评、互评。 7. 听取教师总评并修改渲染好的办公室效果图。	1. 师评：教师点评学生回答问题的完整性和准确性。 2. 自评和互评：点评 Photoshop 软件后期处理效果图。 3. 师评：教师点评 Photoshop 软件后期处理效果图。 4. 成果验收方式：学生提交电子版图纸。 5. 成果验收标准：图纸是否齐全。

方案设计

1. 硬资源：通用型计算机机房、互联网等。
2. 软资源：3ds Max 导出的原始效果图和通过 Photoshop 软件后期处理过的效果图、讲授 Photoshop 软件效果图后期处理的要点、技巧和方法 PPT、办公空间效果图绘制任务单、办公空间 3D 原始效果图、Photoshop 软件后期处理效果图自评和互评表等。
3. 教学设施：投影仪、白板、交互式一体机等。

1 获取信息，制订计划　2 方案设计　3 审核修改　4 总结展示

	工作子步骤	教师活动	学生活动	评价
审核修改	1. 检查图纸是否符合国家制图标准。	1. 发放图纸样表，提醒学生观察图纸的索引样表填写内容有哪些。 2. 指导学生编排与填写。 3. 要求学生下载制图模板。 4. 指导学生套用模板。 5. 组织学生自我检查施工图错误。 6. 指导学生改正图纸。 7. 检查学生提交的施工图纸是否齐全。	1. 观察图纸的索引样表填写内容有哪些，听取教师提醒，做好填写记录。（10 分钟） 2. 编排并填写图纸索引。（30 分钟） 3. 制图模板的运用。 4. 学生根据教师要求的尺寸，下载制图模板。（5 分钟） 5. 套用模板。（15 分钟） 6. 审核与修改。 7. 学生自我检查施工图有无错误和缺漏。（10 分钟） 8. 修改图纸。（80 分钟） 9. 提交施工图定稿。（10 分钟）	1. 过程性评价：重点观察学生检查图纸细节和修改后的图是否正确。 2. 成果验收方式：学生提交电子版图纸。 3. 成果验收标准：电子版图纸是否齐全，是否符合国家制图标准。
	课时： 8 课时 1. 硬资源：通用型计算机机房、互联网等。 2. 软资源：工作页、参考教材、授课 PPT、图纸的索引样表、制图模板、《建筑工程施工质量评价标准》等。 3. 教学设施：投影仪、白板、交互式一体机等。			
总结展示	1. 制作新中式办公空间设计与施工图总结 PPT。	1. 分析制作新中式办公空间设计与施工图总结 PPT 的要点与要求。 2. 监督学生小组讨论。 3. 引导学生进行小组内成员的自评。 4. 引导学生进行总结 PPT 展示。 5. 组织各组进行互评。 6. 对学生的编写思路和步骤进行适当的点评。 7. 总结新中式办公空间设计与施工图的绘制技巧和方法。 8. 收集本任务完整的学习成果（手绘原始结构图、CAD 原始户型图、平面布置图、地面材质图、各层顶棚图、logo 墙立面图、办公室与会议室立面图、卫生间立面图、吊顶剖面图、家具大样图、电气线路图、五金配件表格、图纸的索引、材料表格、洁具表格）和总结汇报 PPT，并按照优秀、中等、一般、差四个等级进行归类存档。	1. 听取教师讲授制作新中式办公空间设计与施工图总结 PPT 的要点、原则与要求。（20 分钟） 2. 小组内部进行讨论，分析优点、发现缺点，提出改进方法，归纳、总结分析提炼施工图绘制要点。（20 分钟） 3. 各组进行小组内成员的自评，评出小组中最优秀的施工图。（15 分钟） 4. 各组根据组内最优秀的新中式办公空间设计制作总结 PPT，展示组员风采，并上台展示。（45 分钟） 5. 观察各组的总结演示，与自己的总结 PPT 进行对比，归纳出新中式办公空间设计与施工图的总体思路。（20 分钟） 6. 对其他各组的总结 PPT 进行评价。（30 分钟） 7. 认真记录教师对本组任务情况的点评。（10 分钟）	1. 自评：各小组进行内部讨论和评比，评出小组中最优秀的新中式办公空间设计。 2. 互评：各小组参照评价表对完成的新中式办公空间设计与施工图总结 PPT 进行互评。 3. 师评：教师听取各组的总结 PPT 演讲，参照点评表对其 PPT 进行深入点评，并填写评分表对学生作品进行评价与评分。
	课时： 8 课时 1. 硬资源：通用型计算机机房、互联网等。 2. 软资源：Word（2007 以上版本）、施工图绘制总结 PPT 自评表、新中式办公空间设计总结 PPT 互评表、学习任务总体评价表等。 3. 教学设施：投影仪、白板、交互式一体机等。			

学习任务 2　个性化办公空间设计

任务描述

学习任务课时：60 课时

任务情境：

某学校室内装饰设计工作室承接了一个个性化办公空间的项目，面积约 500 m^2，主要用于经营高档家具与陈设用品，客户特别提出需要把绿色、环保元素融入办公空间设计中，体现人与建筑、自然和谐统一的设计理念，营造轻松舒适的办公环境。

现要求给出整套设计方案，负责本项目的设计师（教师）将该项目的施工图和效果图绘制任务交给了助理设计师（学生），要求其在一学期内完成此项目的全套 CAD 施工图纸和效果图的绘制任务，并且所有施工图纸要符合国家建筑制图标准和规范。

具体要求见下页。

办公空间设计

工作流程和标准

工作环节 1

获取信息，制订计划

1

1. 与设计师到施工现场与业主进行沟通并以认真谨慎的态度进行量房和现场拍照，手绘建筑原始结构图，记录相关数据和管线梁柱等部位，了解项目基本情况。
2. 协助设计师做好客户调查表，并认真仔细记录客户提出的需求，做好项目定位与调研（公司概况、经营规模、经营理念、品牌策略、业务范围、公司的管理结构、客户的空间要求和审美要求、装修面积、装修风格、装修预算、预计工期、工程承包方式等），根据业主的需求搜集有关大自然绿色环保主题的设计元素。
3. 利用 CAD 软件绘制建筑结构原始平面图，完成后交给设计师做平面布局方案，助理设计师要积极和设计师沟通，并完全理解设计师的概念草图设计（反映功能、空间、形式、技术四方面要素的草图）。
4. 根据设计师的草图方案明确施工图绘制任务要求和时间节点，并制订一份施工图绘制工作计划。

工作成果：手绘原始结构图、CAD 原始结构图。

学习成果：客户调查表、施工图绘制工作计划。

工作环节 3

审核修改

3

1. 提交全套施工图给设计师进行审核，并根据设计师的反馈意见对施工图进行修改和完善。
2. 将效果图打印并装订成册。

工作成果：全套图纸定稿。

工作环节 2

方案设计

2

1. 根据设计师提供的绿色环保概念草图方案绘制出符合国家标准和规范的空间平面布置图、地面材质图、顶棚图。
2. 根据设计师提出的深化草图方案绘制出符合国家标准和规范的各空间主要立面图（前厅立面图、员工办公区立面图、展厅立面图、会议室立面图、总经理室立面图）。
3. 与设计师沟通，确定绿色环保为主题空间主要设计节点，根据设计师绘制的节点草图绘制出节点剖面图、大样图。
4. 根据空间平面图绘制出符合国家标准和规范的电气和冷热水管走向图。
5. 根据制图规范完成图纸目录并对整套施工图进行排版。
6. 根据平面图与设计元素提炼的结合，制作具备绿色环保元素的办公空间效果图。
7. 根据制图规范完成图纸封面、目录并对整套施工图进行排版（方案排版中，封面、封底、内页贯穿统一的设计元素）。

工作成果：全套绿色环保办公空间方案初稿（目录、原始户型图、平面布置图、地面材质图、顶棚图、立面图、剖面图、大样图、电气和冷热水管走向图、主要场景效果图）。

学习成果：制作设计说明、材料做法表、材料分类表。

工作环节 4

总结展示

4

1. 对审核通过的“海印星玥”办公空间全套施工图纸和效果图进行展示。
2. 总结制作过程中遇到的各种难点和问题，并分享项目制作中的收获。

学习成果：总结汇报 PPT。

学习内容

知识点	1.1 量房技巧； 1.2 建筑结构有关知识； 1.3 施工图制作流程和技巧； 1.4 办公空间划分、功能布局，空间形式的表达，空间形式的技术表现； 1.5 办公空间设计程序、设计原则、设计风格及主题的确定； 1.6 办公室时尚、环保相关元素提取； 1.7 办公室室内配色方案； 1.8 时尚文化的内涵、历史演变、主要特征、表现内容和评判标准	2.1 平面施工图的常规绘图比例； 2.2 墙体改造； 2.3 办公空间平面布置图； 2.4 识图及图纸规范； 2.5 办公空间功能划分与布局，人体工程学尺寸，家具尺寸，室内交通流向； 2.6 地面铺装材料的表现方法； 2.7 各类灯具的标识方法，顶棚图（造型、灯具、标高、材料说明）	3.1 立面施工图的常规绘图比例； 3.2 建筑材料的立面表现方法； 3.3 家具和墙面造型结构表现方法； 3.4 引线标注的方法； 3.5 尺寸和标高标注的方法
技能点	1.1 正确地量房（定性测量和定位测量）； 1.2 拍摄正确的现场照片； 1.3 手绘原始结构户型图； 1.4 根据手绘图用软件绘制出 CAD 原始结构图； 1.5 能够与设计师沟通，并参与制作客户调查表； 1.6 能理解设计师草图概念设计，并能够制订施工图绘制计划	2.1 熟练应用 AutoCAD 软件绘制原始户型改造图； 2.2 熟练应用 AutoCAD 软件绘制平面布置图； 2.3 正确表达地面铺装； 2.4 正确表达顶棚造型及材料运用； 2.5 正确进行办公空间形式的表达（造型设计能力）； 2.6 正确进行办公空间形式的技术表现（材料运用）	3.1 准确绘制前厅各立面图； 3.2 准确绘制展厅各立面图； 3.3 准确绘制员工办公区各立面图； 3.4 准确绘制会议室各立面图； 3.5 准确绘制总经理室各立面图
工作环节	工作环节 1 获取信息，制订计划	方案设计 工作环节 2	
成果	1.1 手绘原始结构图； 1.2 CAD 软件制作原始结构图； 1.3 施工图绘制工作计划（及客户调查表）	2.1 原始户型改造图； 2.2 平面布置图； 2.3 地面材质图； 2.4 顶棚图	3.1 立面图
素养	1.1 解读信息的能力； 1.2 语言表达与沟通的能力； 1.3 关注当下的绿色环保文化，培养绿色环保意识	熟悉建筑装饰行业识图制图标准和规范	

	4.1 结构施工图的常规绘图比例和字高； 4.2 剖面标记符号的表达； 4.3 索引符号标注的表达； 4.4 剖面图及大样图做法标注和尺寸标注的表达	5.1 电气图基本知识； 5.2 电气图形符号认知； 5.3 冷热水管的标识方法； 5.4 办公空间 3D 效果图绘制		
	4.1 准确绘制吊顶剖面图； 4.2 绘制新中式家具大样图	5.1 按照规范绘制电气线路图（配电、开关、插座）； 5.2 按照规范和标准绘制水管走向图	6.1 制作与编排图纸索引； 6.2 编写室内装修和电气施工设计说明； 6.3 编制五金配件表格； 6.4 编制材料表格； 6.5 编制洁具表格； 6.6 正确应用制图模板	

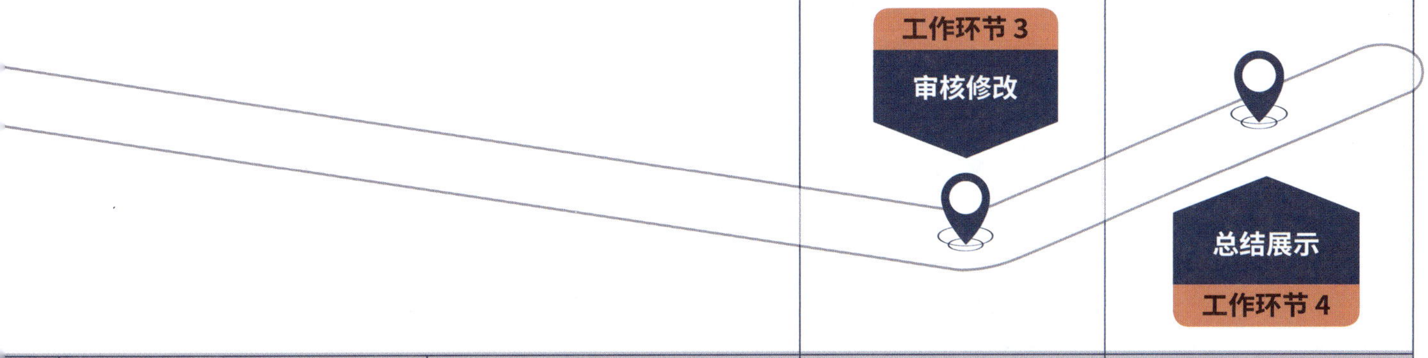

	4.1 剖面图； 4.2 大样图	5.1 电气、冷热水管及排水走向图 2D、3D 效果图绘制	6.1 全套图纸（定稿）	7.1 总结 PPT
				7.1 归纳、总结、分析的能力

办公空间设计

课程 4 办公空间设计

学习任务 2 个性化办公空间设计

1 获取信息，制订计划　2 方案设计　3 审核修改　4 总结展示

	工作子步骤	教师活动	学生活动	评价
获取信息，制订计划	1. 解读任务书，手绘原始结构图。 2. 与客户交谈了解时尚、环保办公空间设计要求。	1. 整顿课堂，向全体学生问好并进行考勤点名。 2. 教师发放办公空间设计任务书，进行学习任务情境模拟，引导学生解读任务书。 3. 用 PPT 展示问题，提出观看《办公空间设计》教学视频的规则和要求（观看视频，思考 PPT 上的问题），并监督学生观看。 4. 抽选学生回答 PPT 上的问题（个性化时尚、环保办公空间设计制作流程）。 5. 发放问题卡片，提出观看教学视频《量房的技巧与方法》的规则和要求（观看视频，思考卡片上的问题）。 6. 监督并指导学生记录量房基本流程和技巧方法。 7. 向各小组发放问题卡片，抽选各小组成员回答问题卡片上列出的问题。讲授原始结构户型图的绘制要点、技巧和方法（案例讲解）。 8. 教师讲授时尚文化的内涵、历史演变、主要特征、表现内容和评判标准。 9. 演示原始结构户型图的绘制，并讲授基本步骤和方法。 10. 教师讲授时尚、环保相关元素提取的技巧和方法。 11. 布置原始结构图绘制任务并监督、指导学生完成。 12. 发放手绘原始户型图评价表，组织各小组学生对手绘原始结构户型图进行自评和小组互评。 13. 教师对各小组的手绘原始结构图进行总结点评并指导学生进行修改完善。 14. 教师讲授现场照片的拍摄技巧和方法。 15. 抽选学生回答问题（现场拍摄的方法和技巧）。 16. 组织指导学生进行施工现场拍照。	1. 整理仪容仪表，全体学生向老师问好。（5 分钟） 2. 学生解读任务书，用记号笔在任务书中标记关键信息，明确学习任务。（15 分钟） 3. 带着问题观看教学视频，思考 PPT 上展示的问题。（15 分钟） 4. 回答 PPT 上展示的问题。（10 分钟） 5. 查看卡片上的问题，带着卡片上的问题观看教学视频，了解量房的技巧与方法。 6. 记录量房的基本流程、技巧方法。（20 分钟） 7. 思考问题卡片上的问题，回答问题（量房的技巧和方法）。听取教师讲授手绘原始结构户型图的要点、技巧和方法。（30 分钟） 8. 听取教师讲授时尚文化的内涵、历史演变、主要特征、表现内容和评判标准，并做好笔记。 9. 观摩教师手绘原始结构户型图的演示。（30 分钟） 10. 听取教师讲授时尚、环保相关元素提取的技巧和方法。 11. 手绘原始结构户型图。（40 分钟） 12. 小组自评、互评手绘原始结构户型图。（20 分钟） 13. 听取教师总评并修改完善原始结构户型图。（10 分钟） 14. 听取教师讲授现场照片的拍摄技巧与方法。（20 分钟） 15. 回答教师提出的问题。（15 分钟） 16. 进行现场模拟拍照，记录施工现场重要位置节点。（30 分钟）	1. 师评：教师点评学生回答问题的完整性和准确性。 2. 自评和互评：学生根据评价表自评和互评手绘原始结构图（通过小组自评挑选小组代表作品，再进行小组间互评）。 3. 师评：教师点评各小组手绘原始结构图（标注的准确性、完整性）。

课时： 12 课时

1. 硬资源：通用型计算机机房、互联网等。
2. 软资源：《办公空间施工图绘制任务书》、授课 PPT、参考教材、《办公空间设计》教学视频、问题卡片、《量房的技巧与方法》教学视频（教学资源包）、《手绘原始结构户型图的要点、技巧和方法》教学 PPT、卷尺、绘图纸、勾线笔、实物投影仪、手绘原始结构图自评表和互评表、手绘原始结构图教师评价表等。
3. 教学设施：投影仪、白板、交互式一体机等。

获取信息，制订计划

工作子步骤	教师活动	学生活动	评价
3. 绘制 CAD 原始结构图。	1. 对子任务 1（手绘原始草图和施工现场拍照）的工作完成情况进行回顾，并介绍子任务 2（绘制原始户型图）的工作内容、目标、要求。 2. 教师下发 CAD 常用工具快捷键及使用方法文字资料，并进行常用快捷键操作演示。 3. 演示并讲授绘制 CAD 原始结构户型图的基本步骤和方法。 4. 布置 CAD 原始结构图绘制任务并监督、指导学生完成。 5. 组织小组学生对 CAD 原始结构户型图进行自评和互评。 6. 教师对各小组的 CAD 原始结构户型图进行总结点评并指导学生进行修改完善。	1. 回顾子任务 1 的完成情况，听取教师介绍子任务 2 的工作内容、目标和要求等信息，明确子任务 2 的工作内容、目标和要求。 2. 自主阅读 CAD 常用工具快捷键及使用方法资料，标记关键词，并在计算机上进行快捷键的实操练习。（30 分钟） 3. 观摩教师演示原始结构平面图的制作并记录步骤与方法。（30 分钟） 4. 参考手绘原始结构图，利用 CAD 软件绘制原始结构户型图。（60 分钟） 5. 小组自评和互评 CAD 原始结构户型图。（15 分钟） 6. 听取教师总评并修改完善 CAD 原始结构户型图。（15 分钟）	1. 自评和互评：学生根据评价表自评和互评 CAD 原始结构图（通过小组自评挑选小组代表作品，再进行小组间互评）。 2. 师评：教师点评各小组 CAD 原始结构图。
1. 硬资源：通用型计算机机房、互联网等。 2. 软资源：CAD 常用工具快捷键及使用方法资料、CAD 原始结构图自评表和互评表等。 3. 教学设施：投影仪、白板、交互式一体机等。			
4. 填写施工图绘制计划表格及客户调查表。	1. 教师扮演设计师与助理设计师（学生扮演）进行沟通交流，告知其设计意图、施工图绘制要求等信息。 2. 教师点评学生活动。 3. 发放施工图绘制计划表指导学生填写。 4. 对计划表进行点评并指导学生进行修改完善。	1. 学生扮演助理设计师与设计师（教师扮演）进行沟通，了解设计师设计意图、施工图绘制要求等信息（其他学生观察聆听）。（15 分钟） 2. 听取教师点评并进行记录。（10 分钟） 3. 填写施工图绘制计划表及客户调查表。（15 分钟） 4. 听取教师点评并修改完善施工图制作计划表及客户调查表。（15 分钟）	1. 师评：教师点评学生角色扮演活动。 2. 师评：教师点评施工图绘制工作计划及客户调查表。
1. 硬资源：通用型计算机机房、互联网等。 2. 软资源：施工图绘制计划表及客户调查表等。 3. 教学设施：投影仪、白板、交互式一体机等。			

课程 4　办公空间设计

学习任务 2　个性化办公空间设计

① 获取信息，制订计划　② 方案设计　③ 审核修改　④ 总结展示

方案设计

工作子步骤	教师活动	学生活动	评价
1. 绘制平面布置图。	1. 发放施工图制图标准资料供学生学习，要求学生通过关键词法进行自我学习，并提出学习的规则和要求(时间 20 分钟，标记关键词、提问)，采用旋转木马学习法强化学习内容。 2. 利用卡片法抽选每个小组代表回答卡片上提出的问题。 3. 展示提问，播放 CAD 常用图例制作教学视频。提出观看视频的规则和要求(要根据问题记录笔记、提问)，监督观看过程。 4. 提出任务（家具、洁具等在 CAD 中的绘制练习）并巡回指导。 5. 讲授时尚、环保办公空间功能划分的原则与方法（案例讲授）。 6. 抽选学生回答问题。 7. 讲授平面布置图绘制技巧。 8. 观察并指导学生练习。 9. 发放平面布置图评价表，组织各小组学生对平面布置图进行自评和小组互评。	1. 自主学习办公空间功能划分与布局、人体工程学尺寸、家具尺寸、室内交通流向等内容（关键词、功能与布局）。 2. 回答教师提出的问题（CAD 国家制图标准）。（20 分钟） 3. 观看常用功能划分、交通流线设计等方法教学视频并完成相应的练习。 4. 完成常用办公空间平面布置练习。（40 分钟） 5. 听教师讲授办公空间功能分区的原则与方法。 6. 回答教师提出的问题（办公空间功能分区原则和方法）。（40 分钟） 7. 完成固定家具的创建。 8. 调用图库的图例并完成平面布置图。（40 分钟） 9. 小组自评和互评平面布置图。（20 分钟）	1. 师评：教师对抽选学生回答问题的完整性和准确性进行点评。 2. 师评：教师点评各学生完成的 CAD 平面布置图。 3. 自评和互评：各小组参照评价表对完成的平面布置图进行小组自评，挑选出小组代表作品，小组间再进行互评。 4. 师评：教师点评各小组的平面布置图。

课时： 24 课时

1. 硬资源：通用型计算机机房、互联网等。
2. 软资源：AutoCAD（2013 以上版本）、施工图制图标准纸质资料、问题卡片、CAD 办公空间平面图绘制教学视频、平面布置图评价表等。
3. 教学设施：投影仪、白板、交互式一体机等。

1 获取信息，制订计划　2 方案设计　3 审核修改　4 总结展示

方案设计

工作子步骤	教师活动	学生活动	评价
2. 绘制地面材质图。	1. 发放地面材质图例给学生学习。 2. 演示办公空间地面材质图的绘制。 3. 巡回指导学生完成任务。 4. 发放地面材质图评价表，组织各小组学生对地面材质图进行自评和小组互评。	1. 自主学习资料，掌握各类建材在CAD中的表示方法。（15分钟） 2. 观看教师演示办公空间地面材质图的绘制。（15分钟） 3. 完成地面材质图。（40分钟） 4. 小组自评和互评地面材质图。（10分钟）	1. 自评和互评：各小组参照评价表对完成的地面材质图进行小组自评，挑选出小组代表作品，小组间再进行互评。 2. 师评：教师点评各小组地面材质图。
1. 硬资源：通用型计算机机房、互联网等。 2. 软资源：地面材质图纸质资料、地面材质图评价表等。 3. 教学设施：投影仪、白板、交互式一体机等。			
3. 绘制顶棚图。	1. 播放教学视频（标高的使用）并安排学生完成标高的绘制。 2. 教师发放各种顶棚的造型图纸资料给学生学习并提问。 3. 播放教学视频(灯具的表示方法)；提出观看视频的规则，监督观看过程。 4. 教师演示办公空间顶棚图的制作。 5. 巡回指导学生完成任务。 6. 发放顶棚图评价表，组织各小组学生对顶棚图进行自评和小组互评。	1. 观看教学视频（标高的使用），并练习标高的绘制。（10分钟） 2. 识读各类顶棚图纸，掌握各种吊顶及顶部造型的表示方法。（10分钟） 3. 观看视频学习各种灯具的表示方法。（10分钟） 4. 观看教师演示办公空间顶棚图的制作。（10分钟） 5. 完成办公空间顶棚图的绘制。（30分钟） 6. 小组自评和互评顶棚图。（10分钟）	1. 师评：教师点评学生回答问题的完整性和准确性。 2. 自评和互评：各小组参照评价表对完成的顶棚图进行小组自评，挑选出小组代表作品，小组间再进行互评。 3. 师评：教师点评各小组顶棚图。
1. 硬资源：通用型计算机机房、互联网等。 2. 软资源：标高的使用教学视频、顶棚图造型纸质资料、灯具的表现方法教学视频、顶棚图评价表等。 3. 教学设施：投影仪、白板、交互式一体机等。			

学习任务 2 个性化办公空间设计

1 获取信息，制订计划 → 2 方案设计 → 3 审核修改 → 4 总结展示

方案设计

工作子步骤	教师活动	学生活动	评价
4. 绘制立面图。	1. 教师演示引线标注的使用并安排学生完成引线标注的绘制练习。 2. 播放立面图绘制的教学视频并抽选学生提问。 3. 巡回指导学生完成立面图的绘制。 4. 发放立面图评价表，组织各小组学生对立面图进行自评和小组互评。	1. 观看教师演示引线标注的使用并完成引线标注的练习。（10 分钟） 2. 观看立面图制作的教学视频，抽到的学生回答问题。（20 分钟） 3. 完成立面图的绘制（时尚、环保办公空间 logo 墙、主要立面墙、会议室立面图）。（40 分钟） 4. 小组自评和互评立面图。（10 分钟）	1. 师评：教师点评学生回答问题的完整性和准确性。 2. 自评和互评：各小组参照评价表对完成的建筑立面图进行小组自评，挑选出小组代表作品，小组间再进行互评。 3. 师评：教师点评各小组建筑立面图。
1. 硬资源：通用型计算机机房、互联网等。 2. 软资源：引线的使用教学视频、立面图制作的教学视频、立面图评价表等。 3. 教学设施：投影仪、白板、交互式一体机等。			
5. 绘制剖面图。	1. 发放吊顶材料图例给学生学习。 2. 演示时尚、环保办公空间吊顶剖面图的绘制。 3. 巡回指导学生完成任务。 4. 发放吊顶剖面图评价表，组织各小组学生对吊顶剖面图进行自评和小组互评。	1. 独自学习资料，掌握吊顶材料（轻钢龙骨、石膏线等）在 CAD 中的绘制方法。（20 分钟） 2. 观看教师演示吊顶剖面图的绘制。（10 分钟） 3. 完成时尚、环保办公空间吊顶剖面图的绘制。（50 分钟） 4. 小组自评和互评吊顶剖面图。（10 分钟）	1. 自评和互评：各小组参照评价表对完成的吊顶剖面图进行小组自评，挑选出小组代表作品，小组间再进行互评。 2. 师评：教师点评各小组吊顶剖面图。
1. 硬资源：通用型计算机机房、互联网等。 2. 软资源：顶棚造型的电子图片及所需要的 CAD 文件、吊顶剖面图评价表等。 3. 教学设施：投影仪、白板、交互式一体机等。			

方案设计

工作子步骤	教师活动	学生活动	评价
6. 绘制大样图。	1. 讲解人性化家具设计大样图。 2. 讲解家具大样图的设计要点、难点。 3. 播放家具大样图绘制教学视频并抽选学生提问。 4. 巡回指导学生完成任务。 5. 发放家具大样图评价表，组织各小组学生对家具大样图进行自评和小组互评。	1. 小组讨论人性化家具设计。 2. 听教师讲解家具大样图的设计要点、难点。 3. 观看家具大样图绘制的教学视频，掌握家具构造在 CAD 中的绘制方法；被抽到的学生回答问题。（20 分钟） 4. 完成家具大样图的绘制。（50 分钟） 5. 小组自评和互评家具大样图。（10 分钟）	1. 师评：教师点评学生回答问题的完整性和准确性。 2. 自评和互评：各小组参照评价表对完成的家具大样图进行小组自评，挑选出小组代表作品，小组间再进行互评。 3. 师评：教师点评各小组家具大样图。
1. 硬资源：通用型计算机机房、互联网等。 2. 软资源：家具大样图绘制教学视频、家具大样图评价表等。 3. 教学设施：投影仪、白板、交互式一体机等。			
7. 绘制电气走向图。	1. 播放线路图符号制作的教学视频并抽选学生提问。 2. 演示电气线路图的绘制。 3. 巡回指导学生完成任务。 4. 发放电气走向图评价表，组织各小组学生对电气走向图进行自评和小组互评。	1. 观看线路图符号制作的教学视频，认识掌握电气线路图符号，抽到的学生回答问题。（15 分钟） 2. 观看教师演示电气线路图的绘制。（15 分钟） 3. 完成电气线路图的绘制。（40 分钟） 4. 小组自评和互评电气走向图。（10 分钟）	1. 师评：教师点评学生回答问题的完整性和准确性。 2. 自评和互评：各小组参照评价表对完成的电气线路图进行小组自评，挑选出小组代表作品，小组间再进行互评。 3. 师评：教师点评各小组电气线路图。
1. 硬资源：通用型计算机机房、互联网等。 2. 软资源：线路图符号制作的教学视频、电气线路图评价表等。 3. 教学设施：投影仪、白板、交互式一体机等。			

学习任务 2 个性化办公空间设计

1 获取信息，制订计划　2 方案设计　3 审核修改　4 总结展示

	工作子步骤	教师活动	学生活动	评价
方案设计	8. 绘制冷热水管走向图。	1. 播放水管走向图制作教学视频，并发放水位布置的任务。 2. 巡回指导学生完成任务。 3. 发放冷热水管走向图评价表，组织各小组学生对冷热水管走向图进行自评和小组互评。	1. 观看水管走向图制作教学视频，结合所学定好水位位置。（20 分钟） 2. 完成水管走向图的绘制。（50 分钟） 3. 小组自评和互评冷热水管走向图。（10 分钟）	1. 自评和互评：各小组参照评价表对完成的水管走向图进行小组自评，挑选出小组代表作品，小组间再进行互评。 2. 师评：教师点评各小组水管走向图。
方案设计	1. 硬资源：通用型计算机机房、互联网等。 2. 软资源：水管走向图制作的教学视频、冷热水管走向图评价表等。 3. 教学设施：投影仪、白板、交互式一体机等。			
方案设计	9. 3ds Max 软件建模。	1. 讲授将原始结构户型图导入 3ds Max 的要点、技巧和方法（案例讲解）。 2. 演示原始结构户型图的导入，并讲授基本步骤和方法。 3. 布置向 3ds Max 中导入原始结构图的任务，并监督、指导学生完成。 4. 发放墙体模型评价表，组织各小组学生对墙体模型进行自评和小组互评。 5. 教师对各小组的墙体模型进行总结点评并指导学生进行修改完善。 6. 教师讲授建立墙体的技巧和方法。	1. 听取教师讲授将原始结构户型图导入 3ds Max 的要点、技巧和方法。（30 分钟） 2. 观摩教师将原始结构户型图导入 3ds Max 的演示。（30 分钟） 3. 向 3ds Max 中导入办公空间原始结构户型图。（40 分钟） 4. 建立墙体模型，小组自评、互评墙体模型。（20 分钟） 5. 听取教师总评并修改完墙体模型。（10 分钟） 6. 听取教师讲授建立墙体的技巧与方法。（20 分钟）	1. 师评：教师点评学生回答问题的完整性和准确性。 2. 师评：教师点评各学生导入完成的户型图。 3. 自评和互评：各小组参照评价表对完成的建模进行小组自评，挑选出小组代表作品，小组间再进行互评。 4. 师评：教师点评各小组原始结构户型建墙。
方案设计	1. 硬资源：通用型计算机机房、互联网等。 2. 软资源：效果图制图标准纸质资料、3ds Max 常用模型制作教学视频、墙体模型评价表等。 3. 教学设施：投影仪、白板、交互式一体机等。			

基准课时：60

1 获取信息，制订计划 → 2 方案设计 → 3 审核修改 → 4 总结展示

	工作子步骤	教师活动	学生活动	评价
方案设计	10. Photoshop 软件处理效果图技巧。	1. 将 3ds Max 导出的原始效果图和通过 Photoshop 软件后期处理过的效果图进行比对。 2. 用抽查提问的方式让学生回答这两张图的区别。 3. 讲授运用 Photoshop 软件对效果图进行后期处理的要点、技巧和方法（案例讲解）。 4. 教师发放任务单并进行学习任务情境模拟。 5. 发放办公空间 3D 原始效果图给学生，组织学生运用 Photoshop 对原始效果图进行软件后期处理。 6. 组织各小组学生对渲染好的办公室效果图进行自评和小组互评。 7. 教师对渲染好的办公室效果图进行总结点评并指导学生进行修改完善。 8. 发放图纸样表，提醒学生观察图纸的索引样表填写内容有哪些。 9. 指导学生编排图纸索引与填写。 10. 组织学生自我检查效果图错误，指导学生改正图纸。 11. 检查学生提交的效果图是否齐全。	1. 通过观察对比 3ds Max 导出的原始效果图和通过 Photoshop 软件后期处理过的效果图，总结出这两张图的区别。 2. 被抽到的学生回答问题。 3. 听取教师讲授运用 Photoshop 软件进行效果图后期处理的要点、技巧和方法。（30 分钟） 4. 独立解读任务单，查阅任务单，明确学习任务。 5. 收到办公室 3D 原始效果图，运用刚刚学习的 Photoshop 软件后期处理技巧和方法对原始效果图进行后期渲染。 6. 对于渲染好的办公室效果图进行小组自评、互评。 7. 听取教师总评并修改渲染好的办公室效果图。 8. 观察图纸的填写内容有哪些，听取教师提醒，做好填写记录。（10 分钟） 9. 编排图纸索引并填写样表；学生根据教师的要求调整图纸尺寸大小。（5 分钟） 10. 审核与修改。 ①学生自我检查效果图有无错误和缺漏。（10 分钟） ②修改图纸。（10 分钟） 11.提交效果图排版定稿。（10 分钟）	1. 师评：教师点评学生回答问题的完整性和准确性。 2. 自评和互评：各小组自评和互评 Photoshop 软件后期处理效果图。 3. 师评：教师点评 Photoshop 软件后期处理效果图。 4. 成果验收方式：学生提交电子版图纸。 5. 成果验收标准：图纸是否齐全。

1. 硬资源：通用型计算机机房、互联网等。
2. 软资源：3ds Max 导出的原始效果图和通过 Photoshop 软件后期处理过的效果图、讲授 Photoshop 软件效果图后期处理的要点、技巧和方法 PPT、办公空间效果图绘制任务单、办公空间 3D 原始效果图、Photoshop 软件后期处理效果图自评和互评表、Photoshop 软件后期处理效果图评价表等。
3. 教学设施：投影仪、白板、交互式一体机等。

学习任务 2　个性化办公空间设计

1 获取信息，制订计划　2 施工图绘制　3 审核修改　4 总结展示

	工作子步骤	教师活动	学生活动	评价
审核修改	1. 检查图纸是否符合国家制图标准。	1. 发放图纸样表，提醒学生观察图纸的索引样表填写内容有哪些。 2. 指导学生编排索引与填写样表。 3. 要求学生下载制图模板。 4. 指导学生套用模板。 5. 组织学生自我检查施工图错误。 6. 指导学生改正图纸。 7. 检查学生提交的施工图纸是否齐全。	1. 观察图纸的索引样表填写内容有哪些，听取教师提醒，做好填写记录。（10 分钟） 2. 编排图纸索引并填写样表。（30 分钟） 3. 制图模板的运用。 4. 学生根据教师要求的尺寸，下载制图模板。（5 分钟） 5. 套用模板。（15 分钟） 6. 审核与修改。 7. 学生自我检查施工图有无错误和缺漏。（10 分钟） 8. 修改图纸。（80 分钟） 9. 提交施工图定稿。（10 分钟）	1. 过程性评价：重点观察学生检查图纸细节和修改后的图是否正确。 2. 成果验收方式：学生提交电子版图纸。 3. 成果验收标准：电子版图纸是否齐全，是否符合国家制图标准。

课时： 12 课时
1. 硬资源：通用型计算机机房、互联网等。
2. 软资源：工作页、参考教材、授课 PPT、图纸的索引样表、制图模板、《建筑工程施工质量评价标准》等。
3. 教学设施：投影仪、白板、交互式一体机等。

1 获取信息，制订计划　2 方案设计　3 审核修改　4 总结展示

工作子步骤	教师活动	学生活动	评价
1. 制作个性化办公空间设计与施工图总结 PPT。	1. 分析制作个性化时尚、环保办公空间设计与施工图总结 PPT 的要点与要求。 2. 监督学生小组讨论。 3. 引导学生进行小组内成员的自评。 4. 引导学生进行总结 PPT 展示。 5. 组织各组进行互评。 6. 对学生的编写思路和步骤进行适当的点评。 7. 总结个性化时尚、环保办公空间设计与施工图的绘制技巧和方法。 8. 收集本学习任务完整的学习成果（手绘原始结构图、CAD 原始户型图、平面布置图、地面材质图、各层顶棚图、logo 墙立面图、办公室与会议室立面图、卫生间立面图、吊顶剖面图、家具大样图、电气线路图、五金配件表格、图纸的索引、材料表格、洁具表格）和总结汇报 PPT，并按照优秀、中等、一般、差四个等级进行归类存档。	1. 听取教师讲授制作个性化时尚、环保办公空间设计与施工图总结 PPT 的要点、原则与要求。(20 分钟) 2. 小组内部进行讨论，分析优点、发现缺点，提出改进方法，归纳总结施工图绘制要点。(20 分钟) 3. 各组进行小组内成员的自评，评出小组中最优秀的施工图。(15 分钟) 4. 各组根据组内最优秀的个性化时尚、环保办公空间设计制作总结 PPT，展示组员风采，并上台展示。(45 分钟) 5. 观看各组的总结演示，与自己的总结 PPT 进行对比，归纳出办公空间设计与施工图的总体思路。(20 分钟) 6. 对其他各组的总结 PPT 进行评价。(30 分钟) 7. 认真记录教师对本组任务完成情况的点评。(10 分钟)	1. 自评：各小组进行内部讨论和评比，评出小组中最优秀的个性化时尚、环保办公空间设计。 2. 互评：各小组参照评价表对完成的办公空间设计与施工图总结 PPT 进行互评。 3. 师评：教师听取各组的总结 PPT 演讲，参照点评表对其 PPT 进行深入点评，并填写评分表，对学生作品进行评价与评分。

总结展示

课时：12 课时

1. 硬资源：通用型计算机机房、互联网等。
2. 软资源：Word（2007 以上版本）、施工图绘制总结 PPT 自评表、个性化办公空间设计总结 PPT 互评表、学习任务总体评价表等。
3. 教学设施：投影仪、白板、交互式一体机等。

考核标准

考核任务案例：广告设计公司办公空间设计。

情境描述：

孟先生委托工作室为其广告设计公司进行装修方案设计，面积 280 m²。该楼层层高 4200 mm，净高 3400 mm，楼地板厚度为 100 mm；外窗洞口高度为 1800 mm，窗台距地面高度为 900 mm，平面尺寸如图所示。该建筑具有独立的建筑设备基础条件，如给排水、配电、排烟（气）管井。室内基本功能空间须包括：门厅（接待与咨询）、洽谈室、设计室、总经理办公室、财务室、会议室、员工办公空间、茶水间、公共卫生间等（可以根据需要增加其他功能）。各空间组织、面积分配、限定方式等可根据原始条件自行拟定。要求 2 天内完成方案设计。

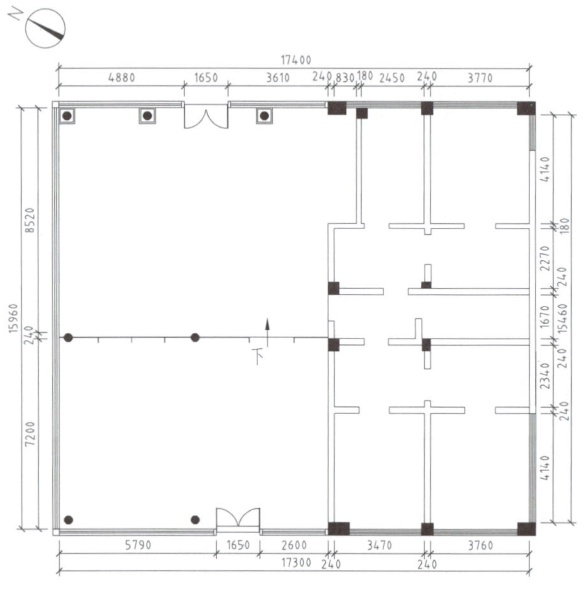

原建筑图

1:80

任务要求：

1. 设计要求。

（1）建筑功能设计时尚合理，环境基本设施齐备，满足办公环境心理和生理的需求。充分利用已有自然条件，结合人为效果，创造合理、舒适、绿色环保的办公环境。

（2）建筑内的办公、公共、服务、附属设施等用房，空间分配面积合理，在满足功能的基础上，鼓励通过设计实现人与环境界面关系的创新，提倡安全、卫生、舒适、经济、个性的设计。

（3）根据公司名称设计出公司标志，并运用到室内；体现公司文化内涵和高科技含量，突出公司经营理念；要求设计时尚、简洁、明快、现代。

（4）针对办公需要，充分考虑各功能分区，组织合理的流线。

（5）体现绿色设计概念，注意应用适宜的新技术手段。

（6）图面版式新颖，表达准确、充分、完整；效果图能充分体现设计方案的艺术性与真实性。

（7）设计图纸按国家有关规范要求制作。

2. 完成内容。

（1）平面布置图：各房间或功能区的名称、尺寸、家具、陈设及设备等；图纸名称及比例，索引符号、标高，尺寸标注，图框及标题栏。

（2）地面铺装图：室内地面铺设材料，图案的规格尺寸及构造做法等；地面标高；图纸名称及比例；材料及尺寸标注；图框及标题栏。

（3）顶棚布置图：顶棚的标高、尺寸和构造做法；顶棚的灯具、设备类型、规格。必要时绘制出节点剖面图；图纸名称及比例；标高、材料及尺寸标注；图框及标题栏。

（4）立面图：室内房间的立面尺寸及构造做法，必要时绘制出剖面图；图纸名称及比例；材料及尺寸标注；图框及标题栏。

（5）构造节点详图：根据需要绘制。注明索引位置、尺寸、构造做法；图纸名称及比例；材料及尺寸标注；图框及标题栏。

（6）效果图：表达方式不限，机绘或手绘均可。

（7）设计说明：500 字左右，说明设计构思、分析材料的选择。

注：平面布置图、地面铺装图、顶棚布置图比例一般为 1 ∶ 100，立面图比例一般为 1 ∶ 50，构造节点图比例自定。图纸规格采用 A3（420 mm×297 mm）图幅。

参考资料：

《室内设计师专用色彩与材质搭配手册》《室内设计资料集》《居住空间室内设计速查手册》。

实操测试评分表

序号	评分方式（10 分）	评分标准（10 分）
1	采用自我评价和教师评价相结合的方式进行考察	1. 构图合理、透视正确，能够客观地反映空间气氛
2		2. 空间分布合理
3		3. 功能划分合理，功能分区符合要求
4		4. 色彩搭配合理，材料运用得当
5		5. 尺寸合理，符合人体工程学要求
6		6. 设计风格统一、美观
7		7. 符合客户要求
得分		

课程 5 餐饮空间设计

学习任务 1
中式餐厅空间设计
（40）课时

学习任务 2
西式餐厅空间设计
（40）课时

课程目标

学习完本课程后，通过相应餐饮室内空间项目的实践，学生进一步熟练相应的制图表达与规范；通过对空间类型的认知，培养学生的创造性思维以及对设计的感觉；严格执行企业安全管理制度，具备工作过程中解读信息、沟通与表达、团队合作的职业能力和遵纪守法、爱岗敬业、团结合作、认真细致、一丝不苟的职业素养，具体包括：

1. 对餐饮室内空间风格具有明确的定位能力。
2. 能熟练掌握餐饮空间中中式家具和西式家具的人体工程学尺寸。
3. 能根据收集的地域文化、民风民俗 、动物植物、饮食厨艺、民间工艺、传统节日、餐桌礼仪等相关信息，快速表现出构思草图，强化学生资料收集与快速表现的能力。
4. 能准确熟练地使用中国设计元素，将现代元素与传统元素相结合，运用手绘或计算机制作效果图，可用计算机或手绘绘制平面图、立面图、效果图、节点详图等设计中所需的施工图。
5. 能准确、流利地表述自己的创新设计想法。
6. 能按照制图标准完成施工图及效果图的制作，并能对完成的图纸（包含图纸目录、设计说明等内容）进行整理和排版。
7. 能够按时提交初稿，与教师进行有效沟通，正确表达绘图思路，态度端正，虚心接受修改意见，认真思考达到修改要求的工作方法，并按时完成对施工图的完善和修改及完稿提交、整理归档等工作。
8. 能归纳和总结不同空间类型的施工图绘制特点，总结施工图制作的方式和方法。
9. 具备遵纪守法、爱岗敬业、团结合作的职业素养，养成认真细致、一丝不苟的工作作风。

课时：80

课程内容

本课程的主要学习内容包括：

1. 餐饮空间装饰设计风格、设计流程。
2. 餐饮空间中家具的人体工程学数据（中式家具的人体工程学：明代家具、清代家具等）。
3. 餐饮空间设计的原则、理念和程序。民间工艺、传统节日、餐桌礼仪等内容，手绘原始结构户型图、设计草图，现场照片及参考资料的收集与整理（中式设计表现手法）。
4. 餐饮空间设计图绘制，设计表现的方法和技巧（手绘表现、AutoCAD 软件和 3ds Max 常用绘图工具的使用和标记、标注的方法）。
5. 新科技、新材料在餐饮空间设计领域的应用技术、口头表达设计想法的技巧；新科技、新材料在室内设计领域的应用 。
6. 餐饮空间设计 CAD 施工图识图及图纸规范、平面施工图的常规绘图比例、地面建筑材料的表现方法、各类灯具的标识方法、标注图纸名称的方法、立面施工图的常规绘图比例、墙面建筑材料的表现方法、家具和墙体的结构、引线标注的方法、结构施工图的常规绘图比例、剖面标记符号、索引符号、绘图比例和字高设置、电气图基本知识、电气图形符号、冷热水管的标识方法，以及效果图表现的方法。施工图国家制图标准与规范。
7. 餐饮空间设计的施工图与效果图图纸编排与打印，施工图图纸编排规范和标准，施工图、效果图图纸打印前的设置。
8. 工作规范：文件尺寸规范，文件命名与存储规范，文件管理与备份规范等。
9. 职业素养：相关法律法规知识、时间管理能力、理解能力、沟通与表达能力、团队合作能力、执行力。

学习任务 1　中式餐厅空间设计

任务描述

学习任务课时：40 课时

任务情境：

某学校室内装饰设计工作室承接了一个餐饮空间的项目，甲方需要乙方室内设计团队在 20 天内以“湘香国色”为主题，完成一间湘菜馆的装饰设计。设计要求：秉承“人文情怀（人文·和谐地域文化）”设计理念，运用传统与现代相结合的设计手法规划空间，餐厅设计融合地域文化特点、餐桌文化、民间工艺等设计元素。充分利用室内空间关系，表达餐饮空间的商业氛围。只限于室内净空间，厨房部分不需做设计，净高 3400 mm(板底)，平面图如右图所示，除了大厅散座外，要求不少于 7 个包间；所有施工图纸要符合国家建筑制图标准和规范。负责该项目的教师（设计师）指导学生完成整套方案。

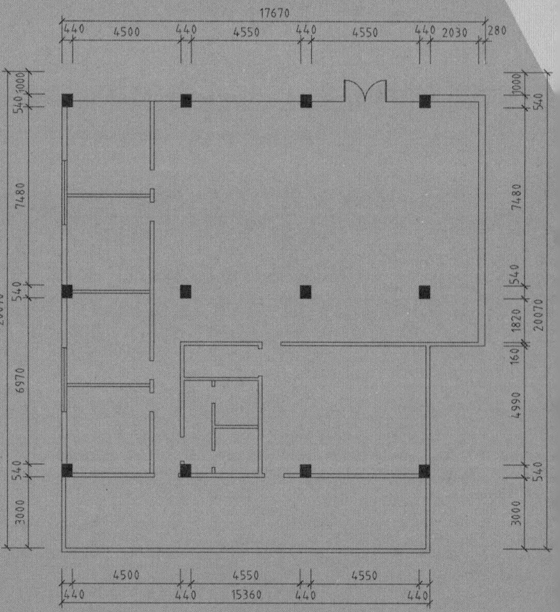

原始结构图

1:70

使用面积:292.5 m²

具体要求见下页。

餐饮空间设计

工作流程和标准

工作环节 1

获取信息，制订计划

1

1. 到施工现场与客户进行沟通，要注意诚信守时的待客礼仪，并进行量房和现场拍照，掌握现场勘查技术。手绘建筑原始结构图，并记录相关数据和管线梁柱等部位，了解项目基本情况。
2. 做好项目定位与调研（企业的概况、经营规模、经营理念、品牌策略、餐饮发展的方向、公司的管理模式、客户的空间要求和审美要求、装修面积、装修风格、装修预算、预计工期等）。
3. 前往项目所在的商业建筑物业管理处了解相关的设计装修须知和提交图纸的相关要求。
4. 分析整理企业的概况、经营规模、经营理念、品牌策略及餐饮发展的方向，进行设计方案的初步策划和对平面进行大概的布置［包括与客户进行密切的沟通，区域的划分明确性（以人为本、和谐规划设计）、异形的墙面造型布置（凸显湖南地域特色与新中式元素相碰撞的工艺设计）运用等］。
5. 利用 CAD 软件绘制建筑原始结构平面图，完成方案规划并绘制草图。理解中式餐厅空间的人流走动线，分清主通道与次通道。侧重考虑人行通道的空间位置、每个餐桌之间的距离、生理环境、心理环境和视觉环境，营造舒适的就餐环境与主题氛围，使客人在就餐时能有一种融入湘情文化的感觉。
6. 根据草图方案明确施工图绘图要求和时间节点，并制订一份施工图绘制工作计划。

工作成果：手绘原始结构图、CAD 原始结构图、市场调研报告。

学习成果：客户调查表，施工图绘制工作计划。

工作环节 2

方案设计

2

1. 根据前期的项目定位与调研，结合项目实际要求，完成方案草图绘制，主要包括平面布置图、立面图、节点大样图等。
2. 根据设计概念草图方案绘制出符合国家标准和规范的建筑平面布置图、地面材质图、顶棚布置图、灯具尺寸平面图、强电插座平面图、灯具开关连线图、砌筑平面图。
3. 根据新中式风格湘菜中餐厅的深化草图方案绘制出符合国家标准和规范的各空间主要立面图（收银台立面图、餐厅主造型立面图、包房立面图、水吧立面等）。
4. 根据绘制的节点草图绘制出节点剖面图、大样图。
5. 根据建筑平面图绘制出符合国家标准和规范的电气和冷热水管走向图、空调图及新风系统图。

工作环节3

审核修改

3

1. 提交全套施工图给设计组长进行审核，并根据反馈意见对施工图进行修改和完善。
2. 将效果图、施工图打印并装订成册。

工作成果：全套图纸定稿。

工作环节4

总结展示

4

1. 对审核通过的“湘香国色”餐饮空间全套施工图纸和效果图进行展示。
2. 总结制作过程中遇到的各种难点和问题，并分享项目制作中的收获。
3. 设计提案汇报。

工作成果：“湘香国色”餐饮空间提案（PPT）。

工作环节2

方案设计

2

6. 根据制图规范完成图纸目录并对整套施工图进行排版。
7. 制作至少四张表现主要场景的效果图。
8. 制作设计说明及工程造价表。

工作成果：项目手绘草图（平面布置图、立面图、空间效果图）、全套施工图初稿（目录、原始办公室户型图、平面布置图、地面材质图、顶棚图、灯具尺寸平面图、强电插座平面图、灯具开关连线图、砌筑平面图、立面图、剖面图、大样图、电气和冷热水管走向图、空调出入风定位图、主要场景效果图、工程造价表）。

学习成果：设计说明、材料做法表、材料分类表。

学习内容

知识点	1.1 餐饮空间现场测量尺寸技巧，了解商场与消防规定使用的材料； 1.2 中式餐饮空间结构有关知识、设计手法、设计要点； 1.3 餐饮空间施工图制作流程和技巧； 1.4 餐饮空间区域划分、功能布局，通道大小，空间形式的表达，空间形式的技术表现； 1.5 中式餐饮空间设计程序、设计原则、设计风格及主题的确定； 1.6 中国餐桌文化的解读与分析； 1.7 中国地域文化的类型和特征	2.1 平面施工图的常规绘图比例； 2.2 墙体改造； 2.3 中式餐饮空间识图及图纸规范； 2.4 中式餐饮空间草图绘制技巧和方法； 2.5 中式餐饮空间常见人体工程学尺寸、特殊尺寸、家具尺寸、室内交通流向； 2.6 准确地进行地面与墙面造型的设计搭配，明确空间的布局与功能性、空间的需求与价值及地面铺砖材料的表现方法；	2.7 中式餐饮空间灯具国家安装标准和标示的方法、顶棚图（造型、灯具、标高、材料说明）； 2.8 中式餐饮空间形式的技术表现（材料运用、色彩视觉、物理照明、特殊灯具的运用）； 2.9 中式餐饮空间常见灯具的国家安装标准和标注的方法 2.10 餐饮空间强电插座的国家安装标准和标注的方法； 2.11 餐饮空间电线、灯具国家安装标准和标注方法； 2.12 清拆墙体及新建墙体的尺寸定位	3.1 立面施工图的常规绘图比例； 3.2 建筑材料的立面图表现方法； 3.3 中式餐饮空间家具和墙面造型结构表现方法； 3.4 引线标注的方法； 3.5 尺寸和标高标注的方法
技能点	1.1 正确测量现场空间尺寸（定性测量和定位测量）； 1.2 按照现场的行走路线拍摄正确的现场照片； 1.3 手绘原始结构户型图（包括异形部位结构）； 1.4 根据手绘图用软件绘制出 CAD 原始结构图； 1.5 与设计师沟通，并参与制作客户调查表； 1.6 能理解设计师草图概念设计、初步设计构思、设计主题，并制订施工图绘制计划	2.1 按照国家绘图制图标准和规范熟练运用 AutoCAD 软件正确绘制原始户型图； 2.2 按照国家绘图制图标准和规范正确标注图纸，规范图纸绘制样式； 2.3 按照国家绘图制图标准和规范熟练运用 AutoCAD 软件正确绘制平面布置图；	2.4 按照国家绘图制图标准和规范正确绘制顶棚平面图； 2.5 按照国家绘图制图标准和规范正确绘制灯具尺寸平面图； 2.6 按照国家绘图制图标准和规范正确绘制强电插座平面图； 2.7 按照国家绘图制图标准和规范正确绘制灯具开关连线图； 2.8 按照国家绘图制图标准和规范正确绘制砌筑平面图	3.1 按照国家绘图制图标准和规范熟练运用 AutoCA 软件正确绘制前厅形象墙与等待区立面图； 3.2 按照国家绘图制图标准和规范熟练运用 AutoCA 软件正确绘制餐厅墙身造型立面图； 3.3 按照国家绘图制图标准和规范熟练运用 AutoCA 软件正确绘制包房墙身造型立面图；
工作环节	工作环节 1 获取信息，制订计划			方案设计 工作环节 2
成果	1.1 手绘原始结构图（带尺寸标注）； 1.2 CAD 软件制作原始结构图； 1.3 施工图绘制工作计划（及客户调查表、意向图）	2.1 原始户型图； 2.2 方案草图（平面布置草图、效果图草图）； 2.3 平面布置图； 2.4 地面材质图	2.5 顶棚平面图； 2.6 灯具尺寸平面图； 2.7 强电插座平面图； 2.8 灯具开关连线； 2.9 砌筑平面图	3.1 立面图
素养	1.1 解读信息的能力； 1.2 语言表达与沟通的能力	2.1 建筑装饰行业识图制图标准和规范； 2.2 现代与传统结合； 2.3 工艺美术		
	提高对地域文化的了解，传承中国传统文化			

学习任务 1　中式餐厅空间设计

	4.1 结构施工图的常规绘图比例和字高； 4.2 剖面标记符号的方法； 4.3 索引符号标注的方法； 4.4 剖面及大样图做法标注和尺寸标注的方法	5.1 电气图基本知识； 5.2 电气图形符号认知； 5.3 冷热水管的标识方法； 5.4 空调图图形符号与功率计算方法； 5.5 新风系统基本知识和图形符号； 5.6 中式餐饮空间效果图绘制的技巧和方法； 5.7 湖南地域文化中的特色家具与餐具，灯饰与工艺品特点	6.1 餐饮空间室内设计图纸索引与编排基础知识； 6.2 餐饮空间室内装修和电气施工设计说明编写技巧和方法； 6.3 中式餐饮空间常见五金配件的品牌、规格、市场价格，五金配件表格填写方法和注意事项； 6.4 中式餐饮空间常见材料（主材）的品牌、规格、市场价格，材料表格填写方法和注意事项； 6.5 中式餐饮空间常见洁具的品牌、规格、市场价格，洁具表格填写方法和注意事项	7.1 餐饮空间提案的制作方法和技巧； 7.2 餐饮空间设计提案的汇报技巧和方法
3.4 按照国家绘图制图标准和规范熟练运用 AutoCAD 软件正确绘制卫生间各立面图； 3.5 按照国家绘图制图标准和规范熟练运用 AutoCAD 软件正确绘制水吧造型立面图； 3.6 按照国家绘图制图标准和规范熟练运用 AutoCAD 软件正确绘制收银台造型立面图； 3.7 按照国家绘图制图标准和规范熟练运用 AutoCAD 软件正确绘制展示区立面图； 3.8 按照国家绘图制图标准和规范熟练运用 AutoCAD 软件正确绘制等待区立面图	4.1 按照国家绘图制图标准和规范熟练运用 AutoCAD 软件正确绘制吊顶和地面材料结构剖面图； 4.2 准确绘制各重点立面的造型结构剖面图及大样图； 4.3 按照国家绘图制图标准和规范熟练运用 AutoCAD 软件正确绘制各重点立面的形象造型墙体与餐饮企业标志结构剖面图及大样图	5.1 按照国家绘图制图标准和规范熟练运用 AutoCAD 软件正确绘制电气线路图（配电、开关、插座）； 5.2 按照国家绘图制图标准和规范熟练运用 AutoCAD 软件正确绘制水管走向图； 5.3 按照国家绘图制图标准和规范熟练运用 AutoCAD 软件正确绘制空调图； 5.4 按照国家绘图制图标准和规范熟练运用 AutoCAD 软件正确绘制新风系统图； 5.5 运用 3ds Max 软件绘制主要场景效果图	6.1 制作与编排图纸索引； 6.2 编写室内装修和电气施工设计说明； 6.3 编制五金配件表格； 6.4 编制材料表格； 6.5 编制洁具表格； 6.6 正确应用制图模板； 6.7 编制订造的家具图纸	7.1 制作项目设计总结 PPT 并进行汇报
			工作环节 3 **审核修改**	**工作环节 4** **总结展示**
	4.1 剖面图； 4.2 大样图	5.1 电气、冷热水管及排水走向图； 5.2 空调及新风系统图； 5.3 主要场景效果图	6.1 全套图纸定稿	7.1 总结 PPT
			6.1 认真细致、一丝不苟的态度	7.1 归纳、总结、分析的能力

餐饮空间设计

课程 5　餐饮空间设计

学习任务 1　中式餐厅空间设计

① 获取信息，制订计划　② 方案设计　③ 审核修改　④ 总结展示

	工作子步骤	教师活动	学生活动	评价
获取信息，制订计划	1. 解读任务书，手绘原始结构图。	1. 整顿课堂，向全体学生问好并进行考勤点名。	1. 整理仪容仪表，全体学生向教师问好。	1. 师评：教师点评学生回答问题的完整性和准确性。 2. 自评和互评：学生根据评价表自评和互评手绘原始结构图（通过小组自评挑选小组代表作品，再进行小组间互评）。 3. 师评：教师点评各小组手绘原始结构图（标注的准确性、完整性）。
		2. 教师发放餐饮空间 AutoCAD 施工图绘制任务书，进行学习任务情境模拟，引导学生解读任务书。	2. 学生解读任务书，用记号笔在任务书中标记关键信息，明确学习任务。	
		3. 用 PPT 展示问题，提出观看《餐饮空间设计流程》教学视频的规则和要求（观看视频，思考 PPT 上的问题），并监督学生观看。	3. 带着问题观看教学视频，思考 PPT 上展示的问题。	
		4. 抽选学生回答 PPT 上的问题（施工图制作流程）。	4. 回答 PPT 上展示的问题。	
		5. 发放问题卡片，提出观看教学视频《量房的技巧与方法》的规则和要求（观看视频，思考卡片上的问题）。	5. 查看卡片上的问题，带着卡片上的问题观看教学视频，了解量房的技巧与方法。	
		6. 监督并指导学生记录量房基本流程和技巧方法。	6. 记录量房的基本流程、技巧方法（20 分钟）。	
		7. 教师讲授中国餐桌文化及地域文化。	7. 听取教师讲授中国餐桌文化和地域文化。	
		8. 向各小组发放问题卡片，抽选各小组成员回答问题卡片上列出的问题。	8. 思考问题卡片上的问题，回答问题（量房的技巧和方法）。	
		9. 讲授原始结构户型图的绘制要点、技巧和方法（案例讲解）。	9. 听取教师讲授手绘原始结构户型图的要点、技巧和方法。	
		10. 演示原始结构户型图的绘制，并讲授基本步骤和方法。	10. 观摩教师手绘原始结构户型图的演示。	
		11. 布置原始结构图绘制任务并监督、指导学生完成。	11. 手绘原始结构户型图。	
		12. 发放手绘原始户型图评价表，组织各小组学生对手绘原始结构户型图进行自评和小组互评。	12. 小组自评、互评手绘原始结构户型图。	
		13. 教师对各小组的手绘原始结构图进行总结点评并指导学生进行修改完善。	13. 听取教师总评并修改完善原始结构户型图。	
		14. 教师讲授现场照片的拍摄技巧和方法。	14. 听取教师讲授现场照片的拍摄技巧与方法。	
		15. 抽选学生回答问题（现场拍摄的方法和技巧）。	15. 回答教师提出的问题。	
		16. 组织指导学生进行施工现场拍照。	16. 进行现场模拟拍照，记录施工现场重要位置节点。	
		17. 教师引导学生通过网络完成中国餐桌文化的解读与分析的学习。	17. 根据教师的引导，自主查阅资料，解读分析中国餐桌文化。	
		18. 教师用 PPT 讲授中国地域文化的分类和特征。	18. 学生听取教师讲授并做好笔记。	

课时： 4 课时

1. 硬资源：通用型计算机机房、互联网等。
2. 软资源：AutoCAD（2013 以上版本）、《餐饮空间施工图绘制任务书》、授课 PPT、参考教材、《餐饮空间设计流程》教学视频、问题卡片、《量房的技巧与方法》教学视频（教学资源包）、《手绘原始结构户型图的要点、技巧和方法》教学 PPT、手绘原始结构图自评表和互评表、手绘原始结构图教师评价表等。
3. 教学设施：投影仪、白板、交互式一体机等。

基准课时：40

1 获取信息，制订计划 → 2 方案设计 → 3 审核修改 → 4 总结展示

获取信息，制订计划

工作子步骤	教师活动	学生活动	评价
2. 绘制 CAD 原始结构图。	1. 对子任务 1（手绘原始草图和施工现场拍照）的工作完成情况进行回顾，并介绍子任务 2（绘制原始户型图）的工作内容、目标、要求。 2. 教师下发 CAD 常用工具快捷键及使用方法文字资料，并进行常用快捷键操作演示。 3. 演示并讲授绘制 CAD 原始结构户型图的基本步骤和方法。 4. 布置 CAD 原始结构图绘制任务并监督、指导学生。 5. 组织小组学生对 CAD 原始结构户型图进行自评和互评。 6. 教师对各小组的 CAD 原始结构图进行总结点评并指导学生进行修改完善。	1. 回顾子任务 1 的完成情况，听取教师介绍子任务 2 的工作内容、目标和要求等信息，明确子任务 2 的工作内容、目标和要求。 2. 自主阅读 CAD 常用工具快捷键及使用方法资料，标记关键词，并在计算机上进行快捷键的实操练习。 3. 观摩教师演示原始结构平面图的制作并记录步骤与方法。 4. 参考手绘原始结构图，利用 CAD 软件绘制 CAD 原始结构户型图。 5. 小组自评和互评 CAD 原始结构户型图。 6. 听取教师总评并修改完善 CAD 原始结构户型图。	1. 自评和互评：学生根据评价表自评和互评 CAD 原始结构图（通过小组自评挑选小组代表作品，再进行小组间互评）。 2. 师评：教师点评各小组 CAD 原始结构图。
1. 软资源：CAD 常用工具快捷键及使用方法资料、CAD 原始结构图自评表和互评表等。			
3. 填写施工图绘制计划表格。	1. 教师扮演设计师与助理设计师（学生扮演）进行沟通交流，告知其设计意图、施工图绘制要求等信息。 2. 教师点评学生活动。 3. 发放施工图绘制计划表并指导学生填写。 4. 对计划表进行点评并指导学生对计划表进行修改完善。	1. 学生扮演助理设计师与设计师（教师扮演）进行沟通，了解设计师设计意图、施工图绘制要求等信息（其他学生观察聆听）。 2. 听取教师点评并进行记录。 3. 填写施工图绘制计划表。 4. 听取教师点评并修改完善施工图制作计划表。	1. 师评：教师点评学生角色扮演活动。 2. 师评：教师点评施工图绘制工作计划。
1. 软资源：施工图绘制计划表等。			

餐饮空间设计

教学活动

课程 5　餐饮空间设计

学习任务 1　中式餐厅空间设计

1 获取信息，制订计划 → 2 方案设计 → 3 审核修改 → 4 总结展示

方案设计

工作子步骤	教师活动	学生活动	评价
1. 绘制平面布置图。	1. 发放施工图制图标准资料供学生学习，要求学生通过关键词法进行自我学习，并提出学习的规则和要求（时间 20 分钟，标记关键词、提问），采用旋转木马学习法强化学习内容。 2. 利用卡片法抽选每个小组代表回答卡片上提出的问题。 3. 展示提问，播放 CAD 常用图例制作教学视频。提出观看视频的规则和要求（要根据问题记录笔记、提问），监督观看过程。 4. 提出任务（家具、洁具等在 CAD 中的绘制练习）并巡回指导。 5. 讲授餐厅空间功能划分的原则与方法（案例讲授）。 6. 抽选学生回答问题。 7. 讲授平面布置图绘制技巧。 8. 观察并指导学生练习。 9. 发放平面布置图评价表，组织各小组学生对平面布置图进行自评和小组互评。	1. 自主学习施工图制图标准（关键词、旋转木马法）。 2. 回答教师提出的问题（CAD 国家制图标准）。 3. 观看 CAD 常用图例的表示方法教学视频并完成相应的练习。 4. 完成常用图例练习。 5. 听教师讲授空间功能分区的原则与方法，学习了解湘情文化及地域特点。 6. 回答教师提出的问题（空间功能分区原则和方法）。 7. 听教师讲授平面布置图绘制技巧。 8. 调用图库的图例并完成餐厅平面布置图。 9. 小组自评和互评平面布置图。	1. 师评：教师对抽选学生回答问题的完整性和准确性进行点评 2. 师评：教师点评各学生完成的 CAD 常用图例。 3. 自评和互评：各小组参照评价表对完成的平面布置图进行小组自评，挑选出小组代表作品，小组间再进行互评。 4. 师评：教师点评各小组平面布置图。
课时： 4 课时 1. 硬资源：通用型计算机机房、互联网等。 2. 软资源：AutoCAD（2013 以上版本）、施工图制图标准纸质资料、问题卡片、CAD 常用图例制作教学视频、平面布置图评价表等。 3. 教学设施：投影仪、白板、交互式一体机等。			
2. 绘制地面材质图。	1. 发放地面材质图例给学生学习。 2. 演示餐饮地面材质图的绘制。 3. 巡回指导学生完成任务。 4. 发放地面材质图评价表，组织各小组学生对地面材质图进行自评和小组互评。	1. 自主学习资料，掌握各类建材在 CAD 中的表示方法。 2. 观看教师演示餐饮地面材质图的绘制。 3. 完成餐饮空间的地面材质图。 4. 小组自评和互评地面材质图。	1. 自评和互评：各小组参照评价表对完成的地面材质图进行小组自评，挑选出小组代表作品，小组间再进行互评。 2. 师评：教师点评各小组地面材质图。
1. 软资源：地面材质图纸质资料、地面材质图评价表等。			

1 获取信息，制订计划 → 2 方案设计 → 3 审核修改 → 4 总结展示

方案设计

工作子步骤	教师活动	学生活动	评价
3. 绘制顶棚图。	1. 播放教学视频（标高的使用）并安排学生完成标高的绘制。 2. 教师发放各种顶棚的造型图纸资料给学生学习并提问。 3. 播放教学视频（灯具的表示方法）；提出观看视频的规则，监督观看过程。 4. 教师演示顶棚图的制作。 5. 巡回指导学生完成任务。 6. 发放顶棚图评价表，组织各小组学生对顶棚图进行自评和小组互评。	1. 观看教学视频（标高的使用），并练习标高的绘制。 2. 识读各类顶棚图纸，掌握各种吊顶及顶部造型的表示方法。 3. 观看视频学习各种灯具的表示方法。 4. 观看教师演示顶棚图的制作。 5. 完成顶棚图的绘制。 6. 小组自评和互评顶棚图。	1. 师评：教师点评学生回答问题的完整性和准确性 2. 自评和互评：各小组参照评价表对完成的顶棚图进行小组自评，挑选出小组代表作品，小组间再进行互评。 3. 师评：教师点评各小组顶棚图。
1. 软资源：标高的使用教学视频、顶棚图造型纸质资料、灯具的表现方法教学视频、顶棚图评价表等。			
4. 绘制立面图。	1. 教师演示引线标注的使用并安排学生完成引线标注的绘制练习。 2. 播放立面图绘制的教学视频并抽选学生提问。 3. 巡回指导学生完成立面图的绘制。 4. 发放立面图评价表，组织各小组学生对立面图进行自评和小组互评。	1. 观看教师演示引线标注的使用并完成引线标注的练习。 2. 观看立面图制作的教学视频，抽到提问的学生回答问题。 3. 完成立面图的绘制。 4. 小组自评和互评立面图。	1. 师评：教师点评学生回答问题的完整性和准确性. 2. 自评和互评：各小组参照评价表对完成的建筑立面图进行小组自评，挑选出小组代表作品，小组间再进行互评。 3. 师评：教师点评各小组的建筑立面图。
1. 软资源：引线的使用教学视频、立面图制作的教学视频、立面图评价表等。			

1 获取信息，制订计划　2 方案设计　3 审核修改　4 总结展示

阶段	工作子步骤	教师活动	学生活动	评价
方案设计	5. 绘制剖面图。	1. 发放吊顶材料图例给学生学习。 2. 演示吊顶剖面图的绘制。 3. 巡回指导学生完成任务。 4. 发放吊顶剖面图评价表，组织各小组学生对吊顶剖面图进行自评和小组互评。	1. 独立学习资料，掌握吊顶材料（轻钢龙骨、石膏线等）在 CAD 中的绘制方法。 2. 观看教师演示吊顶剖面图的绘制。 3. 完成吊顶剖面图的绘制。 4. 小组自评和互评吊顶剖面图。	1. 自评和互评：各小组参照评价表对完成的吊顶剖面图进行小组自评，挑选出小组代表作品，小组间再进行互评。 2. 师评：教师点评各小组吊顶剖面。
	1. 软资源：顶棚造型的电子图片及所需要的 CAD 文件 、吊顶剖面图评价表等。			
	6. 绘制大样图。	1. 播放家具大样图绘制教学视频并抽选学生提问。 2. 巡回指导学生完成任务。 3. 发放家具大样图评价表，组织各小组学生对家具大样图进行自评和小组互评。	1. 观看家具大样图绘制教学视频，掌握家具构造在 CAD 中的绘制方法；抽到提问的学生回答问题。 2. 完成家具大样图的绘制。 3. 小组自评和互评家具大样图。	1. 师评：教师点评学生回答问题的完整性和准确性。 2. 自评和互评：各小组参照评价表对完成的家具大样图进行小组自评，挑选出小组代表作品，小组间再进行互评。 3. 师评：教师点评各小组家具大样图。
	1. 硬资源：计算机等。 2. 软资源：家具大样图绘制教学视频、家具大样图评价表等。 3. 教学设施：多媒体投影仪等。			
	7. 绘制电气走向图。	1. 播放线路图符号制作的教学视频并抽选学生提问。 2. 演示电气线路图的绘制。 3. 巡回指导学生完成任务。 4. 发放电气走向图评价表，组织各小组学生对电气走向图进行自评和小组互评。	1. 观看线路图符号制作的教学视频，认识掌握电气线路图符号，抽到的学生回答问题。 2. 观看教师演示电气线路图的绘制。 3. 完成电气线路图的绘制。 4. 小组自评和互评电气走向图。	1. 师评：教师点评学生回答问题的完整性和准确。 2. 自评和互评：各小组参照评价表对完成的电气线路图进行小组自评，挑选出小组代表作品，小组间再进行互评。 3. 师评：教师点评各小组电气线路图。
	1. 软资源：线路图符号制作的教学视频、电气线路图评价表等。			

	工作子步骤	教师活动	学生活动	评价
方案设计	8. 绘制冷热水管走向图。	1. 播放水管走向图制作教学视频，并发放水位布置的任务。 2. 巡回指导学生完成任务。 3. 发放冷热水管走向图评价表，组织各小组学生对冷热水管走向图进行自评和小组互评。	1. 观看水管走向图制作教学视频，结合所学定好水位位置。 2. 完成水管走向图的绘制。 3. 小组自评和互评冷热水管走向图。	1. 自评和互评：各小组参照评价表对完成的水管走向图进行小组自评，挑选出小组代表作品，小组间再进行互评。 2. 师评：教师点评各小组水管走向图。
	1. 软资源：水管走向图制作的教学视频、冷热水管走向图评价表、效果图评价表等。			
	9. 绘制主要场景效果图。	1. 发放湘香国色餐厅效果图制作任务。 2. 巡回指导学生完成任务	1. 完成湘香国色餐厅的墙体框架模型。 2. 完成门头、大厅、包间材质与灯光设置。 3. 导入各类家具、装饰品模型。	1. 自评和互评：各小组参照评价表对完成的效果图进行小组自评，挑选出小组代表作品，小组间再进行互评。 2. 师评：教师点评各小组效果图。
审核修改	1. 检查图纸是否符合国家制图标准。	1. 发放图纸样表，提醒学生观察图纸的索引样表填写内容有哪些。 2. 指导学生编排与填写。 3. 要求学生下载制图模板。 4. 指导学生套用模板。 5. 组织学生自我检查施工图和效果图错误。 6. 指导学生改正图纸。 7. 检查学生提交的图纸是否齐全。	1. 图纸的索引与编排。 2. 观察图纸的索引样表填写内容有哪些，听取教师提醒，做好填写记录。 3. 编排图纸索引并填写样表。 4. 制图模板的运用。 5. 学生根据教师要求的尺寸，下载制图模板，套用模板。 6. 审核与修改。 7. 学生自我检查施工图有无错误和缺漏。 8. 修改图纸。 9. 提交施工图定稿。	1. 过程性评价：重点观察学生检查图纸细节和修改后的图是否正确。 2. 成果验收方式：学生提交电子版图纸。 3. 成果验收标准：电子版图纸是否齐全，是否符合国家制图标准。
	课时： 4 课时 1. 硬资源：通用型计算机机房、互联网等。 2. 软资源：工作页、参考教材、授课 PPT、图纸的索引样表、制图模板、餐饮空间施工图、《建筑工程施工质量评价标准》等。 3. 教学设施：投影仪、白板、交互式一体机等。			

学习任务 1 中式餐厅空间设计

1 获取信息，制订计划 → 2 方案设计 → 3 审核修改 → 4 总结展示

工作子步骤	教师活动	学生活动	评价
1. 制作整体餐饮空间施工图总结 PPT。	1. 分析制作餐饮空间施工图总结 PPT 的要点与要求（包括目录、原始户型图、平面布置图、地面材质图、顶棚图、立面图、剖面图、大样图、电气和冷热水管走向图）。	1. 听取教师讲授制作餐饮空间施工图总结 PPT 的要点、原则与要求。	1. 自评：各小组进行内部讨论和评比，评出小组中最优秀的施工图。
	2. 监督学生小组讨论。	2. 小组内部进行讨论，分析优点、发现缺点，提出改进方法，归纳、总结、分析、提炼施工图绘制要点。	2. 互评：各小组参照评价表对完成的整体餐饮空间施工总结 PPT 进行互评。
	3. 引导学生进行小组内成员的自评。	3. 各组进行小组内成员的自评，评出小组中最优秀的施工图。	3. 师评：教师听取各组的总结 PPT 演讲，参照点评表对其 PPT 进行深入点评并填写评分表。
	4. 引导学生总结 PPT 展示内容。	4. 各组根据组内最优秀的施工图制作总结 PPT，展示组员风采，并上台展示。	4. 师评：学生作品评价与评分。
	5. 组织各组进行互评。	5. 观看各组的总结演示，与自己的总结 PPT 进行对比，归纳出餐饮空间设计施工图的总体思路。	
	6. 对学生的编写思路和步骤进行适当的点评。	6. 对其他各组的总结 PPT 进行评价。	
	7. 总结餐饮空间施工图的绘制技巧和方法。	7. 认真记录教师对本组任务完成情况的点评。	
	8. 收集本任务完整的学习成果（手绘原始结构图、CAD 原始户型平面图、平面布置图、地面材质图、各层顶棚图、电视背景墙立面图、厨房立面图、卫生间立面图、吊顶剖面图、家具大样图、电气线路图、五金配件表格、图纸的索引、材料表格、洁具表格）和总结汇报 PPT，并按照优秀、中等、一般、差四个等级进行归类存档。		

总结展示

课时： 4 课时

1. 硬资源：通用型计算机机房、互联网等。
2. 软资源：工作页、参考教材、授课 PPT、《建筑工程施工质量评价标准》、Word（2007 以上版本）、施工图绘制总结 PPT 自评表、施工图绘制总结 PPT 互评表、学习任务总体评价表等。
3. 教学设施：投影仪、白板、交互式一体机等。

基准课时：40

学习任务 2　西式餐厅空间设计

任务描述

学习任务课时：40 课时

任务情境：

某学校室内装饰设计工作室承接了一个西式餐饮空间的设计项目，现需制作整套设计方案，要求在 20 天内完成这个项目的全套 CAD 施工图和效果图的绘制任务。具体要求如下：客户希望采用“中西文化融合”的设计理念，运用中西方文化差异，融入中西设计手法规划空间，餐厅设计融合中西餐桌文化及中西工艺设计元素。充分利用提供的室内空间关系，表达西餐厅餐饮空间的商业氛围。本方案平面为临街商用 2 层建筑，本次设计内容只限于室内净空间及餐厅正立面店面设计。餐厅净高 4200 mm，梁高 500 mm，厨房部分不需设计，应充分利用设计元素，突出设计理念，同时注意材料的选择，所有施工图纸要符合国家建筑制图标准和规范。

具体要求见下页。

BURGERFACTORY
HERE AND NOW
customized your own burger
FAST FO

工作流程和标准

工作环节 1

获取信息，制订计划

1

1. 设计师带领助理设计师到施工现场与业主进行沟通并进行量房和现场拍照，手绘建筑原始结构图，记录相关数据和管线梁柱等部位，了解项目基本情况。
2. 协助设计师做好客户调查表（企业的概况、经营规模、经营理念、品牌策略、餐饮发展的方向、公司的管理模式、客户的空间要求和审美要求、装修面积、装修风格、装修预算、预计工期等）。
3. 前往所在的商业建筑物业管理处获取相关的设计装修须知和提交图纸的相关要求。
4. 分析整理企业的概况、经营规模、经营理念、品牌策略及餐饮发展的方向，进行设计方案的初步策划和对平面进行大概的布置（包括与客户密切的沟通、区域的划分明确性、中西融合的墙面造型布置、主题元素的运用等）。
5. 利用 CAD 软件绘制建筑原始结构平面图，完成后交给设计师做方案规划并绘制草图，助理设计师要积极和设计师沟通。理解西式餐厅空间的人流走动线，分清主通道与次通道。侧重考虑人行通道的空间位置、每个餐桌之间的距离、生理环境、心理环境和视觉环境，营造舒适的就餐环境与主题氛围，使客人在就餐时能融入设计手法所营造的氛围中。
6. 根据设计师的草图方案明确施工图绘图要求和时间节点，并制订一份施工图绘制工作计划。

工作成果：手绘原始结构图、CAD 原始结构图。

学习成果：客户调查表，施工图绘制工作计划。

工作环节 2

方案设计

2

1. 根据设计师提供的概念草图方案绘制出符合国家标准和规范的建筑平面布置图、地面材质图、顶棚布置图、灯具尺寸平面图、强电插座平面图、灯具开关连线图、砌筑平面图。
2. 根据设计师提出的深化草图方案绘制出符合国家标准和规范的各空间主要立面图（收银台立面图、餐厅主造型立面图、包房立面图、水吧立面图、展示区立面图、留影区立面图等）。
3. 与设计师沟通，确定空间主要设计节点，根据设计师绘制的节点草图绘制出节点剖面图、大样图。
4. 根据建筑平面图绘制出符合国家标准和规范的电气和冷热水管走向图、空调图及新风系统图。
5. 根据制图规范完成图纸目录并对整套施工图进行排版。
6. 制作至少四张表现主要场景效果图。

学习任务 2　西式餐厅空间设计

工作环节 3

审核修改

3

1. 提交全套施工图给设计师进行审核，并根据设计师的反馈意见对施工图进行修改和完善。
2. 将效果图打印并装订成册。

工作成果：全套图纸（定稿）。

工作环节 4

总结展示

4

1. 对审核通过的西餐厅餐饮空间全套施工图纸和效果图进行展示。
2. 总结制作过程中遇到的各种难点和问题，并分享项目制作中的收获。

工作成果：总结汇报 PPT。

工作环节 2

方案设计

2

7. 制作设计说明、工程材料做法表、材料分类表。

工作成果：全套施工图初稿（目录、原始西式餐厅户型图、平面布置图、地面材质图、顶棚图、灯具尺寸平面图、强电插座平面图、灯具开关连线图、砌筑平面图、立面图、剖面图、大样图、电气和冷热水管走向图、空调出入风定位图、主要场景效果图）。

学习成果：设计说明、材料做法表、材料分类表。

学习内容

知识点	1.1 现场测量尺寸技巧，了解商场与消防规定使用的材料； 1.2 西式餐饮空间结构有关知识、设计手法、设计要点； 1.3 西式餐饮空间施工图制作流程和技巧； 1.4 西式餐饮空间划分、功能布局，空间形式的表达，空间形式的技术表现； 1.5 餐饮空间设计程序、设计原则、设计风格及主题的确定	2.1 平面施工图的常规绘图比例； 2.2 墙体改造； 2.3 西式餐厅空间识图及图纸规范； 2.4 西式餐厅空间人体工程学尺寸，特殊尺寸，家具尺寸，室内交通流向； 2.5 西式餐厅空间正确地配搭地面与墙身造型，明确空间之间的划分，功能划分，空间需求与价值，主次区分，立面造型，地面铺装材料的表现方法；	2.6 西式餐厅空间灯具国家安装标准和标示的方法、顶棚图（造型、灯具、标高、材料说明）； 2.7 西式餐厅空间形式的技术表现（中国设计元素材料的运用，色彩视觉，物理照明、特殊灯具的运用）； 2.8 西式餐厅空间常见灯具的国家安装标准和标示方法； 2.9 餐饮空间强电插座的国家安装标准和标示方法； 2.10 餐饮空间电线、灯具国家安装标准和标注方法； 2.11 清拆墙体及新建墙体的尺寸定位	3.1 立面施工图的常规绘图比例 3.2 建筑材料的立面图表现方法 3.3 家具和墙面造型结构表现方法； 3.4 引线标注的方法； 3.5 尺寸和标高标注的方法
技能点	1.1 正确测量现场空间尺寸（定性测量和定位测量）； 1.2 按照现场的行走路线拍摄正确的现场照片； 1.3 手绘原始结构户型图（包括异形部位结构）； 1.4 根据手绘图用软件绘制出 CAD 原始结构图； 1.5 与设计师沟通，并参与制作客户调查表； 1.6 能理解设计师草图概念设计、初步设计构思、设计主题，并制订施工图绘制计划	2.1 按照国家绘图制图标准和规范熟练运用 AutoCAD 软件正确绘制原始户型图； 2.2 按照国家制图标准和规范正确标注图纸，规范图纸绘制样式； 2.3 按照国家绘图制图标准和规范熟练运用 AutoCAD 软件正确绘制平面布置图； 2.4 按照国家绘图制图标准和规范熟练运用 AutoCAD 软件正确绘制平面布置图； 2.5 按照国家绘图制图标准和规范熟练运用 AutoCAD 软件正确绘制顶棚平面图；	2.6 按照国家绘图制图标准和规范熟练运用 AutoCAD 软件正确绘制灯具尺寸平面图； 2.7 按照国家绘图制图标准和规范熟练运用 AutoCAD 软件正确绘制强电插座平面图； 2.8 按照国家绘图制图标准和规范熟练运用 AutoCAD 软件正确绘制灯具开关连线图； 2.9 按照国家绘图制图标准和规范熟练运用 AutoCAD 软件正确绘制砌筑平面图	3.1 准确绘制前厅形象墙与等待区立面图； 3.2 准确绘制餐厅墙身造型立面图； 3.3 准确绘制包房墙身造型立面图； 3.4 准确绘制卫生间各立面图； 3.5 准确绘制水吧造型立面图； 3.6 准确绘制收银台造型立面图； 3.7 准确绘制展示区立面图； 3.8 准确绘制等待区立面图
工作环节	工作环节 1 获取信息，制订计划			方案设计 工作环节 2
成果	1.1 手绘原始结构图； 1.2 CAD 软件制作原始结构图； 1.3 施工图绘制工作计划（及客户调查表）	2.1 原始户型图； 2.2 平面布置图； 2.3 地面材质图； 2.4 顶棚平面； 2.5 灯具尺寸平面图	2.6 强电插座平面图； 2.7 灯具开关连线图； 2.8 砌筑平面图	3.1 立面图
素养	1.1 解读信息的能力； 1.2 语言表达与沟通的能力； 1.3 国际视野（文化融合）	熟悉建筑装饰行业识图制图标准和规范 具备将中西工艺设计元素融合的能力		

4.1 结构施工图的常规绘图比例和字高； 4.2 剖面标记符号的方法； 4.3 索引符号标注的方法； 4.4 剖面及大样图做法标注和尺寸标注的方法	5.1 电气图基本知识； 5.2 电气图形符号认知； 5.3 冷热水管的标识方法； 5.4 空调图图形符号与功率计算方法； 5.5 新风系统基本知识和图形符号； 5.6 西式餐厅空间效果图绘制的技巧和方法； 5.7 运用 3ds Max 软件绘制主要场景效果图； 5.8 中西工艺设计元素的使用方法； 5.9 中式工艺品融入西式餐厅的方法	6.1 餐饮空间室内设计图纸索引与编排基础知识； 6.2 餐饮空间室内装修和电气施工设计说明编写技巧和方法； 6.3 西式餐厅空间常见五金配件的品牌、规格、市场价格，五金配件表格填写方法和注意事项； 6.4 西式餐厅空间常见材料（主材）的品牌、规格、市场价格，材料表格填写方法和注意事项； 6.5 西式餐厅空间常见洁具的品牌、规格、市场价格，洁具表格填写方法和注意事项	7.1 西式餐厅空间设计提案的制作方法和技巧； 7.2 西式餐厅空间设计提案的汇报技巧和方法
4.1 准确绘制吊顶和地面材料结构剖面图； 4.2 准确绘制各重点立面的造型结构剖面图及大样图； 4.3 准确绘制各重点立面的形象造型墙体与餐饮企业标志结构剖面图及大样图	5.1 按照规范绘制电气线路图（配电、开关、插座）； 5.2 按照规范和标准绘制水管走向图； 5.3 按照规范和标准绘制空调图； 5.4 按照规范和标准绘制新风系统图； 5.5 运用 3ds Max 软件绘制主要场景效果图	6.1 制作与编排图纸索引； 6.2 编写室内装修和电气施工设计说明； 6.3 编制五金配件表格； 6.4 编制材料表格； 6.5 编制洁具表格； 6.6 正确应用制图模板； 6.7 编制订造的家具图纸	7.1 制作项目设计总结 PPT 并进行汇报

4.1 剖面图； 4.2 大样图	5.1 电气、冷热水管及排水走向图； 5.2 空调及新风系统图； 5.3 主要空间效果图	6.1 全套图纸定稿	7.1 总结 PPT
			7.1 归纳、总结、分析的能力
	5.1 掌握将中式工艺品融入西式设计的方法，提升文化融合意识与设计表达能力		

餐饮空间设计

学习任务 2　西式餐厅空间设计

1 获取信息，制订计划　2 方案设计　3 审核修改　4 总结展示

获取信息，制订计划

工作子步骤	教师活动	学生活动	评价
1. 解读任务书，手绘原始结构图。	1. 整顿课堂，向全体学生问好并进行考勤点名。 2. 教师发放西式餐饮空间 CAD 施工图绘制任务书，进行学习任务情境模拟，引导学生解读任务书。 3. 用 PPT 展示问题，提出观看《西式餐饮空间设计流程》教学视频的规则和要求，并监督学生观看。 4. 抽选学生回答 PPT 上的问题。 5. 发放问题卡片，提出观看教学视频《量房的技巧与方法》的规则和要求。 6. 监督并指导学生记录量房的基本流程和技巧方法。 7. 向各小组发放问题卡片，抽选各小组成员回答问题卡片上列出的问题。 8. 讲授原始结构户型图的绘制要点、技巧和方法。 9. 演示原始结构户型图的绘制，并讲授基本步骤和方法。 10. 布置原始结构图绘制任务并监督、指导学生完成。 11. 发放手绘原始户型图评价表，组织各小组学生对手绘原始结构户型图进行自评和小组互评。 12. 教师对各小组的手绘原始结构图进行总结点评并指导学生进行修改完善。 13. 教师讲授现场照片的拍摄技巧和方法。 14. 抽选学生回答问题（现场拍摄的方法和技巧）。 15. 组织指导学生进行施工现场拍照。	1. 整理仪容仪表，全体学生向老师问好。 2. 学生解读任务书，用记号笔在任务书中标记关键信息，明确学习任务。 3. 带着问题观看教学视频，思考 PPT 上展示的问题。 4. 回答 PPT 上展示的问题。 5. 查看卡片上的问题，带着卡片上的问题观看教学视频，了解量房的技巧与方法。 6. 记录量房的基本流程和技巧方法。 7. 思考问题卡片上的问题，回答问题（量房的技巧和方法）。 8. 听取教师讲授手绘原始结构户型图的要点、技巧和方法。 9. 观摩教师手绘原始结构户型图的演示。 10. 完成手绘原始结构户型图。 11. 小组自评、互评手绘原始结构户型图。 12. 听取教师总评并修改完善原始结构户型图。 13. 听取教师讲授现场照片的拍摄技巧与方法。 14. 回答教师提出的问题。 15. 进行现场模拟拍照，记录施工现场重要位置节点。	1. 师评：教师点评学生回答问题的完整性和准确性。 2. 自评和互评：学生根据评价表自评和互评手绘原始结构图，通过小组自评挑选小组代表作品，再进行小组间互评。 3. 师评：教师点评各小组手绘原始结构图（标注的准确性、完整性）。

课时： 4 课时

1. 硬资源：通用型计算机机房、互联网等。
2. 软资源：AutoCAD（2013 以上版本）、《餐饮空间施工图绘制任务书》、授课 PPT、参考教材、《餐饮空间设计流程》教学视频、问题卡片、《量房的技巧与方法》教学视频（教学资源包）、《手绘原始结构户型图的要点、技巧和方法》教学 PPT、手绘原始结构图自评表和互评表、手绘原始结构图教师评价表等。
3. 教学设施：投影仪、白板、交互式一体机等。

1 获取信息，制订计划　2 方案设计　3 审核修改　4 总结展示

获取信息，制订计划

工作子步骤	教师活动	学生活动	评价
2. 绘制 CAD 原始结构图。	1. 对子任务 1（手绘原始草图和施工现场拍照）的工作完成情况进行回顾，并介绍子任务 2（绘制原始户型图）的工作内容、目标、要求。 2. 教师下发 CAD 常用工具快捷键及使用方法文字资料，并进行常用快捷键操作演示。 3. 演示并讲授绘制 CAD 原始结构户型图的基本步骤和方法。 4. 布置 CAD 原始结构图绘制任务并监督、指导学生完成。 5. 组织小组学生对 CAD 原始结构户型图进行自评和互评。 6. 教师对各小组的 CAD 原始结构图进行总结点评并指导学生进行修改完善。	1. 回顾子任务的完成情况，听取教师介绍子任务的工作内容、目标和要求等信息，明确子任务的工作内容、目标和要求。 2. 自主阅读 CAD 常用工具快捷键及使用方法资料，标记关键词，并在计算机上进行快捷键的实操练习。 3. 观摩教师演示原始结构平面图的制作并记录步骤与方法。 4. 参考手绘原始结构图利用 CAD 软件绘制 CAD 原始结构户型图。 5. 小组自评和互评 CAD 原始结构户型图。 6. 听取教师总评并修改完善 CAD 原始结构户型图。	1. 自评和互评：学生根据评价表自评和互评 CAD 原始结构图，通过小组自评挑选小组代表作品，再进行小组间互评。 2. 师评：教师点评各小组 CAD 原始结构图。
课时： 2 课时 1. 软资源：CAD 常用工具快捷键及使用方法资料、CAD 原始结构图自评表和互评表等。			
3. 填写施工图绘制计划表格。	1. 教师扮演设计师与助理设计师（学生扮演）进行沟通交流，告知其设计意图、施工图绘制要求等信息。 2. 教师点评学生活动。 3. 发放施工图绘制计划表并指导学生填写。 4. 对计划表进行点评并指导学生对计划表进行修改完善。	1. 学生扮演助理设计师与设计师进行沟通，了解设计师设计意图、施工图绘制要求等信息。 2. 听取教师点评并进行记录。 3. 填写施工图绘制计划表。 4. 听取教师点评并修改完善施工图制作计划表。	1. 师评：教师点评学生角色扮演活动。 2. 师评：教师点评施工图绘制工作计划。
课时： 2 课时 1. 软资源：施工图绘制计划表等。			

学习任务 2 西式餐厅空间设计

1 获取信息，制订计划 → 2 方案设计 → 3 审核修改 → 4 总结展示

方案设计

工作子步骤	教师活动	学生活动	评价
1. 绘制原始户型图。	1. 发放施工图制图标准资料给学生，要求学生通过关键词法进行自我学习，并提出学习的规则和要求，采用旋转木马学习法强化学习内容。 2. 利用卡片法抽选每个小组代表回答卡片上提出的问题。 3. 展示提问，播放 CAD 常用图例制作教学视频。提出观看视频的规则和要求（要根据问题记录笔记、提问），监督观看过程。 4. 提出任务（家具、洁具等在 CAD 中的绘制练习）并巡回指导。 5. 讲授西式用餐礼仪。	1. 自主学习施工图制图标准（关键词、旋转木马法）。 2. 回答教师提出的问题（CAD 国家制图标准）。 3. 观看 CAD 常用图例的表示方法教学视频并完成相应的练习。 4. 完成常用图例练习。 5. 听取教师教授西式用餐礼仪。	1. 师评：教师对抽选学生回答问题的完整性和准确性进行点评。 2. 师评：教师点评各学生完成的 CAD 常用图例。
课时： 2 课时 1. 硬资源：通用型计算机机房、互联网等。 2. 软资源：AutoCAD（2013 以上版本）、施工图制图标准纸质资料、问题卡片、CAD 常用图例制作教学视频等。 3. 教学设施：投影仪、白板、交互式一体机等。			
2. 绘制平面布置图。	1. 讲授空间功能划分的原则与方法。 2. 抽选学生回答问题。 3. 讲授平面布置图绘制技巧。 4. 观察并指导学生练习。 5. 发放平面布置图评价表，组织各小组学生对平面布置图进行自评和小组互评。	1. 听教师讲授空间功能分区的原则与方法。 2. 回答教师提出的问题（空间功能分区原则和方法）。 3. 完成固定家具的创建。 4. 调用图库的图例并完成餐厅平面布置图。 5. 小组自评和互评平面布置图。	1. 师评：教师点评学生回答问题的完整性和准确性。 2. 自评和互评：各小组参照评价表对完成的平面布置图进行小组自评，挑选出小组代表作品，小组间再进行互评。 3. 师评：教师点评各小组平面布置图。
课时： 2 课时 1. 软资源：平面布置图评价表等。			
3. 绘制地面材质图。	1. 发放地面材质图例给学生学习。 2. 演示餐饮空间地面材质图的绘制。 3. 巡回指导学生完成任务。 4. 发放地面材质图评价表，组织各小组学生对地面材质图进行自评和小组互评。 5. 教师讲解如何在西餐厅设计空间里加入中国设计元素。	1. 自主学习资料，掌握各类建材在 CAD 中的表示方法。 2. 观看教师演示餐饮空间地面材质图的绘制。 3. 完成餐饮空间的地面材质图。 4. 小组自评和互评地面材质图。 5. 学生收集中国设计元素材料。	1. 自评和互评：各小组参照评价表对完成的地面材质图进行小组自评，挑选出小组代表作品，小组间再进行互评。 2. 师评：教师点评各小组地面材质图。
课时： 2 课时 1. 软资源：地面材质图纸质资料、地面材质图评价表等。			

工作子步骤	教师活动	学生活动	评价
4. 绘制顶棚平面图。	1. 播放教学视频（标高的使用）并安排学生完成标高的绘制。 2. 教师发放各种顶棚的造型图纸资料给学生学习并提问。 3. 播放教学视频（灯具的表示方法），提出观看视频的规则，监督学生观看。 4. 教师演示顶棚图的制作。 5. 巡回指导学生完成任务。 6. 发放顶棚图评价表，组织各小组学生对顶棚图进行自评和小组互评。	1. 观看教学视频（标高的使用），并练习标高的绘制。 2. 观看各类顶棚图纸，掌握各种吊顶及顶部造型的表示方法。 3. 观看视频，学习各种灯具的表示方法。 4. 观看教师演示顶棚图的制作。 5. 完成顶棚图的绘制。 6. 小组自评和互评顶棚图	1. 师评：教师点评学生回答问题的完整性和准确性。 2. 自评和互评：各小组参照评价表对完成的顶棚图进行小组自评，挑选出小组代表作品，小组间再进行互评。 3. 师评：教师点评各小组顶棚图。
课时： 2 课时 1. 软资源：标高的使用教学视频、顶棚图造型纸质资料、灯具的表现方法教学视频、顶棚图评价表等。			
5. 绘制灯具尺寸平面图。	1. 播放教学视频并安排学生完成尺寸标注的绘制。 2. 教师发放各种顶棚造型灯具尺寸标注的图纸资料给学生学习并提问。 3. 播放教学视频（灯具尺寸标注的表示方法），提出观看视频的规则，监督观看过程。 4. 教师演示灯具尺寸平面图的制作。 5. 巡回指导学生完成任务。 6. 组织各小组自评和互评灯具尺寸平面图。	1. 观看教学视频（标注的使用），并练习标注的绘制。 2. 观看各类灯具标注图纸，掌握各种顶棚造型的灯具标注方法。 3. 观看视频学习各种灯具的表示方法。 4. 观看教师演示灯具尺寸平面图的制作。 5. 完成灯具尺寸平面图的绘制。 6. 小组自评和互评灯具尺寸平面图。	师评：教师点评学生回答问题的完整性和准确性。
课时： 2 课时 1. 软资源：标高的使用教学视频、灯具尺寸平面图造型纸质资料、灯具尺寸平面图案例、灯具的表现方法教学视频等。			

学习任务 2　西式餐厅空间设计

1 获取信息，制订计划 → 2 方案设计 → 3 审核修改 → 4 总结展示

方案设计

工作子步骤	教师活动	学生活动	评价
6. 强电插座平面图绘制。	1. 播放教学视频并安排学生完成强电插座图的绘制。 2. 教师发放各种强电插座图纸资料给学生学习并提问。 3. 播放教学视频，提出观看视频的规则，监督观看过程。 4. 教师演示强电插座的制作。 5. 巡回指导学生完成任务。 6. 发放强电插座图评价表，组织各小组进行自评和互评。	1. 观看教学视频并练习强电插座图的绘制。 2. 识读各类强电插座布置图纸，掌握各种强电图的绘制方法。 3. 观看视频学习各种强电插座的表示方法。 4. 观看教师演示强电插座图的制作。 5. 完成强电插座图的绘制。 6. 小组自评和互评强电插座图的绘制。	师评：教师点评学生回答问题的完整性和准确性。
课时： 2 课时 1. 软资源：强电插座图绘制使用教学视频、强电插座绘制图纸质资料等。			
7. 灯具连线图绘制。	1. 播放教学视频并安排学生完成灯具连线图的绘制。 2. 教师发放各种灯具连线图纸资料给学生学习并提问。 3. 播放教学视频，提出观看视频的规则，监督观看过程。 4. 教师演示灯具连线图的制作。 5. 巡回指导学生完成任务。 6. 发放灯具连线图评价表，组织各小组进行自评和互评。	1. 观看教学视频并练习灯具连线图的绘制。 2. 识读各类灯具连线图纸，掌握各种灯具连线图的绘制方法。 3. 观看视频，学习各种灯具连线图的表示方法。 4. 观看教师演示灯具连线图的制作。 5. 完成灯具连线图的绘制。 6. 小组自评和互评灯具连线图的绘制。	师评：教师点评学生回答问题的完整性和准确性。
课时： 2 课时 1. 软资源：灯具连线图绘制使用教学视频、灯具连线图纸质资料等。			

工作子步骤	教师活动	学生活动	评价
8. 绘制砌筑平面图。	1. 播放教学视频并安排学生完成砌筑平面图的绘制。 2. 教师发放各种砌筑平面图纸资料给学生学习并提问。 3. 播放教学视频，提出观看视频的规则，监督观看过程。 4. 教师演示砌筑平面图的制作。 5. 巡回指导学生完成任务。 6. 发放砌筑平面图评价表，组织各小组进行自评和互评。	1. 观看教学视频并练习砌筑平面图的绘制。 2. 识读各类砌筑平面图纸，掌握各种砌筑平面图的绘制方法。 3. 观看视频学习各种砌筑平面图的表示方法。 4. 观看教师演示砌筑平面图的制作。 5. 完成砌筑平面图的绘制。 6. 小组自评和互评砌筑平面图的绘制。	师评：教师点评学生回答问题的完整性和准确性。
课时： 2 课时 1. 软资源：砌筑平面图绘制使用教学视频、砌筑相关案例、砌筑平面图纸质资料等。			
9. 绘制立面图。	1. 教师演示引线标注的使用并安排学生完成引线标注的绘制练习。 2. 播放各个功能区立面图绘制的教学视频并抽选学生提问。 3. 巡回指导学生完成立面图的绘制。 4. 发放立面图评价表，组织各小组学生对立面图进行自评和小组互评。	1. 观看教师演示引线标注的使用并完成引线标注的练习。 2. 观看各个功能区立面图制作的教学视频，抽到的学生回答问题。 3. 完成立面图的绘制。 4. 小组自评和互评立面图。	1. 师评：教师点评学生回答问题的完整性和准确性 2. 自评和互评：各小组参照评价表对完成的建筑立面图进行小组自评，挑选出小组代表作品，小组间再进行互评。 3. 师评：教师点评各小组建筑立面图，对优秀作业给予相应的鼓励，课后加强练习绘制。
课时： 8 课时 1. 软资源：引线的使用教学视频、立面图制作的教学视频、立面图评价表等。			

学习任务 2　西式餐厅空间设计

1 获取信息，制订计划　2 方案设计　3 审核修改　4 总结展示

方案设计

工作子步骤	教师活动	学生活动	评价
10. 绘制剖面图。	1. 发放吊顶材料图例给学生学习。 2. 演示吊顶以及重点立面的造型结构剖面图的绘制。 3. 巡回指导学生完成任务。 4. 发放吊顶剖面图评价表，组织各小组学生对吊顶剖面图进行自评和小组互评。	1. 独立学习资料，掌握吊顶材料（轻钢龙骨、石膏线等）在 CAD 中的绘制方法。 2. 观看教师演示吊顶剖面图的绘制。 3. 完成吊顶剖面图的绘制。 4. 小组自评和互评吊顶剖面图。	1. 自评和互评：各小组参照评价表对完成的吊顶剖面图进行小组自评，挑选出小组代表作品，小组间再进行互评。 2. 师评：教师点评各小组吊顶剖面图。
课时： 6 课时 1. 软资源：顶棚造型和各个造型的剖面图的电子图片及所需要的 CAD 文件、吊顶剖面图和各个造型剖面图评价表等。			
11. 绘制大样图。	1. 播放家具大样图绘制教学视频并抽选学生提问。 2. 巡回指导学生完成任务。 3. 发放家具大样图评价表，组织各小组学生对家具大样图进行自评和小组互评。	1. 观看家具大样图绘制教学视频，掌握家具构造在 CAD 中的绘制方法，抽到的学生回答问题。 2. 完成家具大样图的绘制。 3. 小组自评和互评家具大样图。	1. 师评：教师点评学生回答问题的完整性和准确性。 2. 自评和互评：各小组参照评价表对完成的家具大样图进行小组自评，挑选出小组代表作品，小组间再进行互评。 3. 师评：教师点评各小组家具大样图。
课时： 6 课时 1. 软资源：家具大样图绘制教学视频、家具大样图评价表等。			
12. 电气、冷热水管及排水走向图。	1. 播放线路图符号制作的教学视频并抽选学生提问。 2. 演示电气线路图的绘制。 3. 巡回指导学生完成任务。 4. 发放电气走向图评价表，组织各小组学生对电气走向图进行自评和小组互评。	1. 观看线路图符号制作的教学视频，认识掌握电气线路图符号，抽到的学生回答问题。 2. 观看教师演示电气线路图的绘制。 3. 完成电气线路图的绘制。 4. 小组自评和互评电气走向图。	1. 师评：教师点评学生回答问题的完整性和准确性。 2. 互评：各小组参照评价表对完成的电气线路图进行小组自评，挑选出小组代表作品，小组间再进行互评。 3. 师评：教师点评各小组电气线路图。
课时： 4 课时 1. 软资源：线路图符号制作的教学视频、电气线路图评价表等。			

方案设计

工作子步骤	教师活动	学生活动	评价
13. 空调及新风系统图。	1. 播放空调及新风系统图制作教学视频，并布置空调及新风系统图绘制任务。 2. 巡回指导学生完成任务。 3. 发放空调及新风系统图评价表，组织各小组学生对空调及新风系统图进行自评和小组互评。	1. 观看空调及新风系统图制作教学视频。 2. 完成空调及新风系统图绘制。 3. 小组自评和互评空调及新风系统图。	1. 自评和互评：各小组参照评价表对完成的空调及新风系统图进行小组自评，挑选出小组代表作品，小组间再进行互评。 2. 师评：教师点评各小组空调及新风系统图。
课时： 2 课时 1. 软资源：空调及新风系统图制作的教学视频、空调及新风系统图评价表等。			
14. 绘制主要空间效果图。	1. 播放效果图制作教学视频，并布置效果图绘制任务。 2. 巡回指导学生完成任务。 3. 发放效果图评价表，组织各小组学生对效果图进行自评和小组互评。 4. 教师展示能体现各类中西合璧的效果图。 5. 教师讲解融入中式工艺的技巧和方法。	1. 观看效果图制作教学视频 。 2. 完成效果图绘制。 3. 小组自评和互评效果图。 4. 学生在渲染效果图的过程中，寻找中西工艺设计元素的使用表现方式。 5. 学生学习将中式工艺融入西式工艺的方法。	1. 自评和互评：各小组参照评价表对完成的效果图进行小组自评，挑选出小组代表作品，小组间再进行互评。 2. 师评：教师点评各小组效果图。
课时： 10 课时 1. 软资源：效果图制作的教学视频、效果图评价表等。			

学习任务 2　西式餐厅空间设计

1 获取信息，制订计划　2 方案设计　3 审核修改　4 总结展示

	工作子步骤	教师活动	学生活动	评价
审核修改	1. 检查图纸是否符合国家制图标准。	1. 发放图纸样表，提醒学生观察图纸的索引样表填写内容有哪些。 2. 指导学生编排与填写。 3. 要求学生下载制图模板。 4. 指导学生套用模板。 5. 组织学生自我检查施工图错误。 6. 指导学生改正图纸。 7. 检查学生提交的施工图纸是否齐全。	1. 图纸的索引与编排。 2. 观察图纸的索引样表填写内容有哪些，听取教师提醒，做好填写记录。 3. 编排图纸索引并填写样表。 4. 制图模板的运用。 5. 学生根据教师要求的尺寸，下载制图模板。 6. 套用模板。 7. 审核与修改。 8. 学生自我检查施工图有无错误和缺漏。 9. 修改图纸。 10. 提交施工图定稿。	1. 过程性评价：重点观察学生检查图纸细节和修改后的图是否正确。 2. 成果验收方式：学生提交电子版图纸。 3. 成果验收标准：电子版图纸是否齐全，是否符合国家制图标准。

课时： 2 课时
1. 硬资源：通用型计算机机房、互联网等。
2. 软资源：工作页、参考教材、授课 PPT、图纸的索引样表、制图模板、餐饮空间施工图、《建筑工程施工质量评价标准》等。
3. 教学设施：投影仪、白板、交互式一体机等。

	工作子步骤	教师活动	学生活动	评价
总结展示	1. 制作整体餐饮空间施工图总结 PPT。	1. 分析制作餐饮空间施工图总结 PPT 的要点与要求。 2. 监督学生小组讨论。 3. 引导学生进行小组内成员的自评。 4. 引导学生进行总结 PPT 展示。 5. 组织各组进行互评。	1. 听取教师讲授制作餐饮空间施工图总结 PPT 的要点、原则与要求。 2. 组长组织小组成员进行讨论，分析优点、发现缺点，提出改进方法，归纳、总结、分析、提炼施工图绘制要点。 3. 各组进行小组内成员的自评，评出小组中最优秀的施工图。 4. 各组根据组内最优秀的施工图来制作总结 PPT，展示组员风采，并上台展示。 5. 各组进行互评。	1. 自评：各小组进行内部讨论和评比，评出小组中最优秀的施工图。 2. 互评：各小组参照评价表对完成的整体餐饮空间施工总结 PPT 进行互评。 3. 师评：教师听取各组的总结 PPT 演讲，参照点评表对其 PPT 进行深入点评并填写评分表。

基准课时：40

1 获取信息，制订计划　2 方案设计　3 审核修改　4 总结展示

总结展示

工作子步骤	教师活动	学生活动	评价
1. 制作整体餐饮空间施工图总结PPT。	6. 对学生的编写思路和步骤进行适当的点评。 7. 总结餐饮空间施工图的绘制技巧和方法。 8. 收集本学习任务完整的学习成果（手绘原始结构图、CAD 原始户型平面图、平面布置图、地面材质图、各层顶棚图、电视背景墙立面图、厨房立面图、卫生间立面图、吊顶剖面图、家具大样图、电气线路图、五金配件表格、图纸的索引、材料表格、洁具表格）和总结汇报PPT，并按照优秀、中等、一般、差四个等级进行归类存档。	6. 观察各组的总结演示，与自己的总结PPT 进行对比，归纳出餐饮空间设计施工图的总体思路。 7. 对其他各组的总结 PPT 进行评价。 8. 认真记录教师对本组任务完成情况的点评。	

课时：2 课时

1. 硬资源：通用型计算机机房、互联网等。
2. 软资源：Word（2007 以上版本）、施工图绘制总结 PPT 自评表、施工图绘制总结 PPT 互评表、学习任务总体评价表等。
3. 教学设施：投影仪、白板、交互式一体机等。

考核标准

考核任务案例：主题餐厅室内空间设计。

情境描述：

现承接一项主题餐厅室内空间设计，要求：①只限于室内净空间，厨房部分不做设计；②净高 4500 mm（板底），梁底高 3900 mm；③除大厅散座外，要求不少于 3 个（5 人单桌）包间；④充分利用中国设计元素和手法，表达餐饮空间的商业氛围。

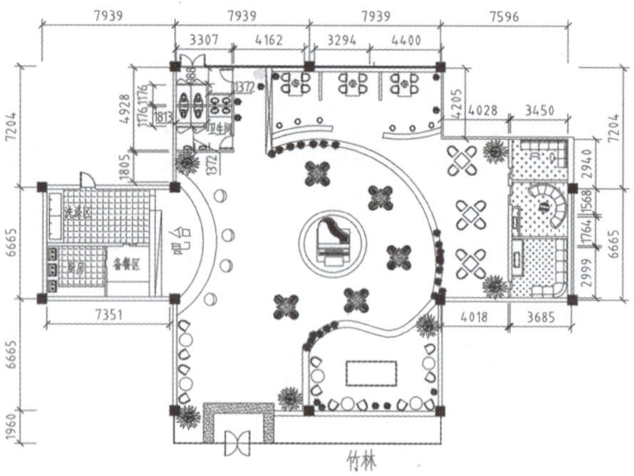

原始平面图

$503.2m^2$

任务要求：

1. 餐厅平面图: 比例为 1 ：100（含餐厅空间分隔、餐桌布置、地坪设计等）。
2. 餐厅顶棚图：比例为 1 ：100（含顶棚装饰、灯具布置、烟感、喷淋等）。
3. 餐厅后场平面布置图 。
4. 包房设计图：对大包房及一个小包房进行深入设计。
5. 节点详图：不少于 4 张图。
6. 效果图：3 张，空间自定，图幅 A3。
7. 图纸要求填充色彩或相应材质，表现形式不限 。
8. 汇报 PPT 。

参考资料：

《室内设计师专用色彩与材质搭配手册》《室内设计资料集》《餐饮空间室内设计速查手册》

评价方式：

小组互评，教师评价。

实操测试评分表（总分 70 分）

序号	评分标准	配分	得分
1	构图合理、透视正确，能够客观地反映空间气氛	5	
2	空间分布合理	10	
3	功能划分合理，功能分区符合要求	10	
4	色彩搭配合理，材料运用得当	15	
5	尺寸合理，符合人体工程学要求	10	
6	设计风格统一、美观	10	
7	符合客户需求	10	

课程 6　商业空间设计

学习任务 1

娱乐空间设计（岭南艺术交互馆）

（60）课时

学习任务 2

酒店空间设计（江南民宿设计）

（60）课时

课程目标

1. 能以良好的语言沟通艺术与甲方进行有效的沟通，明确工作任务和时间要求等，能够充分理解甲方提供的资料，能掌握实地测绘的方法。

2. 能以团队合作方式完成小组工作，与小组成员快乐和谐沟通，明确设计思路、设计理念及设计风格等信息。

3. 能根据甲方提供的信息编制思维导图并提炼出具有中式风格的设计元素，掌握元素创意性的运用方法，设计构思需体现爱国主义精神，能从中感受中国文化的精髓与意蕴。

4. 能熟练掌握相应的设计手段和设计方法，能灵活运用视觉原理，掌握相关的视觉原理知识。

5. 能归类商业空间类型，掌握商业空间设计的艺术风格，不同地域中式风格的文化特点。了解消费心理对空间环境设计的影响。

6. 能把握商业空间设计流行色彩和设计，并运用创新设计思维合理规划平面与立面造型设计。

7. 能掌握商业空间的规划重点与照明系统布置的方式，并能运用色彩和陈设进一步完善空间。

8. 确定品牌定位，并把主题通过视觉形象化，提炼空间设计元素。确定展示设计的整体功能布局、框架结构和使用方式。

9. 能综合运用设计美学、效果图制图技法、软装设计知识绘制空间效果图和软装设计图。

10. 能按照《房屋建筑制图统一标准》（GB 50001—2020）绘制 CAD 施工图，标注尺寸、施工符号、设计、材料、说明等，并以设计师角色按时、按质、按量完成绘图任务。

11. 能以自信的精神面貌清楚阐述设计方案构思与意图，认真聆听小组意见，反思工作过程。

12. 能根据修改意见修改图纸并打印图纸交付审核。

课时：120

课程内容

一、专业内容

1. 商业空间设计概述。
2. 商业空间设计的特征与类型，信息提取与转换。
3. 商业空间的艺术风格。
4. 消费心理与商业空间关系。
5. 商业空间的设计要求。
6. 商业空间设计的程序。
7. 商业空间光环境设计。

二、技法与软件等技术内容

1. 思维导图的绘制与提炼。
2. 商业空间设计草图绘制的标准与规范、常见的装饰材料价格与施工工艺流程。
3. CAD 平面图、施工图绘制技巧与方法。
4. CAD 平面图、施工图标注的技巧与方法、标准与规范。
5. 3ds Max 软件设计效果图绘制的技巧与方法、标准与规范。
6. 草图大师（SketchUp）软件设计效果图绘制的技巧与方法、标准与规范。
7. Photoshop 软件进行效果图后期处理的方法。
8. 施工图纸资料整理、归档、存储的技巧和方法。
9. 绘图及其辅助设备的操作规范，计算机绘图设备的基本维护知识。

学习任务 1　娱乐空间设计（岭南艺术交互馆）

任务描述

学习任务课时：60 课时

任务情境：

广州是重要的旅游城市，是首批国家历史文化名城，是广府文化的发祥地。学习广州千年文化的积淀精华，体验岭南民俗文化的旅游交互空间，并进行岭南艺术交互馆方案设计是本次学生的任务。

要求学生组成设计小队，自选一个岭南艺术主题进行岭南艺术交互馆的空间设计，完成全套施工图纸（平面图、立面图、剖面图、大样图、效果图等），并符合国家建筑制图标准和规范；设计要满足甲方需求，突出岭南传统风格建筑群落特色，体现广府文化或岭南生活习惯。

具体要求见下页。

商业空间设计

工作流程和标准

工作环节 1

前期沟通

1

1. 模拟工装设计流程，能够以认真谨慎的态度进行现场测量。根据现场图片与测量数据手绘建筑原始结构图，并记录相关数据和管线梁柱等部位。
2. 学生认真参考手绘建筑原始结构图，利用 CAD 绘制建筑原始结构平面图，完成后交给设计师做平面规划方案。
3. 根据岭南地区文化成果收集调查信息。

（1）制作问卷调查调研表，收集广府文化人文元素与物理元素，例如：粤语、粤菜、醒狮、粤剧、粤绣、广彩、广雕、粤曲、粤派建筑、岭南画派、广州故事等历史、代表人或事互动方式的相关资料。

（2）通过调查表收集不同年龄阶段、不同职业、不同身份对广府文化的印象与希望呈现的交互形式。

（3）结合岭南水乡、骑楼、西关大屋等岭南派建筑特点创作岭南交互馆建筑外观手稿。

（4）通过岭南艺术交互空间宣传与传承中国广府文化与传统，充分展示中国地域文化特点。

4. 根据设计师的草图方案明确施工图绘图任务要求和时间节点，并制订一份施工图绘制工作计划。

工作成果：手绘原始结构图、CAD 原始结构图、岭南艺术交互馆设计前期调查表。

学习成果：施工图绘制工作计划、岭南艺术交互馆设计前期调查表。

工作环节 3

审核修改

3

1. 提交整套岭南艺术体验交互馆空间设计方案给设计师进行审核。
2. 根据设计师的反馈意见对图纸进行修改和完善。

学习成果：全套岭南艺术交互馆方案书定稿。

工作环节 2

方案深化

2

1. 根据提供的平面布置草图方案绘制出符合国家标准和规范的岭南艺术交互馆布置图、地面材质图、顶棚图；要求每一个细节都尽量体现岭南建筑的特点，利用岭南地区代表性产业老酒坊、老理发店、醒狮店、佛山年画店、石湾陶瓷店、广绣馆、广东广播博物馆、粤茶馆、粤语学堂、粤剧院、老报馆等对设计元素进行提炼融合，既能代表地方特色又能代表岭南人家的人文素养。
2. 制作岭南艺术馆思维导图，提取创意设计元素。
3. 根据建筑平面图、草图绘制施工图，并按照《房屋建筑制图统一标准》（GB 50001—2020）绘制各空间主要立面图造型。
4. 与设计师沟通，确定空间主要设计节点，根据设计师绘制的节点草图绘制出设计节点剖面图、大样图。
5. 根据广府文化特点与岭南建筑风格制订艺术体验馆空间的照明系统方向与软装搭配意向。
6. 能够根据设计风格与广府文化元素相结合，制作岭南艺术交互馆的空间效果图。
7. 根据制图规范完成图纸目录并对整套施工图进行排版（方案排版中，封面、封底、内页贯穿统一的设计元素）。

工作成果：岭南艺术交互馆空间方案初稿（目录、建筑原始平面图、设计元素转化、平面布置图、地面材质图、顶棚图、立面图、剖面图、大样图、软装搭配与效果图）。

学习成果：岭南艺术交互馆思维导图、岭南艺术交互馆空间设计提案。

工作环节 4

总结展示

4

1. 通过情景模拟，能够以清晰、准确、简明的语句，自信满满地以设计师身份汇报《岭南艺术交互馆设计提案》，并虚心接受意见和建议。
2. 总结与反思制作过程中遇到的各种难点和问题，并分享设计过程心得。
3. 以展板 + 方案书的方式公开展示岭南艺术交互馆设计方案，并接受全校同学的投票。

学习成果：岭南艺术交互馆设计提案（PPT）。

学习内容

知识点	1.1 实地考察拍照（虚拟工作站），重点拍摄梁、柱、窗台的高度、宽度； 1.2 工装测绘技术（虚拟工作站），手绘原始结构图； 1.3 娱乐空间设计工作流程与步骤，从业人员工作技术规范； 1.4 岭南艺术交互馆工作计划与合同标准的制订方法； 1.5 设计师职业道德规范与设计守则； 1.6 交流与获取信息的能力与方法	2.1 工装设计元素思维导图方法； 2.2 岭南艺术交互馆设计元素提炼转化方法； 2.3 岭南艺术交互馆调研问卷组成与编制规范； 2.4 问卷调查统计方法； 2.5 岭南文化的内涵与价值	3.1 国家施工图制图标准《房屋建筑制图统一标准》（GB 50001—2020）（平面图绘制）； 3.2 各类灯具的标识方法； 3.3 地面建筑材料的规范化表现方法； 3.4 人流动线图制图规范
技能点	1.1 掌握拍摄现场照片的技巧； 1.2 掌握工装现场测量技术与原始结构图手稿绘制； 1.3 读懂工装 - 娱乐空间设计工作流程与重点工作步骤细节； 1.4 能够读懂岭南艺术交互馆工作计划与设计合同，添加必要细节； 1.5 了解行业标准、设计师职业道德规范与设计守则； 1.6 能够与甲方深入交谈，了解甲方的设计意向，与甲方商议设计费	2.1 根据中式风格——岭南建筑装饰风格特点与广府文化特色制作岭南艺术交互馆思维导图； 2.2 对岭南艺术交互馆特点元素创意进行提炼； 2.3 开展岭南艺术交互馆文化与交互方式的问卷调查（调查方式：线上与线下，调查对象：省内、省外，年龄级别：少年、青年、老年，游客体验的兴趣方向，体验项目，空间划分），明确设计意向； 2.4 利用统计工具筛选统计问卷调查结果； 2.5 能够综合岭南建筑特点与广府文化特色创意规划布局	3.1 运用制图软件制作岭南艺术交互馆平面布置图，拆建图； 3.2 熟练运用制图软件制作岭南艺术交互馆顶棚图； 3.3 运用制图软件制作岭南艺术交互馆地面材质图； 3.4 绘制人流动线图
工作环节	工作环节 1 设计信息提取	概念设计 工作环节 2	
成果	1.1 原始结构图； 1.2 工作计划与设计合同修订	2.1 岭南艺术交互馆思维导图； 2.2 岭南艺术交互馆方案调查表； 2.3 岭南艺术交互馆文字 - 符号转化手稿； 2.4 岭南艺术交互馆平面规划草图	3.1 岭南艺术交互馆施工图（平面
素养	1.1 解读信息的能力； 1.2 表达与沟通的能力	2.1 信息提取与筛选能力	3.1 建筑装饰行业识图制图规范； 3.2 团队合作能力
	理解和认同岭南文化，提升文化与艺术的交互设计能力		

学习任务 1　娱乐空间设计（岭南艺术交互馆）

4.1 国家施工图制图标准《房屋建筑制图统一标准》（GB50001—2020）（立面图）； 4.2 立面造型设计方法与技巧，墙面建筑材料与家具的表现方法； 4.3 定制家具的剖面图表现方法； 4.4 工程材料表的规范制定	5.1 软装搭配提案的设计思路与方法（岭南建筑风格）； 5.2 空间效果图制图技巧与运用； 5.3 中式——岭南设计风格陈设搭配表现方法	6.1 常用办公软件操作流程与技能； 6.2 图形图像软件制图规范与技能	7.1 语言表达技巧与答辩技能； 7.2 常用办公软件操作流程与技能； 7.3 总结与归纳技能
4.1 运用施工图制图软件制作岭南艺术交互馆立面图； 4.2 正确标识立面图各家具与尺寸； 4.3 运用施工图制图软件制作剖面图与节点图； 4.4 制作岭南艺术交互馆工程材料表，明确各项目中所需材料的内容与指标	5.1 制作岭南艺术交互馆软装搭配提案（设计风格、设计符号、色彩、灯具、家具与陈设）； 5.2 熟练运用 3ds Max、草图大师等软件制作空间效果图； 5.3 根据设计定位、岭南风格特点收集家具意向，完善岭南艺术交互馆陈设意向图	6.1 综合运用办公软件编制岭南艺术交互馆图纸； 6.2 设计方案封面与内页版面，突出岭南艺术交互馆设计与风格特点； 6.3 虚心接受甲方修改建议，完善设计方案	7.1 运用语言艺术技巧简明清晰表达设计意图； 7.2 运用 PPT 办公软件编制岭南艺术交互馆方案总结并汇报； 7.3 总结与反思设计过程，撰写 500 字设计心得

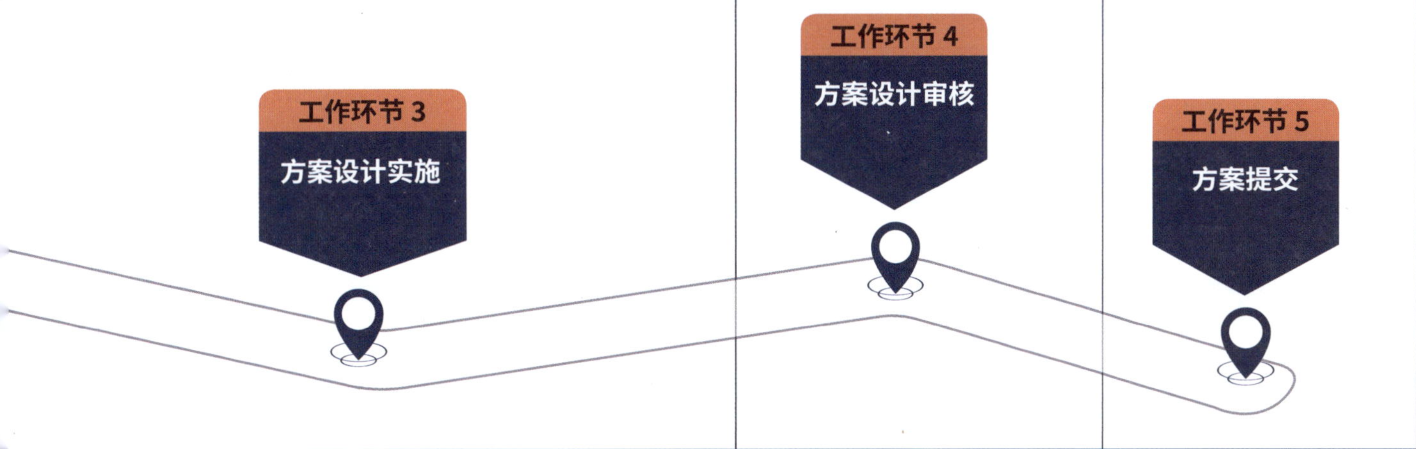

4.1 岭南艺术交互馆各立面图； 4.2 岭南艺术交互馆剖面图； 4.3 岭南艺术交互馆节点图	5.1 岭南艺术交互馆软装搭配方案； 5.2 岭南艺术交互馆空间效果图	6.1 岭南艺术交互馆设计整体方案修改建议收集表	7.1 岭南艺术交互馆设计整体方案
		6.1 团队合作能力	7.1 归纳、总结、分析的能力； 7.2 表达与沟通的能力

教学活动

课程 6 商业空间设计

学习任务 1 娱乐空间设计（岭南艺术交互馆）

1 设计信息提取 → 2 概念设计（决策任务） → 3 方案设计实施 → 4 方案设计审核 → 5 方案提交

	工作子步骤	教师活动	学生活动	评价
设计信息提取	1. 接到设计岭南艺术交互馆的任务。 2. 与客户交谈，了解岭南艺术交互馆的风格意向。 3. 编制岭南艺术交互馆问卷调查表。 4. 模拟现场测绘，手绘原始结构图。	1. 整顿课堂，向全体学生问好并进行考勤点名。 2. 教师发放岭南艺术交互馆空间设计任务书，通过播放多媒体视频《广州》《广府文化》感染学生，进行学习任务情境模拟，引导学生解读任务书。 3. 组织学生分组（4 人小组：设计组长、设计师、软装设计师、绘图员）完成学习任务。 4. 解读设计合同陷阱和规章制度。 5. 总结本课内容与课程预告。	1. 整理仪容仪表，交手机，准备上课材料。全体学生向老师问好。（5 分钟） 2. 学生解读任务书，用记号笔在任务书中标记关键信息，明确学习任务（信息的解读能力）。 3. 组成设计小组（设计组长、设计师、软装设计师、绘图员）。 4. 通过小组合作与探究学习形式搜集关于岭南艺术交互馆设计相关资料（空间规划、功能分区、周边环境调研、平面尺寸复检，以及岭南建筑广府文化的元素意向图等信息）。 5. 观摩教师手绘原始结构户型图的演示，并完成小组体验馆设计平面图。 6. 听讲分析不同地区的设计合同差异（气候、温度、地区设计条例等）。 7. 学生互评。 8. 完成提取信息任务，认真听教师总结与下次课程预告。	1. 师评：评价小组收集岭南艺术交互馆任务信息的准确性与创意性。 2. 师评：教师点评学生回答问题的情况。 3. 自评和互评：学生根据评价表自评和自评手绘原始结构图（通过小组自评挑选小组代表作品，再进行小组间互评）。 4. 师评：教师点评各小组手绘原始结构图（标注的准确性、完整性）。

课时： 6 课时

1. 硬资源：通用型计算机机房、互联网等。
2. 教学设施：投影仪、白板、交互式一体机等。
3. 软资源：AutoCAD（2013 以上版本）等。
4. 资 料：《商业空间设计》授课 PPT，参考教材，《广州文化》《广府文化》视频，《手绘原始结构户型图的要点、技巧和方法》，《设计合同修订》教学 PPT 等。

	工作子步骤	教师活动	学生活动	评价
概念设计（决策任务）	1. 接到设计岭南艺术交互馆的任务。 2. 与客户交谈，了解岭南艺术交互馆的风格意向。 3. 编制岭南艺术交互馆问卷调查表。 4. 模拟现场测绘，手绘原始结构图。	1. 教师扮演设计主管与设计师（学生扮演）进行沟通交流，告知其设计意图、施工图绘制要求等信息。 2. 教师应用案例讲授岭南艺术交互馆设计元素提炼转化方法。 3. 教师提问工装设计工作流程，启发学生思维，巩固已学知识。 4. 教师讲解问卷调查表的组成（对象、内容、目的与调查途径）。播放《什么是成功的问卷调查》视频。 5. 引导和组织学生在学习通自学岭南文化的内涵与价值资料。 6. 布置岭南艺术交互馆问卷调查表课堂作业。 7. 解说思维导图的作用、意义、目的与绘制重点。通过各种设计手段（借景、重叠、破解、重构、凹凸等）完成设计元素转化。 8. 教师组织学生发表优秀案例的观后感，引导学生表达真实感受与设计创意。 9. 教师收集各小组调查问卷，邀请学生分享问卷调查的制作思路。 10. 鼓励学生多看、多学、多分析、多总结，并提供国内外优秀设计企业网页供学生课后学习。 11. 教师总结本课内容：调查问卷编制的规范与思维导图思路的有效输出。预告下节课内容。	1. 学生扮演设计师与设计师主管（教师扮演）进行沟通，了解设计师设计意图等信息（其他学生观察聆听）。 2. 学生聆听教师讲授岭南艺术交互馆元素提炼转化方法。 3. 回答教师问题除了播放粤剧视频，还有什么互动方式能提高粤剧文化的传承。 4. 按照教师引导选择一个岭南民俗艺术文化主题（粤语、粤菜、醒狮、粤剧、粤绣、广彩、广雕、粤曲、粤派建筑、岭南画派、广州故事等），编制针对性调查问卷（建议加入10 题客观题）。 5. 通过学习通课堂共享资料，学习和了解岭南文化的内涵与价值。 6. 设计小组编制岭南艺术交互馆思维导图，提炼设计元素（文字到图案的转化）。 7. 学生发表设计感想与设计构思。 8. 分享调查问卷题目与编制意图。 9. 听取教师点评并修改完善平面图。 10. 认真听教师总结本课内容。	1. 师评：教师点评学生角色扮演活动组织情况。 2. 师评：学生回答粤剧文化交流途径的情况。 3. 师评：评价设计小组调查问卷编制情况。 4. 互评：学生互评设计小组问卷，提出优缺点。 5. 师评：评价思维导图的综合考虑范围的广泛度，提出合理建议。 6. 师评：评价调查问卷编制的有效性，提出合理修改建议。 7. 师评：评价与总结。

课时： 8 课时

1. 硬资源：通用型计算机机房、互联网等。
2. 教学设施：投影仪、白板、交互式一体机等。
3. 软资源：问题卡片、娱乐空间优秀设计案例文案、往届学生思维导图、问卷调查表样板格式、《什么是成功的问卷调查》视频、优秀设计案例等。

学习任务 1 娱乐空间设计（岭南艺术交互馆）

1 设计信息提取 → 2 概念设计（决策任务） → 3 方案设计实施 → 4 方案设计审核 → 5 方案提交

方案设计实施

工作子步骤	教师活动	学生活动	评价
1. 绘制平面布置图。	1. 发放施工图制图标准资料供学生学习，要求学生通过关键词法进行自我学习，并提出学习的规则和要求（时间 20 分钟，标记关键词、提问），采用旋转木马学习法强化学习内容。 2. 利用卡片法抽选每个小组代表回答卡片上提出的问题。 3. 提出任务：岭南艺术交互馆空间设计特点家具，广府文化特点；如何与人进行有效交流（如粤剧文化：播放粤剧代表、现场扮演少年粤剧花旦小生等造型、粤剧妆容打扮以及跟粤剧大师学唱等活动）。 4. 讲授空间功能划分的原则与方法（案例讲授）。	1. 自主学习施工图制图标准（关键词、旋转木马法）。 2. 回答教师提出的问题《房屋建筑制图统一标准》（GB/T 50001—2020）。 3. 听教师讲授空间功能分区的原则与方法。 4. 回答教师提出的问题（空间功能分区原则和方法）。 5. 通过小组内部成员沟通协助完成固定家具的创建，绘制岭南艺术交互馆特色家具、陈设风格平面布置图。 6. 小组互评拆建平面图的标识。 7. 小组自评和互评平面布置图，增加师生互动。	1. 师评：教师对抽选学生回答问题的完整性和准确性进行点评。 2. 师评：教师点评各学生完成的平面图。 3. 自评和互评：各小组参照评价表对完成的平面布置图进行小组自评，挑选出小组代表作品，小组间再进行互评。 4. 师评：教师点评各小组平面布置图。
课时： 20 课时 1. 硬资源：通用型计算机机房、互联网等。 2. 教学设施：投影仪、白板、交互式一体机等。 3. 软资源：AutoCAD（2013 以上版本）、《房屋建筑制图统一标准》（GB/T 50001—2020）、问题卡片、平面布置图评价表等。			
2. 绘制地面材质图。	1. 以优秀方案导入承上接下，引入地面材质图课程。 2. 讲授岭南艺术交互馆空间地面材质图绘制技巧。 3. 通过案例分析讲解常用地面材料特点与分类。 4. 示范地面材质图的绘制。 5. 观察并指导学生小组练习（教师提供协助）。	1. 情境导入（优秀案例：地面材料黑科技）。 2. 自主学习资料，掌握各类建材在 CAD 中的表示方法。 3. 观看教师绘制地面材质图。 4. 小组分工合作完成岭南艺术交互馆空间的地面材质图。 5. 小组自评和互评地面材质图。	1. 自评和互评：各小组参照评价表对完成的地面材质图进行小组自评，挑选出小组代表作品，小组间再进行互评。 2. 师评：教师点评各小组地面材质图。

方案设计实施	工作子步骤	教师活动	学生活动	评价
	2. 绘制地面材质图。	6. 教师提醒小组接施工图制图规范制图。 7. 发放地面材质图评价表，组织各小组学生对地面材质图进行自评和小组互评。		
	1. 软资源：地面材质图纸质资料、地面材质图评价表等。			
	3. 绘制顶棚图。	1. 发放各种顶棚的造型资料给学生学习。 2. 演示岭南艺术交互馆空间设计顶棚图的绘制（配以特色区域顶棚图优秀案例讲解）。 举例：粤剧环境布置——戏棚。 3. 播放教学视频（灯具的表示方法），提出观看视频的规则，监督观看过程。 4. 教师演示顶棚图的制作。 5. 巡回指导学生完成任务（指导学生以地区特点考虑照明设计）。 6. 发放顶棚图评价表，组织各小组学生对顶棚图进行自评和小组互评。	1. 观看教学视频（标高的使用），并练习标高的绘制。 2. 识读各类顶棚图纸，掌握各种吊顶及顶部造型的表示方法。结合各小组收集的老酒坊、老理发店、武师店、佛山年画店、石湾陶瓷店、广绣馆、广东广播博物馆、老报馆等元素设计顶棚，并搜集岭南艺术体验馆空间设计照明灯具。 3. 观看视频学习各种灯具的表示方法。 4. 观看教师演示顶棚图的制作。 5. 小组分工合作完成顶棚图的绘制。 6. 小组自评和互评顶棚图。	1. 师评：教师点评学生回答问题的完整性和准确性。 2. 自评和互评：各小组参照评价表对完成的顶棚图进行小组自评，挑选出小组代表作品，小组间再进行互评。 3. 师评：教师点评各小组顶棚图。 4. 师评：教师抽查小组顶棚图设计是否符合岭南建筑特色，是否能符合游客边体验边感受中国多样化传统文化的需求。
	1. 软资源：标高的使用教学视频、顶棚图造型纸质资料、灯具的表现方法教学视频、顶棚图评价表等。			

学习任务 1　娱乐空间设计（岭南艺术交互馆）

1 设计信息提取　2 概念设计（决策任务）　3 方案设计实施　4 方案设计审核　5 方案提交

	工作子步骤	教师活动	学生活动	评价
方案设计实施	4. 绘制立面图。	1. 以优秀立面图案例引入立面图的绘制课程。 举例：粤剧舞台立面布置（幕前幕后、衣箱、布帘、吊钢线）。 2. 教师发放优秀立面图的造型图纸资料给学生学习并提问。 3. 教师讲授绘制立面的设计要点。 4. 教师演示立面图的绘制，讲解立面材料的表现方法（结合中国传统文化与岭南艺术交互馆空间的风格特点）。 5. 巡回指导学生完成任务。 6. 发放立面图评价表，组织各小组学生对立面图进行自评和小组互评。	1. 观看教师演示引线标注的使用并完成引线标注的练习。 2. 观看立面图制作的教学视频，回答提问（如何把岭南元素提取成装饰），品味中国传统岭南建筑与岭南人家生活习惯。 3. 完成立面图的绘制（岭南艺术交互馆空间门头立面图、接待处立面图、体验馆主立面图）。 4. 小组自评和互评立面图。	1. 自评和互评：各小组参照评价表对完成的建筑立面图进行小组自评，挑选出小组代表作品，小组间再进行互评。 2. 师评：教师点评各小组建筑立面图。
	1. 软资源：立面图制作的教学视频、地区特色立面设计优秀案例、立面图评价表等。			
	5. 绘制剖面图。	1. 发放吊顶材料图例给学生学习。 2. 演示岭南艺术交互馆空间吊顶剖面图的绘制。 3. 教师巡回指导，提醒学生剖面图绘制的设计要点。 4. 发放吊顶剖面图评价表，组织各小组学生对吊顶剖面图进行自评和小组互评。	1. 小组结合岭南艺术交互馆空间风格特点或墙面特点进行设计，掌握吊顶材料（轻钢龙骨、石膏线等）在 CAD 中的绘制方法。 2. 观看教师演示吊顶剖面图的绘制。 3. 完成岭南艺术交互馆空间吊顶剖面图的绘制。 4. 小组自评和互评吊顶剖面图。	1. 自评和互评：各小组参照评价表对完成的建筑立面图进行小组自评，挑选出小组代表作品，小组间再进行互评。 2. 师评：教师点评各小组建筑立面图。
	1. 软资源：顶棚造型的电子图片及所需要的 CAD 文件 、吊顶剖面图评价表等。			

方案设计实施

工作子步骤	教师活动	学生活动	评价
6. 绘制大样图。	1. 通过人性化家具设计大样图中国特色家具欣赏，组织学生讨论岭南艺术体验馆空间设计。 2. 演示家具大样图绘制并抽选学生提问。 3. 巡回指导学生完成任务。 4. 发放家具大样图评价表，组织各小组学生对家具大样图进行自评和小组互评。	1. 小组讨论人性化家具设计及岭南特色家具设计。思考如何从家具的细节凸显中国传统文化的传承。 2. 听教师讲解家具大样图的设计要点、难点。 3. 完成岭南艺术交互馆空间特色家具大样图的绘制。 4. 小组展示设计的岭南艺术交互馆空间大样图。 5. 小组自评和互评家具大样图。	1. 自评和互评：各小组参照评价表对完成的家具大样图进行小组自评，挑选出小组代表作品，小组间再进行互评。 2. 师评：教师点评各小组家具大样图。 3. 师评：教师点评学生回答问题的完整性和准确性。
1. 软资源：定制家具大样图绘制教学视频、计算机、多媒体投影仪、家具大样图评价表等。			
7. 绘制岭南艺术交互馆空间效果图。	1. 介绍 3ds Max 软件的设计范围与功能。通过讲解引导小组把中式建筑空间设计元素、设计重点用软件呈现出来。 2. 教师演示重点区域的效果图制作要点，并抽选学生提问制图过程中的重点知识。 3. 演示 3D 空间效果图的绘制。 4. 巡回指导学生完成任务。 5. 教师点评各小组效果图并提出修改意见。	1. 观看 3D 空间效果图制作的教学视频。 2. 利用计算机制图软件制作岭南艺术交互馆空间效果图。 3. 认真观看教师示范。小组讨论并分工合作完成效果图的绘制。 4. 完成岭南艺术交互馆（老酒坊、老理发店、武师店、佛山年画店、石湾陶瓷店、广绣馆、广东广播博物馆、老报馆等元素）3D 空间效果图的绘制。 5. 小组自评（以成果汇报的方式展示。 6. 小组互评（提出疑问）。	1. 自评和互评：各小组参照评价表对完成的空间效果图进行小组自评，挑选出小组代表作品，小组间再进行互评。 2. 师评：教师点评各小组空间效果图。 3. 师评：教师点评学生回答问题的完整性和准确性。
1. 软资源：3D 空间效果图制作的教学视频、3D 空间效果图评价表等。			

课程 6 商业空间设计

学习任务 1 娱乐空间设计（岭南艺术交互馆）

1 设计信息提取 → 2 概念设计（决策任务）→ 3 方案设计实施 → 4 方案设计审核 → 5 方案提交

	工作子步骤	教师活动	学生活动	评价
方案设计实施	8. 制订岭南艺术交互馆空间软装设计方案。	1. 以优秀方案引入岭南艺术交互馆空间陈设方案的设计重点，讨论配色方案是否能突出中国传统文化与区域特色等要素。发送优秀案例给各设计小组，引导学生把岭南设计风格与设计重点呈现出来。 2. 组织学生对小组方案配色，并制订家具搭配方案。 3. 巡回指导学生完成任务。 4. 教师针对重点区域的配色方案进行点评并提出修改意见。 5. 教师点评软装方案的视觉感染力。	1. 学生讨论室内陈设与家具的特点。 2. 提供符合岭南设计风格的特色家具与配色方案供客户选择。 3. 小组讨论并分工合作完成岭南艺术交互馆各区域陈设搭配方案。 4. 学生完成色彩搭配，确定家具软装意向。 5. 小组自评（以成果汇报的方式展示色彩搭配与陈设搭配）和互评（提出疑问）。	1. 自评：以成果汇报的方式展示效果图重点区域的设计要点、设计方式与效果图绘制遇到的困难与解决办法。 2. 自评和互评：各小组参照评价表对岭南艺术交互馆各空间软装设计方案进行小组自评，挑选出小组代表作品，小组间再进行互评。 2. 师评：教师点评各小组软装设计方案。
	1. 软资源：岭南艺术交互馆空间的优秀案例（图片、视频）等。			
方案设计审核	1. 完善施工图，审核修改。	1. 发放图纸样表，提醒学生观察图纸的索引样表填写内容有哪些。 2. 指导学生编排与填写。 3. 要求学生下载制图模板。 4. 指导学生套用模板。 5. 组织学生自我检查施工图错误（组织小组内部自查与组间互查）。 6. 指导学生改正图纸。 7. 检查学生提交的施工图纸是否齐全。	1. 观察图纸的索引样表填写内容有哪些，听取教师提醒，做好填写记录。 2. 编排图纸索引并填写样表。 3. 制图模板的运用。 4. 材料表的正确标注与规范重点。 5. 五金配件表的规范。 6. 审核与修改。 7. 学生自我检查施工图有无错误和缺漏。 8. 修改岭南艺术交互馆空间设计图。 9. 提交施工图定稿，提出打印要求。	1. 过程性评价：重点观察学生检查图纸细节和修改后的图是否正确。 2. 成果验收方式：学生提交电子版图纸。 3. 成果验收标准：电子版图纸是否齐全，是否符合国家制图标准。
	课时： 4 课时 1. 软资源：工作页、参考教材、授课 PPT、图纸的索引样表、制图模板、居住空间施工图、《建筑工程施工质量评价标准》等。 2. 硬资源：通用型计算机机房、互联网等。 3. 教学设施：投影仪、白板、交互式一体机等。			

1 设计信息提取 2 概念设计（决策任务） 3 方案设计实施 4 方案设计审核 5 方案提交

方案提交

工作子步骤	教师活动	学生活动	评价
1. 制作岭南艺术交互馆方案书。	1. 分析制作岭南艺术交互馆空间施工图总结 PPT 的要点与要求。 2. 指导学生分组对岭南艺术交互馆提案进行讨论。 3. 引导学生进行小组内成员的自评。 4. 引导学生进行总结 PPT 展示。 5. 组织各组进行互评。 6. 对学生的编写思路和步骤进行适当的点评。 7. 总结岭南艺术交互馆空间设计方案采用的技巧和方法。 8. 收集本学习任务完整的学习成果和总结汇报 PPT，并按照优秀、中等、一般、差四个等级进行归类存档，选出优秀方案，鼓励学生参与设计比赛。	1. 听取教师讲授制作岭南艺术交互馆空间施工图总结 PPT 的要点、原则与要求。 2. 组长组织小组成员进行讨论，分析优点、发现缺点，提出改进方法，归纳、总结、分析、提炼施工图绘制要点。 3. 各组进行小组内成员的自评，评出小组中优秀的设计提案，并说明原因。 4. 各组根据组内最优秀的施工图制作总结 PPT，展示组员风采，并上台展示。 5. 观看各组的总结演示，与自己的总结 PPT 进行对比，归纳出娱乐空间设计的总体思路。 6. 认真记录教师对本组任务完成情况的点评。	1. 自评和互评：各小组参照评价表对完成的家具大样图进行小组自评，挑选出小组代表作品，小组间再进行互评。 2. 师评：教师点评各小组家具大样图。 3. 师评：教师点评学生回答问题的完整性和准确性。

课时： 4 课时

1. 硬资源：通用型计算机机房、互联网等。
2. 教学设施：投影仪、白板、交互式一体机等。
3. 软资源：Word（2007 以上版本）、岭南艺术交互馆方案绘制总结 PPT 自评表、岭南艺术交互馆方案评价表、施工图绘制总结 PPT 互评表、学习任务总体评价表等。

学习任务 2　酒店空间设计（江南民宿设计）

任务描述

学习任务课时：60 课时

任务情境：

某学校室内设计工作室承接了一个民宿设计项目（面积不超过 1000 m^2 的 3 层旧别墅室内外改造），要求在规定的时间内完成江南水乡民宿方案设计工作。要求学生组成设计小组完成全套施工图纸（平面图、立面图、剖面图、大样图、效果图等），并符合国家建筑制图标准和规范。民宿设计要符合甲方需求，突出江南情怀与爱国情怀，能让游客品味出中国传统建筑的清雅古韵，感知江南人文沉淀下的气韵与情致。

具体要求见下页。

工作流程和标准

工作环节 1

前期沟通

1

1. 能够以认真谨慎的态度到施工现场与甲方进行沟通并量房和现场拍照，手绘建筑原始结构图并记录相关数据和管线梁柱等部位。
2. 学生认真参考手绘建筑原始结构图，利用 CAD 绘制建筑原始结构平面图，完成后交给设计师做平面规划方案。
3. 根据甲方需求搜集有关江南的人文景观，通过江南民宿的设计弘扬中国传统文化。
4. 根据设计师的草图方案明确施工图绘图要求和时间节点，并制订一份施工图绘制工作计划与设计合约。

工作成果：手绘原始结构图、CAD 原始结构图、设计合约。

学习成果：施工图绘制工作计划。

工作环节 3

审核修改

3

1. 提交整套江南水乡民宿方案书给设计师进行审核。
2. 根据设计师的反馈意见对图纸进行修改和完善。

学习成果：全套江南水乡民宿方案定稿。

工作环节 2

方案深化

2

1. 根据提供的平面布置草图方案绘制出符合国家标准和规范的建筑总平面布置图、分层平面布置图、地面材质图、顶棚图；要求每一个细节都尽量体现江南水乡的特点，利用江南地区代表性产物作为设计元素并进行提炼融合，既能代表地方特色又能代表江南人家的人文素养，体现中国好山好水好风景的特点。
2. 根据建筑平面图、草图方案绘制出符合国家标准和规范的各空间主要立面图（民宿接待处主立面图、餐厅主立面图、民宿房间主立面图、电梯间主立面图）。
3. 与设计师沟通，确定空间主要设计节点，根据设计师绘制的节点草图绘制出设计节点剖面图、大样图。
4. 根据设计风格与平面规划设计具有江南水乡特色的照明系统与软装搭配。
5. 根据平面图结合设计元素，设计江南水乡民宿效果图。
6. 根据制图规范编制图纸目录并对整套施工图进行排版（方案排版中，封面、封底、内页贯穿统一的设计元素）。

工作成果：全套江南水乡民宿方案初稿（目录、原始户型图、平面布置图、地面材质图、顶棚图、立面图、剖面图、大样图、软装搭配）。

工作环节 4

总结展示

4

1. 对审核通过的“江南水乡民宿”方案以 PPT 的形式或书面的方式展示。
2. 总结制作过程中遇到的各种难点和问题，并分享项目制作中的收获。

学习成果：汇报 PPT。

学习内容

知识点	1.1 酒店设计风格——以中式风格、地方色彩为主（考虑江浙为水乡特色区域）； 1.2 现场测绘结构； 1.3 江南水乡民宿设计元素提炼（地区文化、爱国情怀、特殊符号、地区特色特产）； 1.4 空间功能与规划（调研民宿客户类型，住宿目的与住宿习惯）； 1.5 设计师职业道德规范与设计守则； 1.6 工作计划与设计合作规范	2.1 施工图制图规范《房屋建筑制图统一标准》（GB 50001—2020）； 2.2 江南水乡各平面布置； 2.3 酒店空间人体工程学尺寸； 2.4 地面建筑材料的表现方法； 2.5 照明系统设计（配合江南水乡特色灯笼或者灯饰）； 2.6 地面建筑材料的表现方法	3.1 立面施工图的常规绘图比例； 3.2 墙面建筑材料的表现方法； 3.3 家具和墙体的结构，立面造型设计； 3.4 标高尺寸制图规范
技能点	1.1 准确抓住中式风格——江南水乡风格特点（水乡庭院、室内规划、陈设摆放尽显江南特色）； 1.2 正确拍摄现场照片并手绘原始结构图； 1.3 对江南水乡设计元素做提炼； 1.4 读懂设计流程，完成小组分工； 1.5 制订工作计划与合同	2.1 AutoCAD 软件各项工具的运用； 2.2 合理布置平面； 2.3 按照《房屋建筑制图统一标准》(GB 50001—2020）准确绘图； 2.4 酒店空间人体尺寸的运用 [《家具　桌、椅、凳类主要尺寸》（GB/T 3326—2016）]； 2.5 各类地面材料的标识方法； 2.6 各类灯具的标识方法	3.1 绘制民宿门头主立面图； 3.2 绘制民宿接待处主立面图； 3.3 绘制民宿餐厅主立面图（江浙地区特产特色转化成立面装饰）； 3.4 绘制民宿主题房主立面图
工作环节	工作环节 1 获取信息，制订计划	方案设计 工作环节 2	
成果	1.1 江南水乡设计风格相关的元素； 1.2 手绘结构图； 1.3 江南水乡民宿设计合约与工作计划	2.1 原始户型图； 2.2 平面布置图； 2.3 地面材质图； 2.4 顶棚图	3.1 江南水乡民宿各立面图
素养	1.1 解读信息的能力； 1.2 表达与沟通的能力	2.1 建筑装饰行业识图制图规范； 2.2 创新设计思维； 2.3 工作流程与职业素养	

4.1 结构施工图的常规绘图比例； 4.2 剖面标记符号； 4.3 索引符号； 4.4 确定大样图比例和字高； 4.5 家具大样图设计重点	5.1 江南水乡民宿效果图审美要求； 5.2 图像后期制作知识； 5.3 陈设设计风格定位方法； 5.4 酒店室内陈设设计风格	6.1 五金配件表制表规范； 6.2 图纸的索引与编排规范； 6.3 方案排版规范	7.1 语言表达与技巧； 7.2 倾听与接纳信息； 7.3 归纳与反思
4.1 绘制吊顶剖面图； 4.2 绘制江南特色家具大样图； 4.3 掌握施工图绘图规范与标准	5.1 掌握各种效果图软件（3ds Max、SU 等）； 5.2 家具尺寸、设计元素的融合； 5.3 运用图形图像处理软件编辑效果图； 5.4 能够在江南水乡软装设计图中突出特色风格与定位	6.1 编制五金配件表格； 6.2 编制图纸的索引； 6.3 编制材料表格； 6.4 灵活运用制图模板； 6.5 编制民宿设计方案（注意封面、内页、封底统一为江南风格）	7.1 以简短的话语清楚表达设计意图； 7.2 接纳意见与建议并继续深化设计方案； 7.3 撰写设计心得

4.1 剖面图； 4.2 样图	5.1 江南水乡民宿效果图； 5.2 江南水乡民宿软装设计图	6.1 完善施工图，审核修改	7.1 总结 PPT
			7.1 归纳、总结、分析的能力； 7.2 表达与沟通的能力

学习任务 2 酒店空间设计（江南民宿设计）

1 获取信息，制订计划 → 2 方案设计 → 3 审核修改 → 4 总结展示

获取信息，制订计划

工作子步骤	教师活动	学生活动	评价
1. 接到设计江南水乡民宿酒店的设计任务。 2. 与客户交谈，了解民宿的设计要求与设计风格意向。	1. 整顿课堂，向全体学生问好并进行考勤点名。 2. 教师发放江南水乡民宿空间设计任务书，通过江南水乡图片与视频感染学生，从视听感受等进行学习任务情境模拟，引导学生解读任务书。 3. 布置组队完成学习任务。要求学生通过小组合作与探究学习形式搜集关于江南水乡民宿设计的相关资料（空间规划、功能分区、周边环境调研、平面尺寸复检，以及具有江南风格元素的意向图等）。 4. 教师分析不同地区的设计合同差异（气候、温度、地区设计条例等）。 5. 以《印象乌镇》为例分类分析度假乌镇、文化乌镇、美食乌镇、传统乌镇的特点，提炼乌镇的设计特点。 6. 解读设计合同陷阱和规章制度。 7. 总结本课内容与预告下次课程。	1. 整理仪容仪表，交手机，准备上课材料；全体学生向教师问好（5 分钟）。 2. 学生解读任务书，用记号笔在任务书中标记关键信息，明确学习任务（信息的解读能力）。 3. 学生组建民宿设计小组。通过小组合作与探究学习形式搜集关于江南水乡民宿设计的相关资料（空间规划、功能分区、周边环境调研、平面尺寸复检，以及江南风格元素的意向图等信息）。 4. 观摩教师手绘原始结构户型图的演示，并完成小组民宿设计平面图。 5. 听教师分析不同地区的设计合同差异（气候、温度、地区设计条例等）。 6. 学生互评。 7. 完成提取信息任务，认真听教师总结与下次课程预告。	师评：评价小组收集江南水乡任务信息的准确性与创意性。

课时： 8 课时

1. 硬资源：通用型计算机机房、互联网等。
2. 教学设施：投影仪、白板、交互式一体机等。
3. 软资源：AutoCAD（2013 以上版本）等。
4. 资料：《商业空间设计》、《酒店空间设计》、授课 PPT、参考教材、《江南水乡风景与人文》图片与视频、《手绘原始结构户型图的要点、技巧和方法》教学 PPT 等。

3. 绘制 CAD 原始结构图。	1. 对子任务 1（手绘原始草图和施工现场拍照）的工作完成情况进行回顾，并介绍子任务 2（绘制原始户型图）的工作内容、目标和要求。 2. 教师下发 CAD 常用工具快捷键及使用方法文字资料，并进行常用快捷键操作演示。	1. 回顾子任务 1 的完成情况，听取教师介绍江南水乡民宿设计任务的平面设计要点以及工作内容、目标和要求等信息，明确子任务 2 的工作内容、目标和要求。 2. 自主阅读 CAD 常用工具快捷键及使用方法资料，标记关键词，并在计算机上进行快捷键的实操练习。	1. 师评：教师点评学生回答问题的准确性、完整性。 2. 自评和互评：学生根据评价表自评和互评手绘原始结构图（通过小组自评挑选小组代表作品，再进行小组间互评）。

1 获取信息，制订计划　2 方案设计　3 审核修改　4 总结展示

获取信息，制订计划

工作子步骤	教师活动	学生活动	评价
3. 绘制 CAD 原始结构图。	3. 演示并讲授绘制 CAD 原始结构户型图的基本步骤和方法。 4. 布置 CAD 原始结构图绘制任务并监督、指导学生完成。 5. 组织小组学生对 CAD 原始结构户型图进行自评和互评。 6. 教师对各小组的 CAD 原始结构图进行总结点评并指导学生进行修改完善。	3. 观摩教师演示原始结构平面图的制作并记录步骤与方法。 4. 参考手绘原始结构图，利用 CAD 软件绘制 CAD 原始结构户型图。（60 分钟） 5. 小组自评和互评 CAD 原始结构户型图。 6. 听取教师总评并修改完善 CAD 原始结构户型图。	3. 师评：教师点评各小组手绘原始结构图（标注的准确性、完整性）。 4. 师评：教师点评各小组 CAD 原始结构图。
课时： 4 课时 1. 软资源：CAD 常用工具快捷键及使用方法资料、CAD 原始结构图自评表和互评表等。			
4. 填写施工图绘制计划表格。	1. 对子任务 1（手绘原始草图和施工现场拍照）的工作完成情况进行回顾，并介绍子任务 2（绘制原始户型图）的工作内容、目标、要求。 2. 教师下发 CAD 常用工具快捷键及使用方法文字资料，并进行常用快捷键操作演示。 3. 演示并讲授绘制 CAD 原始结构户型图的基本步骤和方法。 4. 布置 CAD 原始结构图绘制任务并监督、指导学生完成。	1. 学生扮演助理设计师与设计师（教师扮演）进行沟通，了解设计师设计意向等信息。（其他学生观察聆听）（语言表达与沟通的能力） 2. 填写施工图绘制计划表，根据小组进度完成。 3. 听取教师点评并修改完善施工图制作计划表。	1. 师评：教师点评学生角色扮演活动。 2. 师评：教师点评施工图绘制工作计划。
课时： 2 课时 1. 软资源：江南民宿工作计划表评价表、《酒店设计工作流程》视频等。			

学习任务 2　酒店空间设计（江南民宿设计）

1 获取信息，制订计划　2 方案设计　3 审核修改　4 总结展示

方案设计

工作子步骤	教师活动	学生活动	评价
1. 绘制平面布置图。	1. 发放施工图制图标准资料供学生学习，要求学生通过关键词法进行自我学习，并提出学习的规则和要求（时间 20 分钟、标记关键词、提问），采用旋转木马学习法强化学习内容。 2. 展示提问，播放 CAD 常用图例制作教学视频。提出观看视频的规则和要求（要根据问题记录笔记、提问），监督观看过程。 3. 提出任务（江南水乡特色家具、人体工程学、人性化设计与陈设风格等在 CAD 中的绘制练习）并巡回指导学生完成。 4. 讲授空间功能划分的原则与方法（案例讲授）。	1.自主学习施工图制图标准(关键词、旋转木马法）。 2. 回答教师提出的问题（CAD 国家制图标准）。 3. 听教师讲授空间功能分区的原则与方法。 4. 回答教师提出的问题（空间功能分区原则和方法）。人体工程学尺寸标识。 5. 通过小组内部成员沟通协助完成固定家具的创建，绘制江南水乡特色家具、陈设风格平面布置图。 6. 小组自评和互评平面布置图，增加师生互动。	1. 师评：教师对抽选学生回答问题的完整性和准确性进行点评。 2. 师评：教师点评各学生完成的 CAD 常用图例。 3. 自评和互评：各小组参照评价表对完成的平面布置图进行小组自评，挑选出小组代表作品，小组间再进行互评。 4. 师评：教师点评各小组平面布置图。
课时： 4 课时 1. 硬资源：通用型计算机机房、互联网等。 2. 教学设施：投影仪、白板、交互式一体机等。 3. 软资源：AutoCAD（2013 以上版本）、《房屋建筑制图统一标准》（GB/T 50001—2020）、CAD 常用图例制作教学视频、平面布置图评价表等。			
2. 绘制地面材质图。	1. 以优秀方案导入引入地面材质图课程。 2. 讲授江南水乡民宿酒店地面材质图绘制技巧（提醒学生材质考虑应因地制宜，原地取材）。 3. 观察并指导学生小组练习（教师提供协助）。 4. 教师提醒小组规范绘制施工图。 5. 发放评价表，组织各小组学生对地面材质图进行自评和小组互评。	1. 情境导入（优秀案例：地面材料黑科技），自主学习资料，掌握各类建材在 CAD 中的表示方法。 2. 观看教师绘制江南水乡民宿材质图（材质优先考虑应因地制宜，原地取材）。 3. 小组分工合作完成江南水乡民宿的地面材质图。 4. 小组自评和互评地面材质图。	1. 自评和互评：各小组参照评价表对完成的地面材质图进行小组自评，挑选出小组代表作品，小组间再进行互评。 2. 师评：教师点评各小组地面材质图。
课时： 4 课时 1. 软资源：AutoCAD（2013 以上版本）、《房屋建筑制图统一标准》（GB/T 50001—2020）、CAD 常用图例制作教学视频、平面布置图评价表等。			

1 获取信息，制订计划 → 2 方案设计 → 3 审核修改 → 4 总结展示

方案设计

工作子步骤	教师活动	学生活动	评价
3. 绘制顶棚图。	1. 发放常用顶棚图例给学生学习。 2. 讲解不同风格顶棚案例（配以特色区域酒店顶棚图优秀案例讲解）。教师举例乌镇网红民宿的地域文化特点与灯具造型相统一的设计（斗笠灯、渔船灯、石墩灯，油纸伞造型灯等）。 3. 播放教学视频（灯具的表示方法）。 4. 教师演示顶棚图的制作。 5. 巡回指导学生完成任务（指导学生从地区特点考虑照明设计配合平面功能区域）。 6. 发放顶棚图评价表，组织各小组学生对顶棚图进行自评和小组互评。	1. 观看教学视频（标高的使用），并练习标高的绘制。 2. 识读各类顶棚图纸，掌握各种吊顶及顶部造型的表示方法。结合各小组收集的江南水乡民宿设计特点设计顶棚，并搜集江南水乡照明灯具。 3. 观看视频学习各种灯具的表示方法。 4. 观看教师演示顶棚图的制作。 5. 小组分工合作完成顶棚图的绘制。 6. 小组自评和互评顶棚图。	1. 师评：教师点评学生回答问题的完整性和准确性。 2. 自评和互评：各小组参照评价表对完成的顶棚图进行小组自评，挑选出小组代表作品，小组间再进行互评。 3. 师评：教师抽查小组顶棚图设计是否符合江南地区特色，是否能在同类民宿中出类拔萃。
课时： 2 课时 1. 软资源：标高的使用教学视频、顶棚图造型纸质资料、灯具的表现方法教学视频、顶棚图评价表等。			
4. 绘制立面图。	1. 以优秀立面图案例引入立面图的绘制课程。 2. 教师发优秀立面图纸资料给学生学习并提问。 3. 教师讲授绘制江南民宿门头立面、接待处立面、餐厅主立面、主题房立面的设计要点。 4. 教师以乌镇民宿内部设计为例，分析设计元素如何在立面造型中展示；演示立面图的绘制；讲解立面材料的表现方法（结合中国传统文化与江南水乡朴素自然的风格特点）。 5. 巡回指导学生完成任务。 6. 发放立面图评价表。	1. 观看教师演示引线标注的使用并完成引线标注的练习。 2. 观看立面图制作的教学视频，回答如何把江南地区特点元素提取转化成装饰图案。 3. 完成立面图的绘制（江南民宿门头立面、接待处立面、餐厅主立面、主题房立面）。 4. 小组自评和互评立面图。	1. 自评和互评：各小组参照评价表对完成的建筑立面图进行小组自评，挑选出小组代表作品，小组间再进行互评。 2. 组织各小组学生对立面图进行自评和小组互评。 3. 师评：教师点评各小组建筑立面图。
课时： 6 课时 1. 软资源：立面图制作的教学视频，地区特色立面设计优秀案例、立面图评价表等。			

学习任务 2　酒店空间设计（江南民宿设计）

1 获取信息，制订计划　2 方案设计　3 审核修改　4 总结展示

<table>
<tr><th></th><th>工作子步骤</th><th>教师活动</th><th>学生活动</th><th>评价</th></tr>
<tr><td rowspan="4">方案设计</td><td>5. 绘制剖面图。</td><td>1. 发放吊顶材料图例给学生学习。
2. 演示江南水乡民宿吊顶剖面图的绘制。
3. 教师巡回指导，提醒学生剖面图绘制的设计要点。
4. 发放吊顶剖面图评价表，组织各小组学生对吊顶剖面图进行自评和小组互评。</td><td>1. 小组结合江南水乡民宿风格特点进行家具定制或墙面特点设计，掌握吊顶材料（轻钢龙骨、石膏线等）在 CAD 中的绘制方法。
2. 观看教师演示吊顶剖面图的绘制。
3. 完成江南水乡民宿的吊顶剖面图绘制。
4. 小组自评和互评吊顶剖面图。</td><td>1. 自评和互评：各小组参照评价表对完成的吊顶剖面图进行小组自评，挑选出小组代表作品，小组间再进行互评。
2. 师评：教师点评各小组吊顶剖面图。
3. 师评：教师点评学生回答问题的完整性和准确性。</td></tr>
<tr><td colspan="4">课时：2 课时
1. 软资源：顶棚造型的电子图片及所需要的 CAD 文件、吊顶剖面图评价表等。</td></tr>
<tr><td>6. 绘制大样图。</td><td>1. 通过人性化家具设计大样图及中国特色家具欣赏，组织学生讨论江南水乡民宿设计。
2. 演示家具大样图绘制教学视频并抽选学生提问。
3. 巡回指导学生完成任务。
4. 发放家具大样图评价表，组织各小组学生对家具大样图进行自评和小组互评。</td><td>1. 小组讨论人性化家具设计及水乡特色家具设计。思考如何从家具的细节凸显中国传统文化的传承。
2. 听讲教师讲解家具大样图的设计要点和难点。
3. 完成江南水乡民宿特色家具大样图的绘制。
4. 展示小组设计的江南水乡家具大样图、效果图及设计说明。
5. 小组自评和互评家具大样图。</td><td>1. 自评和互评：各小组参照评价表对完成的家具大样图进行小组自评，挑选出小组代表作品，小组间再进行互评。
2. 师评：教师点评各小组家具大样图。
3. 师评：教师点评学生回答问题的完整性和准确性。</td></tr>
<tr><td colspan="4">课时：2 课时
1. 硬资源：计算机、多媒体投影仪等。
2. 软资源：家具大样图绘制教学视频、家具大样图评价表等。</td></tr>
</table>

方案设计

工作子步骤	教师活动	学生活动	评价
7.绘制江南水乡民宿效果图。	1. 介绍 3ds Max 软件的设计范围与功能。通过讲解引导小组如何把中式江南水乡设计元素及设计重点用软件呈现出来。 2. 教师演示重点区域的效果图制作要点，并抽选学生提问。 3. 演示 3D 空间效果图的绘制。 4. 巡回指导学生完成任务。 5. 教师点评各小组效果图并提出修改意见。	1. 观看 3D 空间效果图制作的教学视频。 2. 利用 3ds Max 软件制作江南水乡民宿效果图。 3. 认真观看教师示范。小组讨论并分工合作完成效果图绘制。 4. 完成江南水乡民宿酒店 3D 空间效果图绘制。 5. 小组自评（以成果汇报的方式展示效果图空间重点区域的设计要点、设计方式与效果图绘制遇到的困难与解决办法）。 6. 小组互评（提出疑问）。	1. 小组自评（以成果汇报的方式展示效果图重点区域的设计要点、设计方式与效果图绘制遇到的困难与解决办法）。 2. 自评和互评：各小组参照评价表对完成的 3D 空间效果图进行小组自评，挑选出小组代表作品，小组间再进行互评。 3. 师评：教师点评各小组 3D 空间效果图。
课时： 8 课时 1. 软资源：3D 空间效果图制作的教学视频、3D 空间效果图评价表等。			
8. 制订江南水乡民宿软装设计方案。	1. 以优秀方案引入江南水乡民宿陈设方案的设计重点，讨论配色方案是否能突出中国传统文化与区域特色等要素。通过讲解引导小组如何把中式江南水乡设计元素及设计重点呈现出来。 2. 组织学生对小组方案给配色，并制订家具搭配方案。 3. 巡回指导学生完成任务。 4. 教师针对重点区域的配色方案给予修改意见。 5. 教师点评。	1. 结合各小组江南水乡民宿室内陈设风格讨论家具及配饰定位。 2. 提供符合江南情怀的特色家具与配色方案供客户选择。 3. 小组讨论并分工合作完成江南水乡民宿各区域陈设搭配方案，通过小组协作沟通等方式完成此项工作任务。 4. 小组自评（以成果汇报的方式展示色彩搭配方案与陈设搭配）。 5. 小组互评（提出疑问）。	1. 小组自评（以成果汇报的方式展示效果图重点区域的设计要点、设计方式与效果图制遇到的困难与解决办法）。 2. 自评和互评：各小组参照评价表对江南水乡民宿软装设计方案进行小组自评，挑选出小组代表作品，小组间再进行互评。 3. 师评：教师点评各小组 3D 空间效果图。
课时： 8 课时 1. 软资源：酒店设计的优秀案例（图片、视频）等。			

学习任务 2　酒店空间设计（江南民宿设计）

1 获取信息，制订计划　2 方案设计　3 审核修改　4 总结展示

审核修改

工作子步骤	教师活动	学生活动	评价
1. 完善施工图，审核修改。	1. 发放图纸样表，提醒学生观察图纸的索引样表填写内容有哪些。 2. 指导学生编排与填写。 3. 要求学生下载制图模板。 4. 指导学生套用模板。 5. 组织学生自我检查施工图错误（组织小组内部自查与组间互查）。 6. 指导学生改正图纸。 7. 检查学生提交的施工图纸是否齐全。	1. 观察图纸的索引样表填写内容有哪些，听取教师提醒，做好填写记录。 2. 编排图纸索引并填写样表。 3. 制图模板的运用。 4. 材料表的正确标注与规范重点。 5. 五金配件表的规范。 6. 审核与修改。 7. 学生自我检查施工图有无错误和漏缺。 8. 修改江南水乡民宿图纸。 9. 提交施工图定稿,提出打印要求。	1. 过程性评价：重点观察学生检查图纸细节和修改后的图是否正确。 2. 成果验收方式：学生提交电子版图纸。 3. 成果验收标准：电子版图纸是否齐全，是否符合国家制图标准。

课时： 8 课时

1. 硬资源：通用型计算机机房、互联网等。
2. 软资源：工作页、参考教材、授课 PPT、图纸的索引样表、制图模板、居住空间施工图、《建筑工程施工质量评价标准》等。
3. 教学设施：投影仪、白板、交互式一体机等。

基准课时：60

1 获取信息，制订计划　2 方案设计　3 审核修改　4 总结展示

	工作子步骤	教师活动	学生活动	评价
总结展示	1. 制作江南水乡民宿方案书总结 PPT。	1. 分析制作酒店施工图总结 PPT 的要点与要求。 2. 指导学生以小组为单位围绕江南水乡设计提案进行讨论。 3. 引导学生进行小组内成员的自评。 4. 引导学生进行总结 PPT 展示。 5. 组织各组进行互评。 6. 对学生的编写思路和步骤进行适当的点评。 7. 总结江南水乡民宿设计方案的技巧和方法。 8. 收集本学习任务完整的学习成果和总结汇报 PPT，并按照优秀、中等、一般、差四个等级进行归类存档，选出优秀方案，鼓励学生参与设计比赛。	1. 听取教师讲授制作江南水乡民宿施工图总结 PPT 的要点、原则与要求。 2. 组长组织小组成员进行讨论，分析优点、发现缺点，提出改进方法，归纳总结施工图绘制要点。 3. 各组进行小组内成员的自评，评出小组中优秀的设计提案，并说明原因。 4. 各组根据组内最优秀的施工图看制作总结 PPT，展示组员风采，并上台展示。 5. 观看各组的总结演示，与自己的总结 PPT 进行对比，归纳出江南水乡民宿设计的总体思路。 6. 对其他各组的总结 PPT 进行评价。 7. 认真记录教师对本组任务完成情况的点评。	1. 自评：各小组进行内部讨论和评比，评出小组中最优秀的设计方案（给予各小组代表 5 分钟演讲时间，内容包括作品、设计问题、解决方式等）。 2. 互评：对各小组方案进行点评并提出疑问。各小组参照评价表对完成的整体江南水乡民宿设计方案总结 PPT 进行互评。 3. 师评：教师听取各组的总结 PPT 演讲，参照点评表对其 PPT 进行深入点评并填写评分表。

课时： 6 课时
1. 硬资源：通用型计算机机房、互联网等。
2. 教学设施：投影仪、白板、交互式一体机等。
3. 软资源：Word（2007 以上版本）、江南水乡设计方案绘制总结 PPT 自评表、施工图绘制总结 PPT 互评表、学习任务总体评价表等。

考核标准

考核任务案例：电子产品门店空间设计。

情境描述：

接到一项关于某品牌电子产品门店升级的设计任务，客户要求将门店换成与产品搭配的中式风格软装。该项目位于广州市白云区某大型商业广场，面积 100 m^2，净高 4500 mm（板底），梁底高 3900 mm，门可移动，入口在南侧。要求设计方案要贴近现代化，能反映品牌特点，与产品概念一致，半个月完成方案设计。

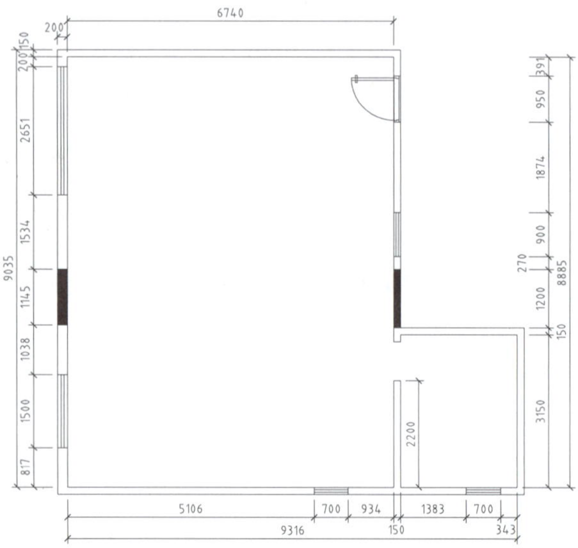

任务要求：

设计方案要满足要基本功能，需要将门店换成与产品搭配的中式风格软装。店内展示区、橱窗、收银台、储藏室等空间划分合理，人流线路组织清晰流畅，用色、用料、灯光合理、巧妙，既能满足商业空间设计的要求，又能体现专卖店设计特点，还要考虑到用最经济的成本创造最好的效果，设计别具匠心，能引起人们的购买欲。

1. 空间平面图：比例为 1 ∶ 100（含展示空间平面布置、家具尺寸等）。
2. 空间顶面图：比例为 1 ∶ 100（含顶面装饰、灯具布置、烟感、喷淋等）。
3. 人流动线图。
4. 功能区域图。
5. 空间陈列设计立面图：2 张（详细的家具材料与尺寸）。
6. 效果图：2 张，方位自定，图幅 A3。
7. 图纸要求填充色彩或相应材质，表现形式不限。
8. 制作商业空间方案书及汇报 PPT。

参考资料：

《商业空间设计》（吴志强、高雄主编，江苏大学出版社）。

评价方式：

过程评价：小组自评、组间互评、教师总评，三者成绩相加的平均值作为过程性评价的最终学生成绩。

结果评价：任课教师、专业带头人、企业专家共同实施考核评价，取所有考核人员评分的平均分作为学生考核成绩。评价内容包括：门店设计提案、效果图（意向图）作品展示说明。

评价标准：

根据学生完成情况、行业标准等评定学业成果。

过程性评价表

评分标准	评价要求
1. 团队合作（30 分）	团队合作能力强而高效，小组在规定时间内完成任务
2. 沟通礼仪（20 分）	做到与甲方有效沟通
3. 获取信息（25 分）	能理解任务书的内容和要求，关键性的设计要点提取全面、准确；能符合甲方要求；元素全面准确；能转化理解到位
4. 成果展示（25 分）	言简意赅，思路清晰，重点突出，汇报内容全面详细；设计方案的制订能考虑到经济价值、商业价值、文化价值

终结性考核评价表

	评价要求	评分标准			
		9~10	7~8	5~6	1~4
专业能力评价标准（50 分）	1. 小组成员能在规定时间完成整体设计方案制作				
	2. 提案能充分反映风格特点				
	3. 空间利用合理，表现手法创新（表现技法与布局）				
	4. 施工图符合国家标准				
	5. 设计方案体现商业价值和经济价值、文化价值（中国文化传承）				
社会能力评价标准（50 分）	6. 小组分工明确，合作能力强而高效				
	7. 仪容仪表符合学校要求				
	8. 工作过程中能做到工作台整洁干净				
	9. 汇报过程中能正确、流利地进行语言陈述				
	10. 汇报内容重点突出，思路清晰、准确				
总得分情况					

课程 7　展示空间设计

学习任务 1
青花瓷橱窗设计
（40）课时

学习任务 2
粤文化展厅空间设计
（40）课时

课程目标

1. 能够与甲方进行有效的沟通，明确工作任务和时间要求等，能够充分理解客户的展示要求、展示内容及展品的相关资料，从而明确设计思路、设计理念及设计风格等。

2. 能从展品特点或者品牌理念当中提炼出具有中式代表的设计元素，并掌握元素创意性的运用方法，设计构思需体现爱国主义精神，能从中感受中国文化的精髓与意蕴。

3. 能熟练掌握相关设计手段和设计方法，能灵活运用视觉原理，掌握相关的视觉原理知识。

4. 了解展示空间类型及相关的人体各部位的尺寸，并能熟记展示设计常用的基本尺度。

5. 掌握元素创意性的运用方法，能够学会从平面规划设计到立面构成，最后对空间进行限定的空间设计方法，并能运用色彩、灯光照明和道具陈设进一步完善空间。

6. 确定展示设计的主题，并把主题通过视觉形象化，提炼空间设计元素。确定考虑展示设计的整体功能布局、框架结构和使用方式。

7. 能以设计师的职业素养，认真务实按照国家统一的室内制图规范《房屋建筑制图统一标准》（GB 50001—2020），利用各种制图软件绘制展示空间设计项目的平面图、施工图。

8. 能按照图纸绘制要求，准确无误标注点、线、面，按时、按质、按量完成绘图任务。

9. 能根据修改建议修正图纸，并能按照公司管理制度将完成后的图纸交付设计师审核。

10. 能够对展示空间设计方案做出客观评价，反思工作与学习的过程。

课时：80

课程内容

一 . 专业内容

1. 展示设计概述。

2. 展示设计的基础原理。

3. 展示设计的要素。

4. 展示设计中的人体工程学。

5. 展示环境的空间设计。

6. 营销空间的展示设计。

7. 展示设计的表现技法。

8. 展示空间的设计程序。

二 . 软件等技术内容

1. 展示空间设计调研与思维导图绘制。

2. 空间设计草图绘制的标准与规范及施工工艺流程。

3. CAD 平面图、施工图绘制技巧与方法。

4. CAD 平面图、施工图标注的技巧与方法、标准与规范。

5. 运用 3ds Max 软件进行展示设计效果图绘制的技巧与方法、标准与规范 [《房屋建筑制图统一标准》（GB 50001—2020）]。

6. 运用草图大师（SketchUp）软件进行展示设计效果图绘制的技巧与方法、标准与规范。

7. 运用 Photoshop 软件进行展示设计效果图后期处理的方法。

8. 施工图纸资料整理、归档、存储的技巧和方法。

9. 绘图及其辅助设备的操作规范，计算机绘图设备的基本维护知识。

学习任务 1　青花瓷橱窗设计

任务描述

学习任务课时：40 课时

任务情境：

某学校室内装饰设计工作室接到某陶瓷艺术产品专卖店橱窗设计的任务，需在规定的时间内完成青花瓷橱窗设计提案。该陶瓷艺术产品专卖店位于广州市天河区某商场，专卖店面积约 100 m^2，要求根据店面已有的中国青花瓷艺术风格进行橱窗设计（半开放式或封闭式橱窗，面积为 3 m^2）。工作室要求学生组成设计小组完成全套青花瓷橱窗设计的施工图纸（平面图、立面图、效果图等），并符合国家建筑制图标准和规范，能突出与青花瓷相关的中式文化。

具体要求见下页。

工作流程和标准

工作环节 1

前期沟通

1

1. 能够以认真谨慎的态度到施工现场与甲方进行沟通并进行量房和现场拍照，手绘建筑原始结构图并记录相关数据和管线梁柱等部位。
2. 学生认真参考手绘建筑原始结构图，利用 CAD 绘制建筑原始结构平面图，完成后交给设计师做平面规划方案。
3. 通过设计调研，完成思维导图，能够把设计元素转化为新的核心概念表现在方案中。
4. 根据客户要求，对粤文化展厅信息进行收集，展示地区文化特色。
5. 根据设计师的草图方案明确施工图绘图任务要求和时间节点，并制订一份施工图绘制工作计划与设计合约。

工作成果：手绘原始结构图、CAD 原始结构图、设计合约。

学习成果：施工图绘制工作计划。

工作环节 3

审核修改

3

1. 提交整套青花瓷橱窗设计提案给设计师进行审核。
2. 根据设计师的反馈意见对图纸进行修改和完善。

学习成果：青花瓷橱窗设计提案定稿。

工作环节 2

方案设计

2

1. 根据提供的平面布置草图方案绘制符合国家标准和规范的总平面布置图、分层平面布置图、地面材质图、顶棚图；要求每一个细节都尽量体现中国特色，搜集与青花瓷相关的热销产品——茶具，突出中国传统茶文化；树立爱国意识，收集传统图案的意蕴与历史背景，体现承上启下的文化传承。将景德镇陶瓷、烧制工艺、上釉工艺、青花瓷品传统图案、人文习惯等作为设计提取元素。
2. 根据建筑平面图、草图方案绘制出符合国家标准和规范的各空间主要立面图。
3. 与设计师沟通，确定空间主要设计节点，根据青花瓷橱窗设计草图绘制出设计节点剖面图、大样图。
4. 设计具有传统中式风格的灯具与照明。
5. 根据平面图与青花瓷设计元素提炼的结合，绘制青花瓷橱窗设计效果图。
6. 根据制图规范完成图纸目录并对整套施工图进行排版（方案书排版中，封面、封底、内页贯穿统一的中式设计元素）。

工作成果：全套青花瓷橱窗设计提案初稿（目录、原始平面图、平面布置图、顶棚图、橱窗材料设计，立面图，效果图）。

工作环节 4

总结展示

4

1. 对审核通过的青花瓷橱窗设计提案以 PPT 的形式或书面的方式展示。
2. 总结制作过程中遇到的各种难点和问题，并分享项目制作中的收获。

学习成果：汇报 PPT。

学习内容

知识点	1.1 青花瓷店面橱窗设计风格（以扬州、景德镇等陶瓷故乡为设计方向）； 1.2 现场勘查与测量，绘制原始结构图技巧； 1.3 观看相关爱国主义纪录片，激发学生的爱国及传承中华传统文化的热情；青花瓷店面橱窗设计元素提炼（地区文化、爱国情怀、特殊符号、地区特色特产）； 1.4 空间功能与规划（橱窗分类与设计）； 1.5 设计师职业道德规范与设计守则； 1.6 编制工作计划的标准化	2.1 施工图制图规范； 2.2 青花瓷店面橱窗设计平面区域图； 2.3 青花瓷店面橱窗空间划分； 2.4 地面建筑材料的表现方法； 2.5 各类灯具的标识方法	3.1 立面施工图的常规绘图比例； 3.2 墙面建筑材料的表现方法； 3.3 橱窗立面造型设计表现； 3.4 材料与尺寸的编制规范
技能点	1.1 准确把握中式风格； 1.2 正确拍摄现场照片并手绘原始结构图； 1.3 对青花瓷茶具及艺术品图案与造型做设计元素提炼； 1.4 了解设计流程、思维导图； 1.5 手绘方案设计初稿； 1.6 制订工作计划与合同	2.1 AutoCAD 软件各项工具的运用； 2.2 合理规划橱窗布局与表现手段； 2.3 准确标识地面材料与地面装饰规划； 2.4 在顶棚图上正确标注灯具与天花设计	3.1 青花瓷店面橱窗立面绘制技巧； 3.2 能够结合店面中式风格特点设计立面造型
工作环节	工作环节 1 获取信息，制订计划	方案设计 工作环节 2	
成果	1.1 青花瓷店面橱窗设计平面手稿； 1.2 手绘结构图； 1.3 青花瓷店面橱窗设计合约与工作计划	2.1 原始户型图； 2.2 平面布置图、区域图； 2.3 顶棚图； 2.4 地材图	3.1 青花瓷店面橱窗立面图
素养	1.1 解读信息的能力； 1.2 表达与沟通的能力	熟悉建筑装饰行业识图制图规范	

4.1 结构施工图的常规绘图比例； 4.2 剖面图制规范与表现技法； 4.3 特制家具大样图绘制技法	5.1 青花瓷店面橱窗季节系列效果图制作技巧（春夏秋冬——茶品、艺术品）； 5.2 图像后期制作知识； 5.3 青花瓷店面橱窗意向图搜集方法与提炼	6.1 施工图审核要求与标准； 6.2 橱窗展具尺寸表； 6.3 制图模板规范； 6.4 方案书排版规范； 6.5 材料表的编制要求与方法； 6.6 方案设计排版技巧	7.1 语言表达技巧与答辩技能； 7.2 常用办公软件制作流程与技能； 7.3 归纳与总结
4.1 绘制吊顶剖面图； 4.2 绘制青花瓷店面橱窗特制家具大样图	5.1 掌握各种效果图软件（3D、SU 等）； 5.2 家具尺寸、设计元素的融合（季节的变化，中国茶文化，赏花文化与人文生活习惯）； 5.3 掌握图像处理软件； 5.4 运用陈设设计技法搭配青花瓷店面橱窗季节系列软装设计图	6.1 按照制图规范编排图纸； 6.2 根据使用材料编制预算表格编制； 6.3 编制橱窗展具尺寸表； 6.4 青花瓷店面橱窗设计提案排版编制（注意封面、内页至封底统一风格）	7.1 运用语言艺术技巧简明清晰表达设计意图； 7.2 运用 PPT 办公软件编制青花瓷橱窗方案并汇报； 7.3 撰写设计心得 500 字

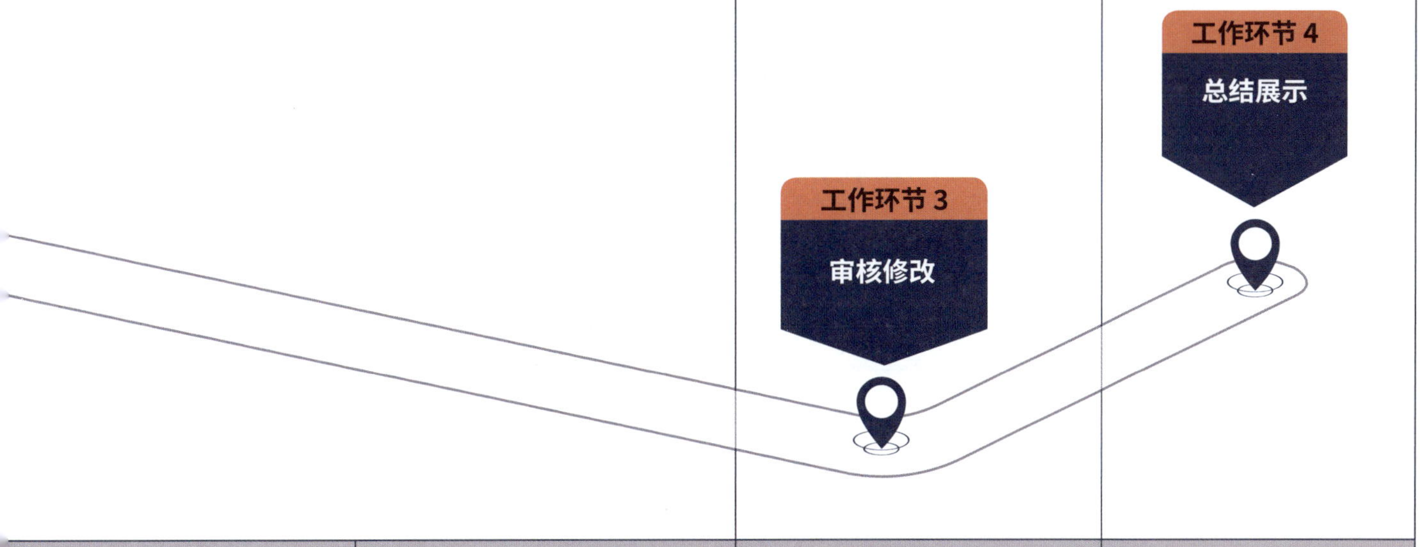

4.1 剖面图； 4.2 青花瓷店面橱窗特制家具大样图	5.1 青花瓷店面橱窗季节系列效果图； 5.2 青花瓷店面橱窗季节系列软装设计图	6.1 完善施工图，审核与修改	7.1 总结 PPT
			7.1 归纳、总结、分析的能力

课程 7 展示空间设计

学习任务 1 青花瓷橱窗设计

1 获取信息，制订计划 → 2 方案设计 → 3 审核修改 → 4 总结展示

获取信息，制订计划

工作子步骤	教师活动	学生活动	评价
1. 接到设计青花瓷店面橱窗设计的设计任务。 2. 与客户交谈，了解橱窗设计要求与设计风格意向。 3. 观看爱国主义纪录片《瓷都景德镇》。	1. 整顿课堂，向全体学生问好并进行考勤点名。 2. 教师播放《瓷都景德镇》纪录片，激发学生爱国热情，引入课题。 3. 发放青花瓷店面橱窗设计任务书。通过景德镇、扬州等陶瓷故乡的视频感染学生；通过中国茶具、中国茶文化等从视听感受进行学习任务情境模拟，引导学生解读任务书。 4. 布置组队完成学习任务。 5. 要求学生通过小组合作与探究学习形式搜集关于青花瓷店面橱窗设计的相关资料（空间规划、功能分区、周边环境调研、平面尺寸复检，以及中式风格的元素意向图等信息）。 6. 教师讲解并示范手绘平面图。组织学生小组完成设计元素。 7. 教师分析不同地区的设计合同差异（气候、温度、地区设计条例等）。 8. 解读设计合同陷阱和规章制度。 9. 总结本课内容与预告下次课程。	1. 整理仪容仪表，交手机，准备上课材料。全体学生向老师问好。（5 分钟） 2. 观看《瓷都景德镇》，加深学生对青花瓷的认识与情感建立。 3. 学生解读任务书，用记号笔在任务书中标记关键信息，明确学习任务。（信息的解读能力） 4. 学生组成橱窗设计小组。 5. 通过小组合作与探究学习形式搜集关于青花瓷店面橱窗设计的相关资料（空间规划、功能分区、周边环境调研、平面尺寸复检，以及中式风格的元素意向图等信息）。 6. 听教师分析不同地区的设计合同差异（气候、温度、地区设计条例等）。 7. 认真观看教师示范手绘平面图。 8. 听教师讲解设计合同的关键点。 9. 完成提取信息任务，认真听教师总结与下次课程预告。	1. 评价小组收集青花瓷店面橱窗设计信息的准确性与创意性。 2. 师评：教师点评学生回答问题的完整性和准确性。

课时： 6 课时

1. 硬资源：通用型计算机机房、互联网等。
2. 教学设施：投影仪、白板、交互式一体机等。
3. 软资源：AutoCAD（2013 以上版本）等。
4. 资料：《瓷都景德镇》纪录片、《商业空间设计》、《酒店空间设计》、授课 PPT、参考教材等。

工作子步骤	教师活动	学生活动	评价
4. 绘制 CAD 原始结构图。	1. 对子任务 1（手绘原始草图和施工现场拍照）的工作完成情况进行回顾，并介绍子任务 2（绘制原始户型图）的工作内容、目标、要求。 2. 教师下发 CAD 常用工具快捷键及使用方法文字资料，并进行常用快捷键操作演示。 3. 发放橱窗空间尺寸与空间开放方式给学生选择。 4. 演示并讲授绘制 CAD 原始结构户型图的基本步骤和方法。 5. 布置 CAD 原始结构图绘制任务并监督、指导学生完成。 6. 组织小组学生对 CAD 原始结构户型图进行自评和互评。 7. 教师对各小组的 CAD 原始结构图进行总结点评并指导学生进行修改完善。	1. 回顾子任务 1 的完成情况，听取教师介绍青花瓷店面橱窗设计学习任务的平面设计要点，工作内容、目标和要求等信息，明确子任务 2 的工作内容、目标和要求。 2. 自主阅读 CAD 常用工具快捷键及使用方法资料，标记关键词，并在计算机上进行快捷键的实操练习。 3. 小组讨论确定橱窗尺寸与空间展示方式。 4. 观摩教师演示原始结构平面图的制作并记录步骤与方法。 5. 参考手绘原始结构图利用 CAD 软件绘制 CAD 原始结构户型图。 6. 小组自评和互评 CAD 原始结构户型图。 7. 修改完善 CAD 原始结构户型图。	1. 自评和互评：学生根据评价表自评和互评手绘原始结构图（通过小组互评挑选小组代表作品，再进行小组间互评）。 2. 师评：教师点评各小组手绘原始结构图（标注的准确性、完整性）。
课时： 2 课时 1. 软资源：CAD 常用工具快捷键及使用方法资料、CAD 原始结构图自评表和互评表等。			
5. 填写施工图绘制计划表格。	1. 教师扮演设计师与助理设计师（学生扮演）进行沟通交流，告知其设计意图、施工图绘制要求等信息。 2. 教师点评学生活动。 3. 发放施工图绘制计划表并指导学生填写。 4. 对计划表进行点评并指导学生进行修改完善。	1. 学生扮演助理设计师与设计师（教师扮演）进行沟通，了解设计师设计意等信息（其他学生观察聆听）。 2. 填写施工图绘制计划表，根据小组进度完成。 3. 根据小组工作安排，填写任务责任人、工作任务内容及时间节点。 4. 听取教师点评并修改完善施工图制作计划表。	1. 师评：教师点评学生角色扮演活动。 2. 师评：教师点评施工图绘制工作计划。
课时： 2 课时 1. 软资源：小组工作计划表 、《房屋建筑制图统一标准》（GB/T 50001—2020）等。			

课程 7 展示空间设计

学习任务 1 青花瓷橱窗设计

1 获取信息，制订计划　2 方案设计　3 审核修改　4 总结展示

方案设计

工作子步骤	教师活动	学生活动	评价
1. 绘制平面布置图。	1. 发放施工图制图标准资料供学生学习，要求学生通过关键词方法进行自我学习，并提出学习的规则和要求（时间 20 分钟、标记关键词、提问），采用旋转木马学习法强化学习内容。 2. 利用卡片提问法抽选每个小组代表回答卡片上提出的问题。 3. 展示提问，播放 CAD 常用图例制作教学视频。提出观看视频的规则和要求（要根据问题记录笔记、提问），监督观看过程。 4. 布置青花瓷橱窗空间设计的平面设计与展具排列展示分类绘制练习，并巡回指导。 5. 讲授空间功能划分的原则与方法（案例讲授）。	1. 自主学习施工图制图标准（关键词、旋转木马法）。 2. 回答教师提出的问题（CAD 国家制图标准）。 3. 听教师讲授橱窗设计的设计原则与分类。 4. 回答教师提出的问题（橱窗空间平面图空间功能分区原则和方法）。 5. 小组通过内部成员沟通协助完成固定家具的创建及青花瓷橱窗空间平面布置。 6. 小组自评和互评平面布置图，增加师生互动。	1. 师评：教师对抽选学生回答问题的完整性和准确性进行点评。 2. 师评：教师点评各学生完成的 CAD 常用图例。 3. 自评和互评：各小组参照评价表对完成的平面布置图进行小组自评，挑选出小组代表作品，小组间再进行互评。 4. 师评：教师点评各小组平面布置图。
课时： 2 课时 1. 硬资源：通用型计算机机房、互联网等。 2. 教学设施：投影仪、白板、交互式一体机等。 3. 软资源：AutoCAD（2013 以上版本）、施工图制图标准纸质资料、问题卡片、CAD 常用图例制作教学视频、平面布置图评价表等。			
2. 绘制地面材质图。	1. 以优秀方案导入承上启下，引入地材图课程。 2. 讲授青花瓷橱窗空间地面材质图绘制技巧。 3. 观察并指导学生小组练习（教师提供协助）。 4. 教师提醒小组按规范绘制施工图规范。 5. 发放平面地材图评价表，组织各小组学生对平面布置图进行自评和小组互评。	1. 情境导入（优秀案例：地面材料黑科技）。 2. 自主学习资料，掌握各类建材在 CAD 中的表示方法。 3. 观看教师演示青花瓷橱窗空间材质图的绘制。 4. 小组分工合作完成青花瓷橱窗空间地面材质图（考虑室内空间，能凸显产品特性的地面材料）。 5. 小组自评和互评地面材质图。	1. 自评和互评：各小组参照评价表对完成的地面材质图进行小组自评，挑选出小组代表作品，小组间再进行互评。 2. 师评：教师点评各小组地面材质图。
课时： 2 课时 1. 硬资源：材质图纸质资料、地面材质图评价表等。			

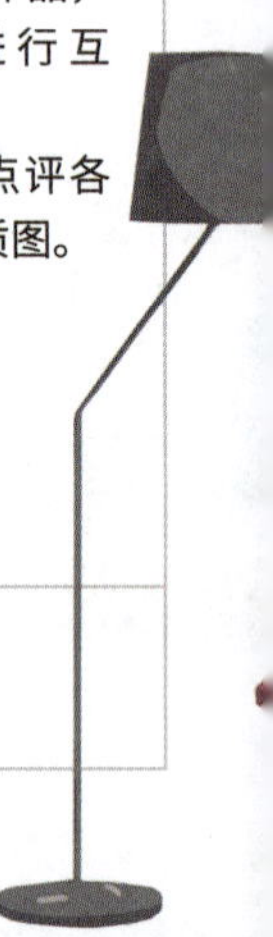

方案设计

工作子步骤	教师活动	学生活动	评价
3. 绘制顶棚图。	1. 发放常用顶棚材质图例给学生学习。 2. 演示青花瓷橱窗空间天花的绘制（配以特色区域）。 3. 播放教学视频（橱窗常用灯具），提出观看视频的规则，监督观看过程。 4. 教师演示顶棚图的制作。 5. 巡回指导学生完成任务（指导学生通过地区特点考虑照明设计配合平面功能区域）。 6. 发放顶棚图评价表，组织各小组学生对顶棚图进行自评和小组互评。	1. 观看教学视频（标高的使用），并练习标高的绘制。 2. 识读各类顶棚图纸，掌握各种吊顶及顶部造型的表示方法。结合各小组总结的青花瓷橱窗空间特点设计天花顶棚，并搜集与青花瓷图案相关的照明灯具。 3. 观看视频学习各种灯具的表示方法。 4. 观看教师演示顶棚图的制作。 5. 小组分工合作完成顶棚图的绘制。 6. 小组自评和互评顶棚图。(10 分钟)	1. 师评：教师点评学生回答问题的完整性和准确性。 2. 自评和互评：各小组参照评价表对完成的顶棚图进行小组自评，挑选出小组代表作品，小组间再进行互评。 3. 师评：教师点评各小组顶棚图。 4. 师评：教师抽查小组顶棚图设计是否符合青花瓷橱窗空间设计要求，是否能突出产品性能，是否能吸引人。
课时： 2 课时 1. 软资源：标高的使用教学视频、顶棚图造型纸质资料、橱窗灯具布置与灯光效果、顶棚图评价表等。			
4. 绘制立面图。	1. 以优秀立面图案例引入立面图的绘制课程。 2. 教师发放优秀立面图的造型图纸资料给学生学习并提问。 3. 教师讲授青花瓷店面橱窗空间立面的绘制。 4. 播放《橱窗空间常用表现手法与道具使用》视频。 5. 教师演示立面图的绘制，讲解立面材料的表现方法。 6. 巡回指导学生完成任务。 7. 发放立面图评价表，组织各小组学生对立面图进行自评和小组互评。	1. 观看教师演示引线标注的使用并完成引线标注的练习。 2. 观看立面图制作的教学视频，回答如何提取青花瓷橱窗空间主立面元素。通过立面设计反映产品特点，配合季节系列凸显中国传统文化与产品的结合。 3. 完成青花瓷店面橱窗空间立面图的绘制。 4. 学生观看《橱窗空间常用表现手法与道具使用》视频。 5. 听教师讲解立面图的造型制作。 6. 小组完成立面图制作。 7. 小组自评和互评立面图。	1. 师评：教师点评学生角色扮演活动。 2. 师评：教师点评各小组立面图。
课时： 4 课时 1. 软资源：立面图制作的教学视频、地区特色立面设计优秀案例、《橱窗空间常用表现手法与道具使用》视频、立面图评价表等。			

学习任务 1 青花瓷橱窗设计

1 获取信息，制订计划　2 方案设计　3 审核修改　4 总结展示

方案设计

工作子步骤	教师活动	学生活动	评价
5. 绘制剖面图。	1. 发放吊顶材料图例给学生学习，讲解橱窗空间常用顶棚材料。 2. 演示青花瓷橱窗空间吊顶剖面图的绘制。 3. 教师巡回指导，提醒学生剖面图绘制的设计要点。 4. 发放吊顶剖面图评价表，组织各小组学生对吊顶剖面图进行自评和小组互评。	1. 小组结合青花瓷店面设计特点，进行家具定制或墙面特点设计，掌握吊顶材料（轻钢龙骨、石膏线等）在 CAD 中的绘制方法。 2. 观看教师演示吊顶剖面图的绘制。 3. 完成青花瓷橱窗空间的吊顶剖面图的绘制）。 4. 小组自评和互评吊顶剖面图。	1. 自评和互评：各小组参照评价表对完成的吊顶剖面图进行小组自评，挑选出小组代表作品，小组间再进行互评。 2. 师评：教师点评各小组吊顶剖面图。 3. 师评：教师点评学生回答问题的完整性和准确性。
课时： 2 课时 1. 软资源：顶棚造型的电子图片、剖面图 CAD 绘制视频、吊顶剖面图评价表等。			
6. 绘制大样图。	1. 通过人性化家具设计大样图及中国特色家具欣赏，组织学生讨论青花瓷橱窗空间展具。 2. 播放家具大样图绘制教学视频并抽选学生提问。 3. 巡回指导学生完成任务。 4. 发放家具大样图评价表，组织各小组学生对家具大样图进行自评和小组互评。	1. 小组讨论人性化家具设计及青花瓷橱窗展具。思考如何从家具的细节凸显中国传统文化的传承(展具设计要体现传统文化、插花工艺、吉祥图案等，能彰显中国文化自信）。 2. 听讲教师讲解家具大样图的设计要点和难点。 3. 完成青花瓷橱窗空间展具大样图的绘制。 4. 小组展示设计的青花瓷橱窗效果图、大样图及设计说明。 5. 小组自评和互评家具大样图。	1. 自评和互评：各小组参照评价表对完成的家具大样图进行小组自评，挑选出小组代表作品，小组间再进行互评。 2. 师评：教师点评各小组家具大样图。 3. 师评：教师点评学生回答问题的完整性和准确性。
课时： 2 课时 1. 硬资源：家具大样图绘制教学视频、橱窗设计优秀案例、多媒体投影仪、家具大样图评价表等。			

方案设计

工作子步骤	教师活动	学生活动	评价
7. 绘制青花瓷橱窗设计效果图。	1. 介绍 3ds Max 软件的设计范围与功能。通过讲解引导小组把青花瓷元素及设计重点用软件呈现出来。 2. 教师演示重点区域的效果图制作要点，并抽选学生提问。 3. 演示 3D 空间效果图的绘制。 4. 巡回指导学生完成任务。 5. 教师点评各小组效果图并提出修改意见。	1. 观看 3D 空间效果图制作的教学视频。 2. 利用 3ds Max 软件进行青花瓷橱窗空间效果图制作。 3. 认真观看教师示范。小组讨论并分工合作完成效果图各自负责区域。 4. 完成青花瓷店面橱窗季节系列效果图绘制。 5. 小组自评（以成果汇报的方式展示效果图空间重点区域的设计要点、设计方式与绘制中遇到的困难与解决办法。） 6. 小组互评（提出疑问）。	1. 小组自评（以成果汇报的方式展示效果图重点区域的设计要点、设计方式与效果图绘制中遇到的困难与解决办法）。 2. 互评：各小组参照评价表对完成的 3D 空间效果图进行小组自评，挑选出小组代表作品，小组间再进行互评。 3. 师评：教师点评各小组 3D 空间效果图。
课时： 4 课时 1. 软资源：3D 空间效果图制作的教学视频、3D 空间效果图评价表等。			
8. 制订青花瓷店面橱窗季节系列软装设计方案。	1. 以优秀方案引入展厅陈设方案的设计重点，点缀与设计重点；讨论配色方案是否能突出中国传统文化与区域特色等要素。通过讲解引导小组把产品特征和卖点通过设计呈现出来。 2. 组织学生对小组方案给配色，并制订家具搭配方案。 3. 巡回指导学生完成任务。 4. 教师针对重点区域的配色方案给予修改意见。	1. 通过展示设计的优秀案例结合各小组青花瓷店面橱窗季节系列室内陈设与家具特点进行讨论。 2. 提供符合四季变换特征与产品特点的配色方案供客户选择。 3. 小组讨论并分工合作完成青花瓷店面橱窗季节系列各区域陈设搭配方案。 4. 小组自评。（以成果汇报的方式展示色彩搭配与陈设搭配方案） 5. 小组互评（提出疑问）。	1. 小组自评（以成果汇报的方式展示重点区域的设计要点、设计方式与解决办法。 2. 自评和互评：各小组参照评价表对青花瓷店面橱窗季节系列软装设计方案进行小组自评，挑选出小组代表作品，小组间再进行互评。 3. 师评：教师点评各小组空间软装陈设搭配设计。
课时： 4 课时 1. 软资源：立面图制作的教学视频、地区特色立面设计优秀案例、《橱窗空间常用表现手法与道具使用》视频、立面图评价表等。			

学习任务 1　青花瓷橱窗设计

1 获取信息，制订计划　2 方案设计　3 审核修改　4 总结展示

审核修改

工作子步骤	教师活动	学生活动	评价
1. 完善施工图，审核与修改。	1. 发放图纸样表，提醒学生观察图纸的索引样表填写内容有哪些。 2. 指导学生编排与填写。 3. 要求学生下载制图模板。 4. 指导学生套用模板。 5. 组织学生自我检查施工图错误（组织小组内部自查与组间互查）。 6. 指导学生改正图纸。 7. 检查学生提交的施工图纸是否齐全。	1. 观察图纸的索引样表填写内容有哪些，听取教师提醒，做好填写记录。 2. 编排图纸索引与填写样表。 3. 制图模板的运用。 4. 材料表的正确标注与规范。 5. 审核与修改。 6. 学生自我检查施工图有无错误和漏缺。 7. 修改青花瓷店面橱窗季节系列图纸。 8. 提交施工图定稿，提出打印要求。	1. 过程性评价：重点观察学生检查图纸细节和修改后是否正确。 2. 成果验收方式：学生提交电子版图纸。 3. 成果验收标准：电子版图纸是否齐全，是否符合国家制图标准。

课时： 4 课时

1. 硬资源：通用型计算机机房、互联网等。
2. 软资源：工作页、参考教材、授课 PPT、图纸的索引样表、制图模板、居住空间施工图、《建筑工程施工质量评价标准》等。
3. 教学设施：投影仪、白板、交互式一体机等。

1 获取信息，制订计划 → 2 方案设计 → 3 审核修改 → 4 总结展示

	工作子步骤	教师活动	学生活动	评价
总结展示	1. 制作青花瓷店面橱窗季节系列提案总结 PPT。	1. 分析制作酒店施工图总结 PPT 的要点与要求（包括目录、原始户型图、平面布置图、地面材质图、方案顶棚图、立面图、剖面图、大样图、效果图与陈设设计方案）。 2. 指导学生以小组为单位围绕江南水乡设计提案进行讨论。 3. 引导学生进行小组内成员的自评。 4. 引导学生进行总结 PPT 展示。 5. 组织各组进行互评。 6. 对学生的编写思路和步骤进行适当的点评。 7. 总结青花瓷店面橱窗季节系列设计方案的技巧和方法。 8. 收集本学习任务完整的学习成果和总结汇报 PPT，并按照优秀、中等、一般、差四个等级进行归类存档，选出优秀方案，鼓励学生参与设计比赛。	1. 听取教师讲授制作青花瓷店面橱窗季节系列施工图总结 PPT 的要点、原则与要求。 2. 组长组织小组成员进行讨论，分析优点、发现缺点，提出改进方法，归纳、总结、分析、提炼施工图绘制要点。 3. 各组进行小组内成员的自评，评出小组中优秀的设计提案，并说明原因。 4. 各组根据组内最优秀的施工图制作总结 PPT，展示组员风采，并上台展示。 5. 观看各组的总结演示，与自己的总结 PPT 进行对比，归纳出青花瓷店面橱窗季节系列提案的总体思路。（20 分钟） 6. 对其他各组的总结 PPT 进行评价。 7. 认真记录教师对本组任务完成情况的点评。	1. 自评：各小组进行内部讨论和评比，评出小组中最优秀的设计方案（给予各小组代表 5 分钟演讲时间，内容包括作品、设计问题及解决方式）。 2. 互评：对各小组方案进行点评并提出疑问。各小组参照评价表对完成的青花瓷店面橱窗季节系列提案总结 PPT 进行互评。 3. 师评：教师听取各组的总结 PPT 演讲，参照点评表对其 PPT 进行深入点评并填写评分表。

课时： 4 课时

1. 硬资源：通用型计算机机房、互联网。
2. 教学设施：投影仪、白板、交互式一体机。
3. 软资源：Word（2007 以上版本）、青花瓷店面橱窗季节系列方案绘制总结 PPT 自评表、施工图绘制总结 PPT 互评表、学习任务总体评价表等。

学习任务 2　粤文化展厅空间设计

任务描述

学习任务课时：40 课时

任务情境：

某学校室内装饰设计工作室接到一项为广东省博物馆进行展厅（粤文化主题）设计的任务，要求在规定的时间内完成粤文化展厅的设计提案。项目为广东省博物馆三楼的右侧展厅，面积约 500 m^2。工作室要求学生组成设计小组完成全套主题特色展厅的施工图纸（平面图、立面图、效果图等），并符合国家建筑制图标准和规范，能突出粤文化、广府文化等设计风格。

具体要求见下页。

工作流程和标准

工作环节 1

前期沟通

1

1. 能够以认真谨慎的态度到广东省博物馆施工现场与甲方进行沟通并进行量房和现场拍照，手绘建筑原始结构图并记录相关数据和管线梁柱等部位。
2. 学生认真参考手绘建筑原始结构图，利用 CAD 绘制建筑结构原始结构平面图，完成后交给设计师做平面规划方案；扩大设计美学的知识面。
3. 根据客户要求对粤文化展厅信息进行收集。通过对广府文化的展示弘扬中国传统文化，通过以广州为主的粤地区新旧文化的碰撞（广府建筑、粤语、粤菜、广州英雄人物、广府庙会等元素）达到对南方文化的审美认识与欣赏。
4. 根据上一环节的前期收集，通过思维导图归类得出设计关键词，作为概念设计的核心提取词。
5. 根据设计师的草图方案明确施工图绘图任务要求和时间节点，并制订一份施工图绘制工作计划与设计合约。

工作成果：手绘原始结构图、CAD 原始结构图、设计合约。

学习成果：施工图绘制工作计划、思维导图、设计概念版。

工作环节 3

审核修改

3

1. 提交整套粤文化展厅设计提案给设计师进行审核。
2. 根据设计师的反馈意见对图纸进行修改和完善。

学习成果：粤文化展厅设计提案定稿。

学习任务 2　粤文化展厅空间设计

工作环节 2

方案设计

2

1. 根据提供的平面布置草图方案绘制出符合国家标准和规范的建筑总平面布置图、分层平面布置图、地面材质图、顶棚图；要求每一个细节都尽量体现粤式文化特点，搜集有关粤文化信息（粤式建筑、非物质文化遗产、广府工艺、粤菜、人文习惯等）作为设计提取元素。
2. 根据建筑平面图、草图方案绘制出符合国家标准和规范的各空间主要立面图。
3. 与设计师沟通，确定空间主要设计节点，根据粤文化展厅展具设计草图绘制出设计节点剖面图、大样图。
4. 根据设计风格与平面规划设计具有广东特色的灯具与照明系统。
5. 根据平面图与设计元素的结合，绘制粤文化展厅效果图。
6. 根据制图规范完成图纸目录并对整套施工图进行排版（方案书排版中，封面、封底、内页贯穿统一的设计元素）。

工作成果：全套粤文化展厅设计提案初稿（目录、原始平面图、平面布置图、地面材质图、顶棚图、立面图、剖面图、大样图）。

工作环节 4

总结展示

4

1. 对审核通过的粤文化展厅设计提案以 PPT 的形式或书面的方式展示。
2. 总结制作过程中遇到的各种难点和问题，并分享项目制作中的收获。

学习成果：汇报 PPT。

学习内容

	工作环节 1	工作环节 2	
知识点	1.1 展厅风格以粤港风格为主，增加地方色彩（考虑广东粤式建筑风格、壕屋、水上人家、粤式宗祠等）； 1.2 现场勘查与测量技能； 1.3 粤文化展厅空间元素提炼（地区文化、爱国情怀、特殊符号、地区特色特产）； 1.4 空间功能与规划（粤文化展品分类与功能划分）； 1.5 手绘原始结构图； 1.6 工作计划与设计合同编制	2.1 施工图制图规范； 2.2 粤文化展厅空间平面区域图； 2.3 展厅空间人体工程学尺寸（粤文化人流动线）； 2.4 地面建筑材料的表现方法（表现南方地区温度）； 2.5 照明系统设计（配合广东人不同地区的照明习惯与灯具特点）	3.1 立面施工图的常规绘图比例（表现广东文化与建筑特点）； 3.2 墙面建筑材料的表现方法； 3.3 家具和墙体的结构； 3.4 标高尺寸制图规范
技能点	1.1 粤文化展厅手绘结构图； 1.2 设计合约与工作计划，粤文化展厅设计定位思维导图； 1.3 思维导图的设计元素提炼； 1.4 手绘方案设计初稿	2.1 AutoCAD 软件各项工具的运用； 2.2 图纸名称的标注； 2.3 展厅空间人体尺寸的运用； 2.4 各类地面材料的标识方法； 2.5 各类灯具的标识方法	3.1 绘制粤文化展厅门头主立面图； 3.2 绘制粤文化展厅空间主立面图

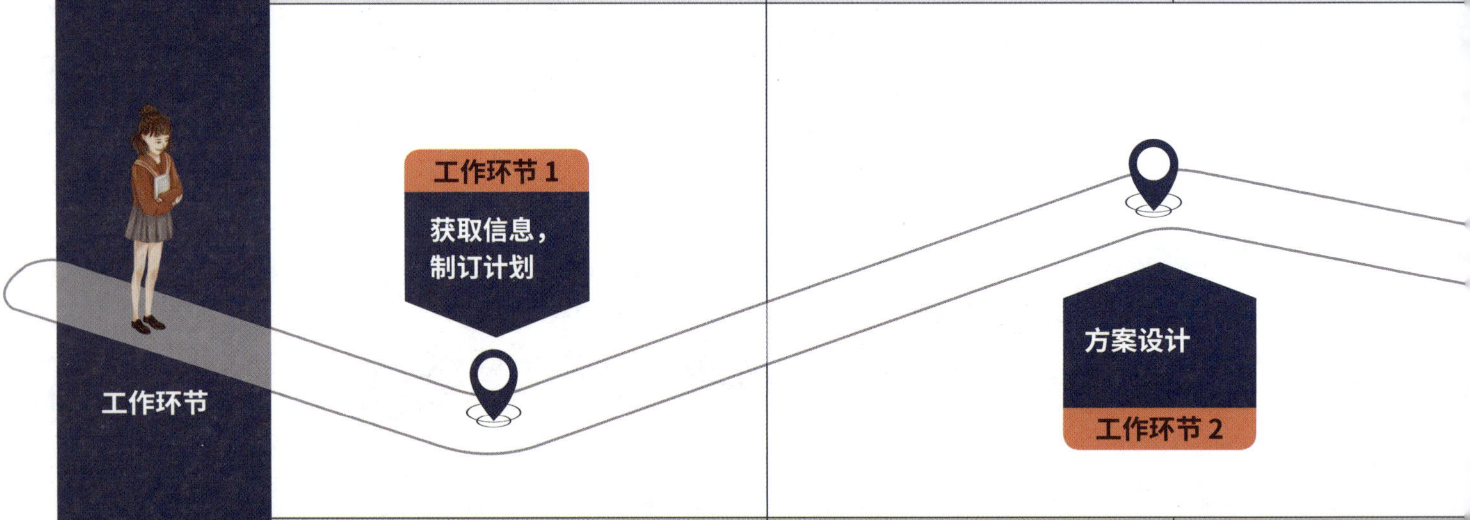

成果	1.1 粤文化展厅空间的广府文化关键特点与元素； 1.2 手绘结构图； 1.3 粤文化展厅设计合约与工作计划，思维导图	2.1 原始户型图； 2.2 平面布置图（展厅区域图、人流动线图）； 2.3 地面材质图； 2.4 顶棚图	3.1 粤文化展厅空间立面图
素养	1.1 解读信息的能力； 1.2 表达与沟通的能力	熟悉建筑装饰行业识图制图规范	

学习任务 2　粤文化展厅空间设计

4.1 结构施工图的常规绘图比例； 4.2 剖面图制规范与表现技法； 4.3 特制家具大样图绘制技法	5.1 粤文化展厅空间效果图表现技法； 5.2 图像后期制作知识； 5.3 粤文化展厅空间特色陈设搭配技法	6.1 方案书排版规范； 6.2 图纸的索引与编排规范； 6.3 材料表格规范； 6.4 展台展架表格； 6.5 制图模板规范	7.1 语言表达技巧与答辩技能； 7.2 常用办公软件制作流程与技能； 7.3 归纳与总结
4.1 绘制吊顶剖面图； 4.2 绘制粤文化展厅空间特色展具大样图	5.1 掌握各种效果图软件（3D、SU 等）； 5.2 灵活变化家具、设计元素的融合； 5.3 掌握图像处理软件； 5.4 编制粤文化展厅空间软装设计图	6.1 图纸的索引与编排； 6.2 材料表格的编制； 6.3 展台展架尺寸表编制； 6.4 制图模板的运用； 6.5 粤文化展厅设计提案排版编制（注意封面、内页至封底统一粤式文化风格）	7.1 运用语言艺术技巧简明清晰表达设计意图； 7.2 运用 PPT 办公软件编制岭南艺术交互馆方案并汇报； 7.3 撰写设计过程心得

4.1 剖面图； 4.2 粤文化特色展具大样图	5.1 粤文化展厅空间效果图； 5.2 粤文化展厅空间软装设计图	6.1 完善施工图，审核与修改	7.1 总结 PPT
			7.1 归纳、总结、分析的能力

学习任务 2　粤文化展厅空间设计

1 获取信息，制订计划 → 2 方案设计 → 3 审核修改 → 4 总结展示

	工作子步骤	教师活动	学生活动	评价
获取信息，制订计划	1. 接到设计粤文化展厅设计的设计任务。 2. 与客户交谈，了解展厅的设计要求与设计风格意向。 3. 欣赏与评述优秀展示空间设计方案。	1. 整顿课堂，向全体学生问好并进行考勤点名。 2. 教师发放粤文化展厅设计任务书，通过广东文化视频、广府文化图片与视频等感染学生，从视听感受等进行学习任务情境模拟，引导学生解读任务书,并观看《布展》《撤展》。 3. 教师讲解思维导图与绘画方式及关键词的提取。 4. 要求学生通过小组合作与探究学习形式搜集与粤文化展厅设计的相关资料（空间规划、功能分区、周边环境调研、平面尺寸复检，以及广东风格的元素意向图等）。 5. 教师示范手绘平面图与解说现场量房勘察的重点知识点。 6. 教师分析不同地区的设计合同差异（气候、温度、地区设计条例等）。 7. 解读设计合同陷阱和规章制度。总结本课内容与预告下次课程。	1. 整理仪容仪表，交手机，准备上课材料；全体学生向老师问好。（5分钟） 2. 学生解读任务书，用记号笔在任务书中标记关键信息，明确学习任务观看视频并回答教师问题。 3. 认真听教师讲解思维导图绘画方式及关键词的提取。 4. 通过小组合作与探究学习形式搜集与粤文化展厅设计相关的资料（空间规划、功能分区、周边环境调研、平面尺寸复检，以及中式风格的元素意向图等）。 5. 观摩教师手绘原始结构户型图的演示，并完成手绘平面图。 6. 听教师分析不同地区的设计合同差异（气候，温度，地区设计条例等）。 7. 完成提取信息任务，认真听教师总结与下次课程预告。	1. 评价小组收集粤文化展厅设计信息的准确性与创意性。 2. 师评：教师点评学生回答问题的准确性和完整性。 3. 互评：学生根据评价表自评和互评手绘原始结构图（通过小组自评挑选小组代表作品，再进行小组间互评）。 4. 师评：教师点评各小组手绘原始结构图（标注的准确性、完整性）。

课时： 4 课时

1. 硬资源：通用型计算机机房、互联网等。
2. 教学设施：投影仪、白板、交互式一体机等。
3. 软资源：AutoCAD（2013 以上版本）等。
4. 资料：《商业空间设计》、《会展的前后》、《展示空间设计》、授课 PPT、参考教材、《广府人家》视频、粤式建筑与人文图片、《手绘原始结构户型图的要点、技巧和方法》教学 PPT 等。

1 获取信息，制订计划 → 2 方案设计 → 3 审核修改 → 4 总结展示

获取信息，制订计划

工作子步骤	教师活动	学生活动	评价
4. 绘制 CAD 原始结构图。	1. 对子任务 1（手绘原始草图和施工现场拍照）的工作完成情况进行回顾，并介绍绘制原始户型图的工作内容、目标、要求。 2. 教师下发 CAD 常用工具快捷键及使用方法文字资料，并进行常用快捷键操作演示。 3. 演示讲授绘制 CAD 原始结构户型图的基本步骤和方法。 4. 布置 CAD 原始结构图绘制任务并监督、指导学生完成。 5. 组织各小组对 CAD 原始结构户型图进行自评和互评。 6. 教师对各小组的 CAD 原始结构图进行总结点评并指导学生进行修改完善。	1. 回顾子任务 1 的完成情况，听取教师介绍粤文化展厅设计学习任务的平面设计要点、工作内容、目标和要求等信息，明确子任务 2 的工作内容、目标和要求。 2. 自主阅读 CAD 常用工具快捷键及使用方法资料，标记关键词，并在计算机上进行快捷键的实操练习。 3. 观摩教师演示原始结构平面图的制作并记录步骤与方法。 4. 参考手绘原始结构图利用 CAD 软件绘制 CAD 原始结构户型图。（60 分钟） 5. 小组自评和互评 CAD 原始结构户型图。 6. 听取教师总评并修改完善 CAD 原始结构户型图。	1. 师评：教师评价平面结构图是否规范。 2. 自评和互评：学生根据评价表自评和互评 CAD 原始结构图（通过小组自评挑选小组代表作品，再进行小组间互评）。 3. 师评：教师点评各小组 CAD 原始结构图。
课时： 2 课时 1. 软资源：CAD 常用工具快捷键及使用方法资料、CAD 原始结构图自评表和互评表等。			
5. 填写施工图绘制计划表格。	1. 教师扮演设计师与助理设计师（学生扮演）进行沟通交流，告知其设计意图、施工图绘制要求等信息。 2. 教师点评学生活动。 3. 发放施工图绘制计划表并指导学生填写。 4. 播放思维导图设计思路视频。 5. 对计划表进行点评并指导学生修改完善。	1. 学生扮演助理设计师与设计师（教师扮演）进行沟通，了解设计师设计意图等信息（其他学生观察聆听）。 2. 填写施工图绘制计划表，根据小组进度完成。（15 分钟） 3. 绘制思维导图，提炼有用信息。 4. 听取教师点评并修改完善施工图制作计划表。（15 分钟）	1. 师评：教师点评学生角色扮演活动。 2. 师评：教师点评施工图绘制工作计划。 3. 互评：各小组互评思维导图。
课时： 2 课时 1. 软资源：施工图绘制计划表、客户交谈记录表、思维导图优秀案例等。			

学习任务 2　粤文化展厅空间设计

1 获取信息，制订计划　2 方案设计　3 审核修改　4 总结展示

方案设计

工作子步骤	教师活动	学生活动	评价
1. 绘制平面布置图。	1. 发放施工图制图标准资料供学生学习，要求学生通过关键词法进行自我学习，并提出学习的规则和要求（时间 20 分钟，标记关键词、提问），采用旋转木马学习法强化学习内容。 2. 利用卡片法抽选每个小组代表回答卡片上提出的问题。 3. 展示提问，播放 CAD 常用图例制作教学视频。提出观看视频的规则和要求（要根据问题记录笔记、提问），监督观看过程。 4. 提出任务（粤文化展厅设计，展厅人流动线，展厅区域图，人体工程学绘制练习）并巡回指导。 5. 讲授空间功能划分的原则与方法（案例讲授）。	1.自主学习施工图制图标准（关键词、旋转木马法）。 2. 回答教师提出的问题（CAD 国家制图标准）。 3. 听教师讲授空间功能分区的原则与方法。 4. 回答教师提出的问题（平面图空间功能分区原则和方法）。 5. 小组通过内部成员沟通协助完成固定家具的创建，以及粤文化展厅设计特色家具、陈设风格平面布置图。 6. 小组讨论展厅人流动线设计，充分考虑展品与入口，出口需求。 7. 小组自评和互评平面布置图，增加师生互动。	1. 师评：教师对抽选学生回答问题的完整性和准确性进行点评。 2. 师评：教师点评各学生完成的 CAD 常用图例。 3. 自评和互评：各小组参照评价表对完成的平面布置图进行小组自评，挑选出小组代表作品，小组间再进行互评。 4. 师评：教师点评各小组平面布置图。

课时： 4 课时

1. 硬资源：通用型计算机机房、互联网等。
2. 教学设施：投影仪、白板、交互式一体机等。
3. 软资源：AutoCAD（2013 以上版本）、《房屋建筑制图统一标准》（GB/T 50001—2020）、问题卡片、CAD 常用图例制作教学视频、平面布置图评价表等。

工作子步骤	教师活动	学生活动	评价
2. 绘制地面材质图。	1. 以优秀方案导入承上启下，引入地面材质图课程。 2. 讲授粤文化展厅地面材质图绘制技巧。 3. 观察并指导学生小组练习（教师提供协助）。 4. 教师提醒小组按规范施工。 5. 发放地面材质图评价表，组织各小组学生对地面材质图进行自评和小组互评。	1. 情境导入（优秀案例：地面材料黑科技）。 2. 自主学习资料，掌握各类建材在 CAD 中的表示方法。 3. 观看教师演示粤文化展厅设计材质图的绘制。 4. 小组分工合作完成粤文化展厅设计地面材质图。 5. 小组自评和互评地面材质图。（10 分钟）	1. 自评和互评：各小组参照评价表对完成的地面材质图进行小组自评，挑选出小组代表作品，小组间再进行互评。 2. 师评：教师点评各小组地面材质图。

课时： 2 课时

1. 软资源：材质图纸质资料、地面材质图评价表等。

1 获取信息，制订计划　2 方案设计　3 审核修改　4 总结展示

方案设计

工作子步骤	教师活动	学生活动	评价
3. 绘制顶棚图。	1. 发放材质图例给学生学习。 2. 演示粤文化展厅设计天花的绘制（配以特色区域顶棚图优秀案例讲解）。 3. 播放教学视频（灯具的表示方法）；提出观看视频的规则，监督观看过程。 4. 教师演示顶棚图的制作。结合人流动线与展品特点考虑灯效。 5. 巡回指导学生完成任务（指导学生通过地区特点考虑照明设计配合平面功能区域）。 6. 发放顶棚图评价表，组织各小组学生对顶棚图进行自评和小组互评。	1. 观看教学视频（标高的使用），并练习标高的绘制。 2. 识读各类顶棚图纸，掌握各种吊顶及顶部造型的表示方法。结合各小组总结的粤文化展厅设计特点设计天花顶棚，并搜集广东特色照明灯具。 3. 观看视频学习各种灯具的表示方法。 4. 观看教师演示顶棚图的制作。 5. 小组分工合作完成顶棚图的绘制 6. 小组自评和互评顶棚图。	1. 师评：教师点评学生回答问题的完整性和准确性。 2. 自评和互评：各小组参照评价表对完成的顶棚图进行小组自评，挑选出小组代表作品，小组间再进行互评。 3. 师评：教师抽查小组顶棚图设计是否符合江南地区特色。
课时： 2 课时 1. 软资源：标高的使用教学视频、顶棚图造型纸质资料、灯具的表现方法教学视频、顶棚图评价表等。			
4. 绘制立面图。	1. 以优秀立面图案例引入立面图的绘制课程。 2. 教师发优秀立面图的造型图纸资料给学生学习并提问。 3. 教师讲授粤文化展厅空间门头立面图、接待处立面图等的绘制。 4. 教师演示立面图的绘制，讲解立面材料的表现方法。 5. 巡回指导学生完成任务。 6. 发放立面图评价表，组织各小组学生对立面图进行自评和互评。	1. 观看教师演示引线标注的使用并完成引线标注的练习。 2. 观看立面图制作的教学视频，回答如何把粤文化展厅空间主立面元素提取成装饰粤文化展厅门头立面接待处立面，餐厅主立面，主题房立面的设计要点。 3. 完成粤文化展厅空间立面图的绘制。 4. 小组自评和互评立面图。	1. 自评和互评：各小组参照评价表对完成的建筑立面图进行小组自评，挑选出小组代表作品，小组间再进行互评。 2. 师评：教师点评各小组建筑立面图。
课时： 4 课时 1. 软资源：立面图制作的教学视频、地区特色立面设计优秀案例、立面图评价表等。			

课程 7　展示空间设计

学习任务 2　粤文化展厅空间设计

1 获取信息，制订计划　2 方案设计　3 审核修改　4 总结展示

方案设计

工作子步骤	教师活动	学生活动	评价
5. 绘制剖面图。	1. 发放吊顶材料图例给学生学习。 2. 演示粤文化展厅空间吊顶剖面图的绘制。 3. 教师巡回指导，提醒学生剖面图绘制的设计要点。 4. 发放吊顶剖面图评价表，组织各小组学生对吊顶剖面图进行自评和小组互评。	1. 小组结合粤文化风格特点进行家具定制或墙面特点设计，掌握吊顶材料（轻钢龙骨、石膏线等）在 CAD 中的绘制方法。 2. 观看教师演示吊顶剖面图的绘制。 3. 完成粤文化展厅空间的吊顶剖面图的绘制。 4. 互评吊顶剖面图。	1. 自评和互评：各小组参照评价表对完成的吊顶剖面图进行小组自评，挑选出小组代表作品，小组间再进行互评。 2. 师评：教师点评各小组吊顶剖面图。 3. 师评：教师点评学生回答问题的完整性和准确性。

课时： 2 课时

1. 软资源：顶棚造型的电子图片及所需要的 CAD 文件 、吊顶剖面图评价表等。

工作子步骤	教师活动	学生活动	评价
6. 绘制大样图。	1. 通过中国特色家具欣赏，组织学生讨论粤文化展厅站台与展具。 2. 播放家具大样图绘制教学视频并抽选学生提问。 3. 巡回指导学生完成任务。 4. 发放家具大样图评价表，组织各小组学生对家具大样图进行自评和小组互评。	1. 小组讨论粤文化展厅站台与展具的形式与造型。思考如何从家具的细节凸显中国传统文化的传承。 2. 听教师讲解家具大样图的设计要点和难点。 3. 完成粤文化展厅站台与展具大样图的绘制。 4. 小组展示成果。 5. 小组自评和互评家具大样图。	1. 自评和互评：各小组参照评价表对完成的家具大样图进行小组自评，挑选出小组代表作品，小组间再进行互评。 2. 师评：教师点评各小组家具大样图。 3. 师评：教师点评学生回答问题的完整性和准确性。

课时： 2 课时

1. 软资源：家具大样图绘制教学视频、多媒体投影仪、家具大样图评价表等。

1 获取信息，制订计划　2 方案设计　3 审核修改　4 总结展示

方案设计

工作子步骤	教师活动	学生活动	评价
7. 绘制粤文化展厅效果图。	1. 介绍 3ds Max 软件的设计范围与功能。通过讲解引导小组如何把粤文化元素及设计重点用软件呈现出来。 2. 教师演示重点区域的效果图制作要点，并抽选学生提问。 3. 演示 3D 空间效果图的绘制。 4. 巡回指导学生完成任务。 5. 教师点评各小组效果图并提出修改意见。	1. 观看 3D 空间效果图制作的教学视频。 2. 利用 3ds Max 软件进行粤文化展厅效果图制作。 3. 认真观看教师示范。 4. 小组讨论并分工合作完成各自效果图的区域。 5. 完成粤文化展厅 3D 空间效果图绘制。 6. 小组自评（以成果汇报的方式展示效果图重点空间区域的设计要点、设计方式与设计过程。 7. 小组互评（提出疑问）。	1. 小组自评（以成果汇报的方式展示重点区域的设计要点、设计方式与解决办法。） 2. 自评和互评：各小组参照评价表对完成的 3D 空间效果图进行小组自评，挑选出小组代表作品，小组间再进行互评。 3. 师评：教师点评各小组 3D 空间效果图。
课时： 4 课时 1. 软资源：3D 空间效果图制作的教学视频、 3D 空间效果图评价表等。			
8. 制订粤文化展厅软装设计方案。	1. 以优秀方案引入展厅陈设方案的设计重点，点缀与设计重点，讨论配色方案是否能突出中国传统文化与区域特色等因素。 2. 讲解引导小组把中式粤港设计元素及设计重点呈现出来。 3. 组织学生对小组方案给配色并制订家具搭配方案。 4. 巡回指导学生完成任务。 5. 教师针对重点区域的配色方案给予修改意见。 6. 教师点评。	1. 通过展示的优秀案例结合各小组粤文化展厅室内陈设与家具特点进行讨论。 2. 提供具有广东地区特点的家具与配色方案供客户选择。 3. 小组讨论并分工合作完成粤文化展厅各区域陈设搭配方案。 4. 小组自评（以成果汇报的方式展示色彩搭配与陈设搭配方案）。 5. 小组互评。	1. 自评：小组自评（以成果汇报的方式展示效果图重点区域的设计要点、设计方式与解决办法）。 2. 互评：各小组参照评价表对粤文化展厅软装设计进行小组自评，挑选出小组代表作品，小组间再进行互评。 3. 师评：教师点评各小组软装制作技巧。
课时： 4 课时 1. 软资源：展示空间设计的优秀案例（图片、视频）等。			

课程 7　展示空间设计

学习任务 2　粤文化展厅空间设计

1 获取信息，制订计划　2 方案设计　3 审核修改　4 总结展示

	工作子步骤	教师活动	学生活动	评价
审核修改	1. 完善施工图，审核与修改。	1. 发放图纸样表，提醒学生观察图纸的索引样表填写内容有哪些。 2. 指导学生编排与填写。 3. 要求学生下载制图模板。 4. 指导学生套用模板。 5. 组织学生自我检查施工图错误(组织小组内部自查与组间互查）。 6. 指导学生改正图纸。 7. 检查学生提交的施工图纸是否齐全。	1. 观察图纸的索引样表填写内容有哪些，听取教师提醒，做好填写记录。 2. 图纸的索引编排与填写。 3. 制图模板的运用。 4. 材料表的正确标注与规范重点。 5. 审核与修改。 6. 学生自我检查施工图有无错误和漏缺。 7. 修改粤文化展厅空间设计图纸。 8. 提交施工图定稿,提出打印要求。	1. 过程性评价：重点观察学生检查图纸细节和修改后的图是否正确。 2. 成果验收方式：学生提交电子版图纸。 3. 成果验收标准：电子版图纸是否齐全，是否符合国家制图标准。
	课时： 2 课时 1. 硬资源：通用型计算机机房、互联网等。 2. 软资源：工作页、参考教材、授课 PPT、图纸的索引样表、制图模板、居住空间施工图、《建筑工程施工质量评价标准》等。 3. 教学设施：投影仪、白板、交互式一体机等。			
总结展示	1. 制作粤文化展厅空间设计提案。	1. 分析制作酒店施工图总结 PPT 的要点与要求。 2. 指导学生以小组为单位围绕江南水乡设计提案进行讨论。 3. 引导学生进行小组内成员的自评。 4. 引导学生进行总结 PPT 展示。 5. 组织各组进行互评。 6. 总结粤文化展厅空间设计的技巧和方法。	1. 听取教师讲授制作粤文化展厅空间设计提案施工图总结 PPT 的要点、原则与要求 。 2. 组长组织小组成员进行讨论，分析优点、发现缺点,提出改进方法，归纳、总结、分析、提炼施工图绘制要点。 3. 各组进行小组内成员的自评，评出小组中优秀的设计提案，并说明原因。 4. 各组根据组内最优秀的施工图制作总结 PPT，展示组员风采，并上台展示。 5. 观看各组的总结演示，与自己的总结 PPT 进行对比，归纳出粤文化展厅空间设计提案的总体思路。 6. 针对其他各组的总结 PPT 进行评价。	1. 自评：各小组进行内部讨论和评比，评出小组中最优秀的设计方案（给予小组代表 5 分钟演讲时间，内容包括作品、设计问题及解决方式）。 2. 自评和互评：对各小组方案进行点评并提出疑问。各小组参照评价表对完成的整体粤文化展厅空间设计提案总结 PPT 进行互评。 3. 师评：教师听取各组的总结 PPT 演讲，参照点评表对其 PPT 进行深入点评并填写评分表。

1 获取信息，制订计划 → 2 方案设计 → 3 审核修改 → 4 总结展示

	工作子步骤	教师活动	学生活动	评价
总结展示	1. 制作粤文化展厅空间设计提案。	7. 收集本学习任务完整的学习成果和总结汇报 PPT，并按照优秀、中等、一般、差四个等级进行归类存档，选出优秀方案，鼓励学生参与设计比赛。	7. 认真记录教师对本组任务完成情况的点评。	

课时： 2 课时

1. 硬资源：通用型计算机机房、互联网等。
2. 教学设施：投影仪、白板、交互式一体机等。
3. 软资源：Word（2007 以上版本）、总结 PPT 自评表、施工图绘制总结 PPT 互评表、学习任务总体评价表等。

考核标准

考核任务案例：服装展示空间设计。

情境描述：

某建筑装饰专业空间设计工作室收到一项女装品牌参加高端定制旗袍服装展示的设计任务。本次热销主题为“东方女性美”，该项目位于广州市天河区某商业广场，面积 80 m^2，层高 4 m，门可移动，入口在南侧。该女装服装品牌定位为中高档次，要求半个月完成方案设计。

任务要求：

要求设计方案满足功能需求，需要充分展示中国女性的知性美和东方美，店内旗袍图案与店内中式软装装饰和谐统一。店内展示区、橱窗、收银台、试衣间及储藏室等空间分割合理，人流线路组织清晰流畅，用色、用料、灯光合理、巧妙，既能满足展示空间设计的要求，又能提升品牌品味，还要考虑到用最经济的成本创造最好的效果，设计别具匠心，能引起人们的购买欲。

1. 空间平面图：比例为 1 ∶ 100（含展示空间平面布置、家具尺寸等）。
2. 空间顶面图：比例为 1 ∶ 100（含顶面装饰、灯具布置、烟感、喷淋等）。
3. 人流动线图。
4. 功能区域图。
5. 展示空间立面图：2 张（详细家具材料与尺寸）。
6. 效果图：2 张，方位自定，图幅 A3。
7. 图纸要求填充色彩或相应材质，表现形式不限。
8. 制作展示空间方案书及汇报 PPT。

参考资料：

1.《展示空间基础设计教程》(杨永波、韦自力、江波编著，广西美术出版社）。

2.《展示构想设计》（高凡、曹伟智编著，辽宁美术出版社）。

3.《展示工程与设计》（王新生编著，华中科技大学出版社）。

评价方式：

过程评价：小组自评、组间互评、教师总评，三者成绩相加的平均值作为过程性评价的最终学生成绩。

结果评价：任课教师、专业带头人、企业专家共同实施考核评价，取所有考核人员评分的平均分作为学生考核成绩。评价内容包括：门店设计提案、效果图（意向图）作品展示说明。

评价标准：

过程性评价表

评分标准	评价要求
1. 团队合作（30 分）	团队合作能力强而高效，小组在规定时间内完成任务
2. 沟通礼仪（20 分）	做到与甲方有效沟通
3. 获取信息（25 分）	能理解任务书的内容和要求，关键性的设计要点提取全面、准确；能满足甲方要求，元素全面准确；能转化理解到位
4. 成果展示（25 分）	语言言简意赅，思路清晰，突出重点，汇报内容全面详细；设计方案的制订能考虑到经济价值、商业价值、文化价值

终结性考核评价表

	评价要求	评分标准			
		9~10	7~8	5~6	1~4
专业能力评价标准（50 分）	1. 小组成员能在规定时间完成整体设计方案制作				
	2. 提案能充分反映风格特点				
	3. 店铺的空间利用合理，表现手法创新（表现技法与布局）				
	4. 施工图符合国家标准				
	5. 设计方案体现商业价值和经济价值、文化价值				
社会能力评价标准（50 分）	6. 小组分工明确，合作能力强而高效				
	7 仪容仪表符合学校要求				
	8. 工作过程中能做到工作台整洁干净				
	9. 汇报过程中能用正确、流利的语言陈述				
	10. 汇报内容重点突出，思路清晰、准确				
总得分情况					

课程 8　软装设计

学习任务 1
居住空间软装设计
（40）课时

学习任务 2
餐饮空间软装设计
（40）课时

课程目标

学习完本课程后，学生应当能够胜任室内软装配饰设计平面图、效果图的绘制工作，严格执行企业安全管理制度，具备工作过程中解读信息、语言的沟通与解说、团队合作的职业能力和遵纪守法、爱岗敬业、团结合作、认真细致、一丝不苟的职业素养，具体包括：

1. 能掌握室内空间软装配饰设计的风格表现、室内空间软装配饰设计的基本方法、程序，能将室内设计中的七大元素（即色彩、家具、灯具和灯光、布艺、花艺、画品及饰品）和基础设施布置灵活运用。通过这个课程，重新解读中国文化礼仪、色彩、家具、布艺特点和价值。
2. 能对室内空间进行组织、调整和再创造，包括室内平面设计和家具的布置陈设，融入中国传统文化要素中的门窗、饰品、屏风、色彩等。
3. 通过教学以及对优秀案例的分析，能够融会贯通，举一反三，形成成熟的设计思维，更进一步地掌握居室软装配饰设计中材料等元素的灵活创新应用。
4. 能对设计风格、色彩、灯光与材质进行合理的选择和应用。
5. 能根据客户的要求，并融入设计师的创新理念进行设计作品创作。
6. 能完整、规范地绘制手绘效果图、手绘平面图、计算机效果图和施工图等。
7. 能与客户进行较好地交流沟通，与项目组同事间有较好的团队协作。
8. 能够按时提交初稿，与教师进行有效沟通，正确表达绘图思路，态度端正，虚心接受修改意见，认真思考达到修改要求的工作方法，并按时完成对设计搭配图的完善和修改及完稿提交、整理归档等工作。

课时：80

课程内容

1. 室内软装设计的七大元素、中国文化礼仪、艺术设计特点内容。
2. 根据项目的设计要求，确定其设计的风格，将设计风格与合理的布局和运用融入中国传统文化中的设计要素。
3. 如何正确合理地运用装饰材料、色彩搭配及灯光表现，体现功能性。
4. 运用多种设计表现的方法，将配饰造型设计与人体工程学数据相结合运用，以及灯光的合理运用。
5. 将方案的设计风格与表现，以设计说明的形式进行表述。
6. 按照国家统一的制图规范绘制施工图、效果图。
7. 与客户交流沟通，根据客户的意见和建议对设计的项目进行修改至符合设计要求。
8. 工作规范 、文件尺寸等规范，文件命名与存储规范，文件管理与备份规范。

学习任务 1 居住空间软装设计

任务描述

学习任务课时：40 课时

任务情境：

陈某经朋友介绍，联系我院建筑装饰大师工作室，表示其有一套复式房需要进行软装设计，希望我院建筑装饰大师工作室能承接该房屋的软装设计任务。该房屋面积为 260 m^2，设计要求：①以新东方主义风格进行设计，功能布局合理，以简洁的中式线条有条不紊地呈现，在众多中式建筑的精华中，辅以现代文化及特色元素，融合现代时尚元素与传统建筑风格，表现出传统的古典雅韵，又体现出后现代主义的简练；②运用具有代表性的东方色彩、灯光及材料进行空间软装设计，设计推崇和谐、温馨的形式，要增强空间的特色及自主性。

具体要求见下页。

工作流程和标准

工作环节 1

前期沟通

1

1. 设计师带领助理设计师到达施工现场与业主进行沟通，要注意诚信守时的待客礼仪，并对其现场空间硬装部分进行测量和现场拍照，用手绘的形式绘制原建筑原始平面图、硬装部分，并记录相关尺寸数据和管线梁柱等部位，了解项目基本情况。
2. 辅助设计师做好客户调查记录表，记录客户提出的需求，从空间功能的分布、装修风格的制订、客户对其空间特殊要求，材料、照明、色彩的运用，工程预算、预计工期等，分析个性化需求，收集相关资料（装修风格图片及其风格相对应的材料资料）。
3. 利用 CAD 软件绘制建筑原始结构平面图及硬装布置图，完成后交给设计师做软装设计平面布局方案，助理设计师要积极和设计师沟通，并按照设计师设计概念完成软装部分草图设计（反映功能、空间、风格、色彩搭配、技术等五方面要素的草图）。
4. 据设计师的草图方案意见明确施工图绘图任务要求和时间节点，并制订一份施工图绘制工作计划。

工作成果：手绘初步构思效果图。

学习成果：客户调查表、软装设计部分绘制工作计划、居住空间软装设计合同。

工作环节 3

审核修改

3

1. 提交全套居住空间软装设计图给设计师进行审核，并根据设计师的反馈意见对图纸进行修改和完善。
2. 将效果图打印并装订成册。

学习成果：全套居住空间软装设计图纸定稿。

工作环节 2

方案设计

2

1. 根据设计师提供的概念草图方案绘制出符合国家标准和规范的建筑平面布置图、地面材质图、顶棚图、灯具布置平面图、居住空间软装装饰意向图。
2. 根据设计师提出的深化设计方案绘制出符合国家标准和规范的各空间主要立面图。
3. 与设计师沟通，明确空间设计风格的主要造型特点以及应用的材料与中式工艺，灯光设计，色彩搭配，根据设计师绘制的造型节点草图绘制出软装装饰部分节点剖面图、大样图。
4. 根据制图规范完成图纸封面、目录并对整套设计图纸进行排版。
5. 制作至少四张表现主要场景效果图。
6. 制作设计说明以及灯具布艺、餐具、装饰画、工艺饰品、绿色植物、装饰花艺分类表。

工作成果：全套施工图初稿（封面、目录、原始户型图、平面布置图、地面材质图、顶棚图、灯具尺寸平面图、立面图、剖面图、主要场景效果图、意向图）。

学习成果：设计说明，材料、饰品分类表。

工作环节 4

总结展示

4

1. 对审核通过的全套软装设计图纸进行展示。
2. 总结制作过程中遇到的各种难点和问题，并分享项目制作中的收获。

学习成果：汇报 PPT。

学习内容

知识点	1.1 现场测量技巧； 1.2 建筑结构、硬装有关知识； 1.3 软装设计作流程和技巧； 1.4 居住空间划分，功能布局，空间形式的表达，空间形式的技术表现； 1.5 居住空间软装设计程序、设计原则、设计风格、色彩设计、材料选用、照明设计； 1.6 软装设计合同编写要点	2.1 平面硬装施工图的常规绘图比例； 2.2 识图及图纸规范； 2.3 居住空间人体工程学尺寸，家具尺寸，室内交通流向； 2.4 地面铺装材料的表现方法； 2.5 各类灯具的标识方法，顶棚图（造型、灯具、标高、材料说明）	3.1 立面施工图的常规绘图比例； 3.2 建筑材料的立面图表现的方法； 3.3 家具和墙面造型结构表现方法； 3.4 引线做法标注的方法； 3.5 尺寸和标高标注的方法
技能点	1.1 正确测量现场空间硬装尺寸； 1.2 按照现场的行走路线拍摄正确的现场照片； 1.3 手绘原始结构户型图； 1.4 根据手绘图用软件绘制出 CAD 原始结构图； 1.5 能够与设计师沟通，并参与制作客户调查表； 1.6 能理解设计师草图概念设计，并能够制订软装设计绘制计划	2.1 熟练应用 AutoCAD 软件绘制原始户型图； 2.2 正确标注图纸； 2.3 熟练应用 AutoCAD 软件绘制硬装平面布置图； 2.4 正确进行软装空间形式的表达（造型设计能力）； 2.5 正确进行空间形式的技术表现（材料、灯光、色彩运用）	3.1 绘制电视背景墙立面图； 3.2 绘制餐厅背景墙立面图； 3.3 绘制厨房立面图； 3.4 绘制卫生间立面图； 3.5 绘制房间立面图
工作环节	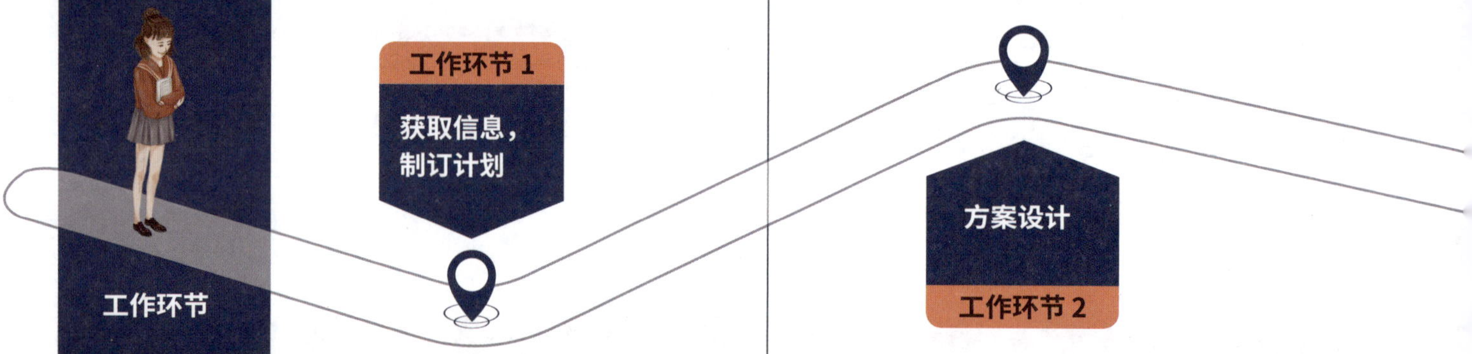		
成果	1.1 手绘初步构思效果图； 1.2 软装设计部分绘制工作计划	2.1 硬装平面图	3.1 立面图
素养	1.1 解读信息的能力； 1.2 语言表达与沟通的能力； 1.3 诚信守时的待客礼仪	熟悉建筑装饰行业识图制图标准和规范	
	提升对东方传统文化的理解，将现代时尚元素与传统建筑风格融合，彰显时尚与传统融合的创新文化		

4.1 客厅沙发搭配的意向图； 4.2 灯具搭配意向图； 4.3 饰品搭配意向图； 4.4 布艺搭配意向图； 4.5 现代时尚元素要点； 4.6 中式建筑的特点及传统元素； 4.7 新东方主义风格设计理念及要点		
4.1 材料、照明、色彩搭配意向图； 4.2 传承中国传统图案文化，在居住空间软装设计中实现现代时尚元素与传统建筑风格融合，体现时尚与传统融合的创新文化	5.1 编排与制作图纸索引； 5.2 编写软装设计说明； 5.3 编制软装设计中材料选用表格； 5.4 正确应用制图模板	6.1 制作项目设计总结 PPT 并进行汇报

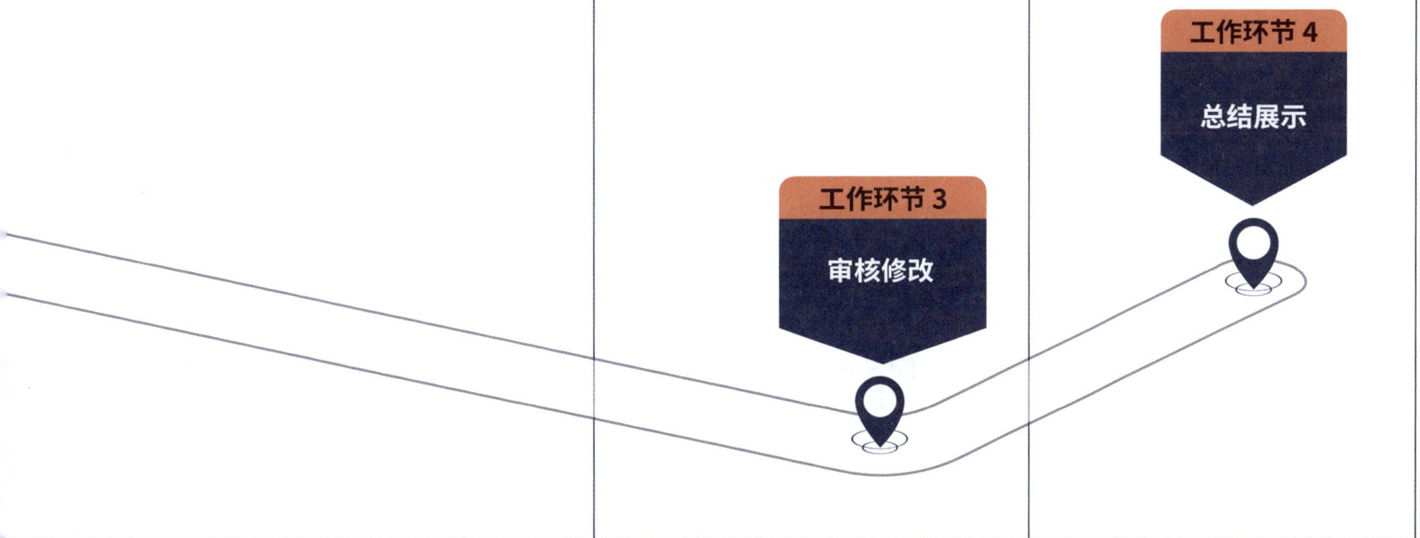

4.1. 意向图	5.1 全套图纸定稿	6.1 项目设计总结 PPT（学习成果）
	5.1 认真细致、一丝不苟的态度	6.1 归纳、总结、分析的能力

教学活动

课程 8　软装设计

学习任务 1　居住空间软装设计

1 获取信息，制订计划　2 方案设计　3 审核修改　4 总结展示

	工作子步骤	教师活动	学生活动	评价
获取信息，制订计划	1. 手绘初步构思效果图。	1. 整顿课堂，向全体学生问好并进行考勤点名。 2. 教师发放任务书并进行学习任务情境模拟，通过提问检查学生学习效果。 3. 提出观看《软装设计制作流程》教学视频的规则，并监督学生观看。 4. 以视频中知识点制作问题卡，教师随机抽取学生回答视频中知识点问题。 5. 要求学生上网查找居住空间软装设计的构成内容,并监督学生完成。 6. 以居住空间构成内容制作问题卡，教师随机抽取学生回答视频中的知识点问题。 7. 讲解居住空间装饰风格种类与设计特点，监督并指导学生记录居住空间软装装饰设计风格种类和设计特点。 8. 居住空间软装风格案例分析，随机抽选学生回答问题。 9. 展示设计师手绘效果图，提示学生观察其设计特点符合哪种设计风格。 10. 提出小组讨论任务并填写设计效果图风格和设计特点。 11. 发放评价表，组织各小组对效果图风格及特点进行自评和小组互评。 12. 教师对各小组确定的效果图风格特点进行总结点评并指导学生进行修改完善。	1. 整理仪容仪表，全体学生向老师问好。 2. 独立解读任务书,明确学习任务。强化自主学习意识和信息解读能力，加入老师检查效果。 3. 观看教学 PPT，了解居住空间软装设计制作流程，记录居住空间软装设计制作的特点。回答教师提出的问题（居住空间软装设计流程知识）。 4. 结合观看的视频，查找资料，了解居住空间软装设计的构成内容，做好笔记（强化自主学习意识）。 5. 回答教师提出的问题（居住空间软装构成内容）。 6. 听教师讲解，记录居住空间软装的风格种类和设计特点。 7. 回答教师提出的问题（居住软装设计的风格与设计特点）。 8. 听取教师提醒，观察设计手绘效果图并记录其设计特点。 9. 小组讨论，确定居住空间软装设计效果图风格和设计特点。 10. 小组自评、互评填写的设计效果图风格及特点。 11. 听取教师总评并修改完善。	1. 师评：教师点评学生回答问题的完整性和准确性。 2. 自评和互评：学生根据评价表自评和互评效果图风格及特点。 3. 师评：教师点评各小组确定的效果图风格及特点。

课时： 6 课时

1. 硬资源：通用型计算机机房、互联网等。
2. 教学设施：投影仪、白板、交互式一体机、AutoCAD 软件（2013 版本以上）、3ds Max 软件（2012 版本以上）；《居住空间软装设计任务书》、《软装设计师手册》、《软装设计》教学视频、问题卡片、《居住空间软装设计风格》教学视频、《居住空间软装设计风格》教学 PPT、居住空间软装设计手绘效果图、手绘软装设计效果图风格及特点评价表等。

1 获取信息，制订计划　2 方案设计　3 审核修改　4 总结展示

	工作子步骤	教师活动	学生活动	评价
获取信息，制订计划	2. 制订软装设计部分绘制工作计划。	1. 组织学生进行角色扮演与设计师进行沟通交流。 2. 教师评价学生理解能力及表达能力。 3. 发放软装设计部分绘制计划表并指导学生填写。 4. 对计划表进行点评并指导学生对计划表进行修改完善。	1. 两位学生扮演制图员与设计师了解设计师设计意图，其他学生观察聆听。 2. 听取教师点评，并进行记录。 3. 填写效果图绘制计划表。 4. 听取教师点评并修改完善效果图制作计划表。	1. 师评：理解能力及表达能力评价。 2. 师评：教师点评软装设计绘制工作计划填写的合理性和完整性。
	课时： 2 课时 1. 软资源：居住空间软装设计绘制计划表等。			
方案设计	1. 绘制硬装平面图。	1. 讲授绘制原始结构户型图的要点、技巧和方法（案例讲解）。通过提问检查学生学习效果。 2. 边演示 CAD 原始结构户型图的绘制，边讲授基本步骤和方法。 3. 布置硬装原始结构户型图绘制任务并监督、指导学生完成。 4. 讲授建立空间墙体技巧与方法，监督、指导学生完成墙体模型建立。 5. 提出评价标准，组织各小组学生对原始硬装平面图进行自评和小组互评。 6. 教师对各小组的原始结构图建墙进行总结点评并指导学生进行修改完善。 7. 播放 CAD 常用图例制作教学视频。提出观看视频的规则，监督观看过程。（案例讲授） 8. 提出任务（家具、洁具等 CAD 常用图例练习）并巡回指导。 9. 提出评价标准，监督学生检查常用图例制作的准确性。 10. 演示硬装平面图讲授基本步骤和方法。 11. 提出硬装图绘制任务（在绘制场景中建立地面、墙体、吊顶等大体框架），并巡回指导。	1. 听取教师讲授绘制原始结构平面户型图的要点、技巧和方法。（强化学习意识） 2. 观摩教师演示如何使用 CAD 绘制硬装平面图。 3. 绘制硬装原始结构户型图。 4. 听取教师讲授建立空间墙体技巧与方法，完成墙体模型的建立。 5. 按评价标准，各小组学生对墙体模型进行自评和小组互评。 6. 听取教师总评并修改完善墙体模型。 7. 观看 CAD 常用图例的制作方法教学视频并完成相应的练习。 8. 完成常用图例练习，掌握硬装绘制时软件各项工具的运用。 9. 按评价标准，学生自检制作效果。 10. 观摩教师演示，记录制作的基本流程、技巧和方法。 11. 完成客厅、卧室、厨房卫生间等硬装区域的平面图绘制。	1. 师评：教师通过提问检查学生学习效果。 2. 互评：各小组参照评价表对完成的原始结构户型图进行小组自评，挑选出小组代表作品，小组间再进行互评。 3. 互评：学生根据原始硬装评价标准自评和互评。 4. 师评：教师点评墙体模型的合理性和完整性。 5. 师评：教师点评各学生完成的 CAD常用图例。 6. 师评：教师点评学生回答问题的完整性和准确性。

学习任务 1 居住空间软装设计

1 获取信息，制订计划 → 2 方案设计 → 3 审核修改 → 4 总结展示

方案设计

工作子步骤	教师活动	学生活动	评价
1. 绘制硬装平面图。	12. 发放居住空间硬装评价表，组织各小组学生对居住空间硬装平面图进行自评和小组互评。	12. 小组自评和互评居住空间硬装。	7. 自评和互评：各小组参照评价表对完成的居住空间硬装平面图进行小组自评，挑选出小组代表作品，小组间再进行互评。 8. 师评：教师点评各小组硬装平面图。
课时： 8 课时 1. 软资源：硬装制图标准纸质资料、居住空间原始结构平面户型图、硬装施工图制作教学视频等。			
2. 绘制立面图。	1. 发放施工图制图标准资料给学生，要求学生通过关键词法进行自我学习，并提出学习的规则和要求，标记关键词、提问，采用旋转木马学习法强化学习内容。 2. 利用卡片法抽选每个小组代表回答卡片上提出的问题。 3. 展示提问，播放 CAD 常用图例制作教学视频。提出观看视频的规则和要求(要根据问题记录笔记、提问)，监督观看过程。 4. 提出任务（家具等在 CAD 中的绘制练习）并巡回指导。 5. 讲授居住空间功能划分的原则与方法（案例讲授）。 6. 抽选学生回答问题。 7. 讲授立面图绘制技巧（材料与标注）。 8. 发放立面布置图评价表，组织各小组学生对平面布置图进行自评和小组互评。	1. 自主学习施工图制图标准（关键词、旋转木马法）。 2. 回答教师提出的问题（CAD 国家制图标准）。 3. 观看 CAD 常用图例的表示方法教学视频并完成相应的练习。 4. 完成常用图例练习。 5. 听教师讲授居住空间功能分区的原则与方法。 6. 回答教师提出的问题（居住空间功能分区原则和方法）。 7. 完成客厅、餐厅、厨房、卧室、厕所等空间立面图制作。 8. 小组自评和互评立面布置图。	1. 师评：教师对抽选学生回答问题的完整性和准确性进行点评。 2. 师评：教师点评各学生完成 CAD 常用图例。 3. 自评和互评：各小组参照评价表对完成的居住空间软装设计中的客厅、餐厅、卧室、厕所等空间立面图进行小组自评，挑选出小组代表作品，小组间再进行互评。 4. 师评：教师点评各小组立面布置图。
课时： 6 课时 1. 硬资源：通用型计算机机房、互联网等。 2. 教学设施：投影仪、白板、交互式一体机等。 3. 软资源：AutoCAD（2013 以上版本）、施工图制图标准纸质资料，问题卡片，常用图例制作教学视频，客厅、餐厅、厨房、卧室、厕所等空间立面图制作评价表等。			

1 获取信息，制订计划 → 2 方案设计 → 3 审核修改 → 4 总结展示

	工作子步骤	教师活动	学生活动	评价
方案设计	3. 绘制意向图。	1. 发放居住空间软装设计意向图（家具配置方案、装饰画配置方案、布艺地毯配置方案、绿植花艺配置方案、灯光灯具配置方案）评价表，组织各小组学生对居住空间软装设计搭配的意向图纸进行自评和小组互评。 2. 教师讲解新东方主义风格的内容。 3. 教师讲授现代元素的要点及中国传统建筑的特点，如何将两者融合一起运用。	1. 完成居住空间软装设计意向图。 2. 展示居住空间软装设计意向图。 3. 学习新东方主义风格的内容，收集中式建筑。 4. 学习现代时尚元素与传统文化、建筑的元素如何融合。	1. 自评和互评：各小组参照评价表对完成的居住空间软装设计意向图（家具配置方案、装饰画配置方案、布艺地毯配置方案、绿植花艺配置方案、灯光灯具配置方案）进行小组自评，挑选出小组代表作品，小组间再进行互评。 2. 师评：教师点评各小组意向图纸。
	课时： 8 课时 1. 软资源：居住空间软装室内陈设物品设计意向图及所需要的 CAD 文件、居住空间软装设计意向图（家具配置方案、装饰画配置方案、布艺地毯配置方案、绿植花艺配置方案、灯光灯具配置方案）评价表等。			
审核修改	1. 全套图纸定稿。	1. 发放图纸样表，提醒学生观察图纸的索引样表填写内容有哪些。 2. 指导学生编排与填写。 3. 要求学生下载制图模板，指导学生套用模板。	1. 软装方案封面封底的设计。 2. 图纸的索引与编排。 3. 观察图纸的索引样表填写内容有哪些，听取教师提醒，做好填写记录。 4. 编排图纸索引并填写样表。 5. 制图模板的运用。学生根据教师要求的尺寸，下载制图模板。 6. 套用模板。 7. 材料表格的编制审核修改。	1. 过程性评价：重点观察学生检查图纸细节和修改后的图是否正确。 2. 成果验收方式：学生提交电子版图纸。
	课时： 6 课时 1. 硬资源：通用型计算机机房、互联网等。 2. 软资源：工作页、参考教材、授课 PPT、图纸的索引样表、制图模板、居住空间施工图、《家具与陈设设计》等。 3. 教学设施：投影仪、白板、交互式一体机等。			

教学活动

课程 8　软装设计

学习任务 1　居住空间软装设计

1 获取信息，制订计划　2 方案设计　3 审核修改　4 总结展示

工作子步骤	教师活动	学生活动	评价
总结展示 1. 制作项目设计总结 PPT。	1. 组织学生自我检查材料表格施工图错误。 2. 指导学生改正图纸。 3. 检查学生提交的施工图纸是否齐全。 4. 分析制作居住空间软装设计方案书总结 PPT 的要点与要求。 5. 监督学生小组讨论的过程。 6. 引导学生进行小组内成员的自评。 7. 引导学生进行总结 PPT 展示。 8. 组织每组进行互评。 9. 对学生的编写思路和步骤进行适当的点评。 10. 总结居住空间软装设计方案书绘制技巧和方法。 11. 收集本学习任务完整的学习成果和总结汇报 PPT，并按照优秀、中等、一般、差四个等级进行归类存档。	1. 学生自我检查施工图有无错误和漏缺。 2. 修改图纸，提交居住空间软装设计定稿。 3. 听取教师讲授制作居住空间软装设计方案书总结 PPT 的要点、原则与要求。 4. 组长小组内部进行讨论分析优点、发现缺点，提出改进方法，归纳、总结、分析、提炼施工图绘制要点。 5. 各组进行小组内成员的自评，评出小组中最优秀的施工图。 6. 各组展示组内最优秀的居住空间软装设计方案书总结 PPT，展示组员风采。 7. 观看各组的总结演示，与自己的总结 PPT 进行对比，归纳出居住空间软装设计方案书总体思路。 8. 对其他各组制作的总结 PPT 进行评价。 9. 认真记录教师对本组任务完成情况的点评。	自评：各小组进行内部讨论和评比，评出小组中最优秀的居住空间软装设计方案书。

课时： 4 课时

1. 软资源：工作页、参考教材、授课 PPT、《软装设计师手册》等。
2. 硬资源：通用型计算机机房、互联网等。
3. 教学设施：投影仪、白板、交互式一体机等。
4. 软资源：Word（2007 以上版本）、施工图绘制总结 PPT 自评表、居住空间软装设计方案书总结 PPT 互评表、学习任务总体评价表等。

基准课时：40

学习任务 2　餐饮空间软装设计

任务描述

学习任务课时：40 课时

任务情境：

我院建筑装饰大师工作室，承接了位于某商场的一家餐厅内部软装设计业务。该餐厅面积大小约为 520 m^2，高 3.5 m。业主要求：采用中式设计，设计功能布局合理，将中国传统建筑的结构方式通过重新设计组合，以一种具有民族特色的标志符号呈现，在中国传统茶文化、历史、人文、古典建筑、书房及园林等内容中提取设计元素，从色彩、灯光、材料、家具、布艺等进行该餐饮空间的软装设计。设计推崇时尚形式，要增强空间的特色及独立性，所有施工图纸要符合国家建筑制图标准和规范。

具体要求见下页。

工作流程和标准

工作环节 1

前期沟通

1

1. 设计师带领助理设计师到达施工现场与业主进行沟通并对其现场空间硬装部分进行测量和现场拍照，用手绘的形式绘制原建筑原始平面图，并记录相关尺寸数据和管线梁柱等部位，了解项目基本情况。
2. 辅助设计师做好客户调查记录表，记录客人提出的需求（空间功能的分布，装修风格的制订，客户对其空间特殊要求，材料、照明、色彩、布艺等的运用，工程预算，预计工期等），分析“外婆家”餐厅发展起源及个性化需求，收集相关资料（装修风格图片及与其风格相对应的材料资料，从中式家具、装饰品、布艺、灯具、饮茶文化、瓷器文化等方面进行收集）。
3. 利用 CAD 软件绘制建筑原始结构平面图及硬装布置图，完成后交给设计师做软装设计平面布局方案，助理设计师要积极和设计师沟通，并按照设计师设计概念完成软装部分草图设计（反映功能、空间、风格、色彩搭配、技术等五方面要素的草图）。
4. 据设计师的草图方案意见明确施工图绘图任务要求和时间节点，并制订一份施工图绘制工作计划。

工作成果：手绘餐厅软装设计的初步构思效果图。

学习成果：客户调查表、软装设计部分绘制工作计划、餐饮空间软装设计合同。

工作环节 3

审核修改

3

1. 提交全套餐饮空间软装设计图给设计师进行审核，并根据设计师的反馈意见对图纸进行修改和完善。
2. 将效果图打印并装订成册。

学习成果：汇报 PPT。

工作环节 2

方案设计

2

1. 根据设计师提供的概念草图方案绘制出符合国家标准和规范的建筑平面布置图、地面材质图、顶棚图、灯具布置平面图、餐饮空间软装装饰意向图。
2. 根据设计师提出的深化设计方案绘制出符合国家标准和规范的各空间主要立面图。
3. 与设计师沟通，明确居住空间设计风格的主要造型特点以及应用的材料与工艺，灯光设计，色彩搭配，根据设计师绘制的造型节点草图绘制出软装装饰部分节点剖面图、大样图。
4. 根据制图规范完成图纸封面、目录并对整套设计图纸进行排版。
5. 制作表现主要场景效果图至少四张。
6. 制作设计说明，中式灯具布艺、餐具、装饰画、工艺饰品、绿色植物、装饰花艺分类表。

工作成果：全套施工图初稿（封面、目录、原始户型图、平面布置图、地面材质图、顶棚图、灯具尺寸平面图、立面图、剖面图、主要场景效果图、意向图）。

学习成果：设计说明，材料做法表，材料、饰品分类表。

工作环节 4

总结展示

4

1. 对审核通过的全套餐饮空间软装设计图纸进行展示。
2. 总结制作过程中遇到的各种难点和问题，并分享项目制作中的收获。

学习成果：汇报 PPT。

学习内容

知识点	1.1 现场测量技巧； 1.2 建筑结构、硬装有关知识； 1.3 餐饮空间软装设计流程和技巧； 1.4 餐饮空间划分，功能布局，空间形式的表达，空间形式的技术表现； 1.5 餐饮软装设计程序、设计原则、设计风格、色彩设计、材料选用、照明设计； 1.6 中国传统茶文化的历史； 1.7 中国古典建筑、园林特点及文化	2.1. 平面硬装施工图的常规绘图比例； 2.2 墙体改造； 2.3 识图及图纸规范； 2.4 餐饮空间中人体工程学尺寸，家具尺寸，布艺装饰运用，色彩搭配，材料运用，室内交通流向； 2.5 地面铺装材料的表现方法； 2.6 各类灯具的标识方法，顶棚图（造型、灯具、标高、材料说明）	3.1 立面施工图的常规绘图比例； 3.2 建筑材料的立面图表现的方法； 3.3 家具和墙面造型结构表现方法； 3.4 引线做法标注的方法； 3.5 尺寸和标高标注的方法
技能点	1.1 正确测量餐饮空间现场空间硬装尺寸； 1.2 按照现场的行走路线拍摄正确的现场照片； 1.3 手绘原始结构户型图； 1.4 根据手绘图用软件绘制出 CAD 原始结构图； 1.5 能够与设计师沟通，并参与制作客户调查表； 1.6 能理解设计师草图概念设计，并能够制订软装设计绘制计划； 1.7 掌握中国传统建筑设计的要素，熟悉瓷器、丝绸、布艺的文化知识，传承中国传统建筑文化	2.1 熟练应用 AutoCAD 软件绘制原始户型图； 2.2 正确的标注图纸； 2.3 熟练应用 AutoCAD 软件绘制硬装平面布置图； 2.4 正确进行软装空间形式的表达（造型设能力）； 2.5 正确进行空间形式的技术表现（材料、灯光、色彩运用）	3.1 绘制餐饮空间收银台背景墙立面图； 3.2 绘制餐饮空间用餐区背景墙立面图； 3.3 绘制厨房立面图； 3.4 绘制卫生间立面图
工作环节	工作环节 1 获取信息，制订计划	方案设计 工作环节 2	
成果	1.1 手绘餐饮空间初步构思效果图； 1.2 客户调查表； 1.3 餐饮空间软装设计部分绘制工作计划	2.1. 原始户型图； 2.2 平面布置图； 2.3 地面材质图； 2.4 顶棚图； 2.5 灯具布置平面图	3.1 立面图
素养	1.1 解读信息的能力； 1.2 语言表达与沟通的能力； 1.3 国家建筑制图标准和规范	熟悉建筑装饰行业识图制图标准和规范	
	传承中国传统建筑文化		

学习任务 2　餐饮空间软装设计

4.1 餐桌搭配的意向图； 4.2 灯具搭配意向图； 4.3 饰品搭配意向图； 4.4 布艺搭配意向图； 4.5 瓷器设计运用； 4.6 丝绸设计运用； 4.7 中式装饰品、布艺的运用		
4.1 绘制材料、照明、色彩搭配意向图； 4.2 中国瓷器、丝绸及布艺的文化知识传承，增强文化自信，增加爱国情怀	5.1 编排与制作图纸索引； 5.2 编写软装设计说明； 5.3 编制软装设计中材料选用表格； 5.4 正确应用制图模板	6.1 制作项目设计总结 PPT 并进行汇报
	工作环节 3 审核修改	工作环节 4 总结展示
4.1. 意向图	5.1 全套图纸定稿	6.1 项目设计总结 PPT（学习成果）
		6.1 归纳、总结、分析的能力； 6.2 表述能力

学习任务 2 餐饮空间软装设计

① 获取信息，制订计划 ② 方案设计 ③ 审核修改 ④ 总结展示

	工作子步骤	教师活动	学生活动	评价
获取信息，制订计划	1. 手绘初步构思效果图。 2. 制作客户调查表。 3. 制订餐饮软装设计部分绘制工作计划。	1. 整顿课堂，向全体学生问好并进行考勤点名。 2. 教师发放任务书并进行学习任务情境模拟，通过提问检查学生学习效果。 3. 提出观看《餐饮软装设计》教学视频的规则，并监督学生观看。 4. 以视频中知识点制作问题卡，教师随机抽选学生回答视频中的知识点问题。 5. 要求学生上网查找餐饮软装设计的构成内容，并监督学生完成。 6. 以餐饮软装设计要素内容制作问题卡，教师随机抽选学生回答视频中的知识点问题。 7. 提出观看教学视频《餐饮软装设计风格》视频的规则，并监督学生观看。 8. 讲解餐饮软装设计风格种类与设计特点，监督并指导学生记录餐饮软装设计风格种类和设计特点。 9. 分析餐饮软装设计风格案例，随机抽选学生回答问题。 10. 展示设计师手绘效果图，提示学生观察其设计特点，符合哪种设计风格。 11. 提出小组讨论任务并填写设计风格和设计特点。 12. 发放评价表，组织各小组学生对餐饮软装设计效果图风格及特点进行自评和小组互评。 13. 教师对各小组确定的效果图风格特点进行总结点评并指导学生进行修改完善。 14. 讲解中国传统茶文化知识点。 15. 讲解中国古典建筑、园林文化及其特点。	1. 整理仪容仪表，全体学生向教师问好。 2. 独立解读任务书，明确学习任务，强化自主学习意识和信息解读能力。 3. 观看教学视频，了解餐饮软装设计制作流程，记录餐饮软装设计制作的特点。 4. 回答教师提出的问题（餐饮软装设计流程知识）。 5. 结合刚才的视频，查找资料，了解餐饮软装设计的构成内容，做好笔记，强化自主学习意识。 6. 回答教师提出的问题，餐饮软装设计构成要素。 7. 观看教学视频《餐饮软装设计风格》。	1. 师评：教师点评学生回答问题的完整性和准确性。 2. 互评：学生根据评价表自评和互评效果图风格及特点。 3. 师评：教师点评各小组确定的效果图风格及特点。 4. 师评：理解能力及表达能力评价。 5. 师评：教师点评餐饮软装设计绘制工作计划填写的合理性和完整性。

课时： 4 课时

1. 硬资源：通用型计算机机房、互联网等。
2. 教学设施：投影仪、白板、交互式一体机、CAD 软件（2013 版本以上）、3ds Max 软件（2012 版本以上）、《餐饮软装设计任务书》、《软装设计师手册》、《软装设计》教学视频、问题卡片、《餐饮软装设计风格》教学视频、《餐饮软装设计风格》教学 PPT、餐饮软装设计手绘效果图、手绘餐饮软装设计风格及特点评价表等。

1 获取信息，制订计划 2 方案设计 3 审核修改 4 总结展示

	工作子步骤	教师活动	学生活动	评价
获取信息，制订计划	4. 制订软装设计部分绘制工作计划。	1. 组织学生进行角色扮演与学生进行沟通交流。 2. 教师评价学生理解能力及表达能力。 3. 发放餐饮软装设计部分绘制计划表，并指导学生填写效果图绘制计划表格。 4. 对计划表进行点评并指导学生进行修改完善。	1. 两位学生扮演制图员与设计师了解设计师设计意图，其他学生观察聆听。 2. 听取教师点评，并进行记录。 3. 填写餐饮软装设计效果图绘制计划表。 4. 听取教师点评并修改完善效果图制作计划表。	1. 师评：理解能力及表达能力评价。 2. 师评：教师点评餐饮软装设计绘制工作计划填写的合理性和完整性。
	课时： 2 课时 1. 软资源：餐饮软装设计绘制计划表等。			
方案设计	1. 绘制硬装平面图。	1. 讲授原始结构户型图的要点、技巧和方法，引用案例讲解，通过提问检查学生学习效果。 2. 边演示 CAD 原始结构户型图的绘制，边讲授基本步骤和方法。 3. 布置硬装绘制任务并监督、指导学生完成。 4. 提出绘制硬装施工图任务，讲授建立空间墙体的技巧与方法，监督、指导学生练习。 5. 提出评价标准，组织各小组学生对原始硬装平面图进行自评和小组互评。 6. 教师对各小组的原始结构图建墙进行总结点评并指导学生进行修改完善。 7. 播放 CAD 常用图例制作教学视频。提出观看视频的规则，监督观看过程。 8. 提出任务（家具、洁具等在 CAD 常用图例练习）并巡回指导。 9. 提出评价标准，监督学生检查常用图例制作的准确性。 10. 演示并讲授硬装平面图绘制的基本步骤和方法。	1. 听取教师讲授餐饮空间原始结构平面户型图绘制的要点、技巧和方法。 2. 观摩教师演示如何使用 CAD 绘制硬装平面图。 3. 绘制硬装原始结构户型图。 4. 听取教师讲授建立空间墙体技巧与方法，完成墙体模型的建立。 5. 按评价标准，各小组学生对硬装户型图建墙进行自评和小组互评。 6. 听取教师总评并修改完善原始硬装平面图建墙。 7. 观看 CAD 常用图例的制作方法教学视频并完成相应的练习。 8. 完成常用图例练习，掌握硬装绘制时软件各项工具的运用。 9. 按评价标准，学生自检制作图例效果。 10. 观摩教师演示，记录制作图例的基本流程、技巧和方法。	1. 师评：教师通过提问检查学生学习效果。 2. 互评：各小组参照评价表对完成的平面图进行小组自评，挑选出小组代表作品，小组间再进行互评。 3. 互评：学生根据原始硬装平面图评价标准进行自评和互评。 4. 师评：教师点评原始结构户型图建墙的合理性和完整性。 5. 师评：教师点评各学生完成的 CAD 常用图例。 6. 师评：教师点评学生回答问题的完整性和准确性。

学习任务 2 餐饮空间软装设计

1 获取信息，制订计划　2 方案设计　3 审核修改　4 总结展示

方案设计

工作子步骤	教师活动	学生活动	评价
1. 绘制硬装平面图。	11. 提出硬装平面图绘制任务，并巡回指导。 12. 发放餐饮空间硬装评价表，组织各小组学生对餐饮空间硬装进行自评和小组互评。	11. 完成餐区、厨房、厕所等硬装区域的平面图绘制。 12. 小组自评和互评餐饮空间硬装平面图。	
课时： 6 课时 1. 软资源：硬装制图标准纸质资料、居住空间原始结构平面户型图 / 硬装施工图制作教学视频等。			
2. 绘制立面图。	1. 发放施工图制图标准资料，要求学生通过关键词法进行自我学习，并提出学习的规则和要求，采用旋转木马学习法强化学习内容。 2. 利用卡片法抽选每个小组代表回答卡片上提出的问题。 3. 展示提问，播放 CAD 常用图例制作教学视频。提出观看视频的规则和要求（要根据问题记录笔记、提问），监督观看过程。 4. 提出任务（家具等在 CAD 中的绘制练习）并巡回指导。 5. 讲授对餐饮空间软装部分进行功能划分的原则与方法。 6. 抽选学生回答问题。 7. 讲授立面图绘制技巧。 8. 发放立面布置图评价表，组织各小组学生对立面布置图进行自评和小组互评。	1. 自主学习施工图制图标准。 2. 回答教师提出的问题（CAD 国家制图标准）。 3. 观看 CAD 常用图例的表示方法教学视频并完成相应的练习。 4. 完成常用图例练习。 5. 听教师讲授餐饮空间功能分区的原则与方法。 6. 回答教师提出的问题（居住空间功能分区原则和方法）。 7. 完成客厅、餐厅、厨房、卧室、厕所等空间立面图制作。 8. 小组自评和互评立面布置图。	1. 师评：教师对抽选学生回答问题的完整性和准确性进行点评。 2. 师评：教师点评各学生完成的 CAD 常用图例。 3. 师评：教师点评学生回答问题的完整性和准确性。 4. 自评和互评：各小组参照评价表对完成的空间立面图进行小组自评，挑选出小组代表作品，小组间再进行互评。 5. 师评：教师点评各小组立面布置图。
课时： 6 课时 1. 硬资源：通用型计算机机房、互联网等。 2. 教学设施：投影仪、白板、交互式一体机等。 3. 软资源：AutoCAD（2013 以上版本），施工图制图标准纸质资料，问题卡片，CAD 常用图例制作教学视频等，用餐区、厨房、厕所等空间立面图制作评价表等。			

	工作子步骤	教师活动	学生活动	评价
方案设计	3. 绘制意向图。	1. 发放餐饮空间软装设计意向图（家具配置方案、装饰画配置方案、布艺地毯配置方案、绿植花艺配置方案、灯光灯具配置方案）评价表，组织各小组学生对餐饮空间软装设计搭配的意向图纸进行自评和小组互评。 2. 教师讲授中国瓷器文化的特点及运用。 3. 教师发放丝绸制品的相关资料，讲解丝绸制品的特点。	1. 完成餐饮空间软装设计意向图。 2. 上网收集中国瓷器的传统设计元素。 3. 查找丝绸制品的相关资料。 4. 尝试运用中式装饰品、布艺对餐饮空间软装部分进行意向图搭配。	1. 自评和互评：各小组对软装设计意向图（家具配置方案、装饰画配置方案、布艺地毯配置方案、绿植花艺配置方案、灯光灯具配置方案）进行自评，挑选出小组代表作品，小组间再进行互评。 2. 师评：教师点评各小组意向图纸。
	课时： 8 课时 1. 软资源：餐饮空间软装设计意向图及所需要的 CAD 文件 、餐饮空间软装设计意向图（家具配置方案、装饰画配置方案、布艺地毯配置方案、绿植花艺配置方案、灯光灯具配置方案）评价表等。			
审核修改	1. 全套图纸定稿。	1. 发放图纸样表，提醒学生观察图纸的索引样表填写内容有哪些。 2. 指导学生编排与填写。 3. 要求学生下载制图模板，指导学生套用模板。 4. 组织学生对材料表格及施工图错误进行检查。 5. 指导学生改正图纸。 6. 检查学生提交的施工图纸是否齐全。	1. 进行软装方案封面封底的设计。 2. 学习图纸的索引与编排。 3. 观察图纸的索引样表填写内容有哪些，听取教师提醒，做好填写记录。 4. 编排图纸索引并填写样表。 5. 练习制图模板的运用，学生根据教师要求的尺寸，下载制图模板，套用模板。 6. 材料表格的编制、审核和修改。 7. 学生自我检查施工图有无错误和漏缺。 8. 修改图纸，提交餐饮空间软装设计定稿。	1. 过程性评价：重点观察学生检查图纸细节和修改后的图是否正确。 2. 成果验收方式：学生提交电子版图纸。 3. 验收标准：餐饮软装设计成果验收标准。 4. 自评：各小组进行内部讨论和评比，评出小组中最优秀的餐饮空间软装设计方案书。
	课时： 6 课时 1. 硬资源：通用型计算机机房、互联网等。 2. 软资源：工作页、参考教材、授课 PPT、图纸的索引样表、制图模板、餐饮空间施工图、《家具与陈设设计》等。 3. 教学设施：投影仪、白板、交互式一体机等。 4. 工作页、参考教材、授课 PPT、《软装设计师手册》等。			

学习任务 2　餐饮空间软装设计

1 获取信息，制订计划　2 方案设计　3 审核修改　4 总结展示

	工作子步骤	教师活动	学生活动	评价
总结展示	1. 制作项目设计总结 PPT。	1. 分析制作餐饮空间软装设计方案书总结 PPT 的要点与要求。	1. 听取教师讲授制作餐饮空间软装设计方案书总结 PPT 的要点、原则与要求。	
		2. 监督学生小组讨论。	2. 组长小组内部进行讨论,分析优点、发现缺点，提出改进方法，归纳、总结、分析、提炼施工图绘制要点。	
		3. 引导学生进行小组内成员的自评。	3. 各组进行小组内成员的自评，评出小组中最优秀的施工图。	
		4. 引导学生进行总结 PPT 展示。	4. 各组展示组内最优秀的居住空间软装设计方案书总结 PPT，展示组员风采。	
		5. 组织各组进行互评。	5. 观看各组的总结演示，与自己的总结 PPT 进行对比，归纳出餐饮空间软装设计方案书总体思路。	
		6. 对学生的编写思路和步骤进行适当的点评。	6. 对其他各组制作的总结 PPT 进行评价。	
		7. 总结餐饮空间软装设计方案书绘制技巧和方法。	7. 认真记录教师对本组任务完成情况的点评。	
		8. 收集本学习任务完整的学习成果，并按照优秀、中等、一般、差四个等级进行归类存档。		

课时： 4 课时

1. 软资源：硬资源：通用型计算机机房、互联网等。
2. 教学设施：投影仪、白板、交互式一体机等。
3. 软资源：Word（2007 以上版本）、施工图绘制总结 PPT 自评表、餐饮空间软装设计方案书总结 PPT 互评表、学习任务总体评价表等。

考核标准

考核任务案例：美发店软装设计。

情境描述：

这是一项美发店的软装设计任务，楼层层高 4.5 m。设计要求：为前台收银区、理发区、烫染区、休息等候区、洗发区、卫生间、储藏室等功能空间做整体软装布置，如灯具、花卉、雕塑、布艺、艺术画、园林小品等，使其符合空间设计需求，营造出轻松、活泼、时尚的空间氛围，要求设计有统一的风格。

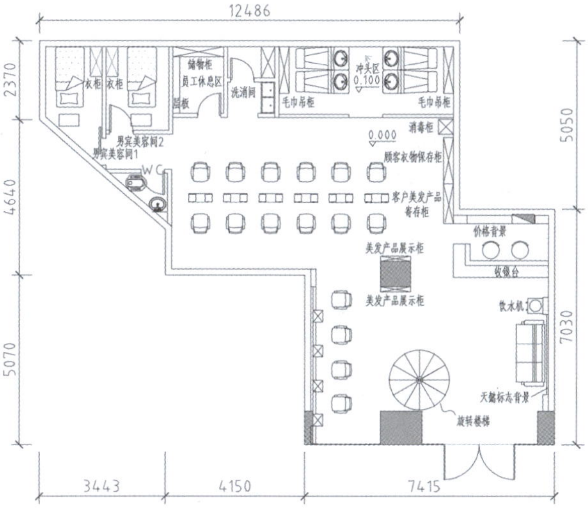

美发店平面布置图

任务要求：

1. 绘制平面布置图（根据图面比例绘图）。
2. 绘制天花布置图（根据图面比例绘图）。
3. 主要背景立面图（比例自定）。
4. 表现该空间完整效果的透视图一张（不限于手绘、3ds Max，上色、透视、比例准确）。
5. 说明整体空间软装设计的特点及使用的软装材料、名称、色彩搭配及选择原因。
6. 汇报 PPT。

参考资料：

《室内设计师专用色彩与材质搭配手册》《室内设计资料集》《室内软装饰设计教程》《软装设计师手册》《软装设计礼仪》。

评价方式：

小组互评，教师评价。

评价标准：

实操测试评分表（总分 70 分）

序号	评分标准	配分	得分
1	构图合理，透视正确，能够客观地反映空间气氛	5	
2	空间分布合理	10	
3	功能划分合理，功能分区符合要求	10	
4	色彩搭配合理，材料、灯光运用得当	15	
5	尺寸合理，符合人体工程学要求	10	
6	设计风格统一、美观	10	
7	符合客户需求	10	

专创融合学习任务　创意集装箱房设计工作室

任务描述

学习任务课时：100 课时

任务情境：

通过集装箱改造而来的建筑物具有先天性优势，由于集装箱用来装载货物，因此需要保证箱体能够承受货物的质量并能够进行堆放，因而集装箱的结构强度可以达到每平方米 1.7 吨。同建筑荷载要求相比，集装箱的承载能力更高一筹，并且结构稳定性良好。集装箱除了在强度上具有优势外，其本身钢结构的主体赋予它钢筋 - 水泥结构无法具有的抗震、抗变形能力，大量采用保温隔热、阻隔噪声、防水防潮、安全无毒害的新型建材，加上新技术、新设备的广泛应用，全面提高了住宅的舒适性。随着社会上越来越多临时住房的需求，集装箱改装成住宅的市场巨大。我们计划创办一家专注于集装箱房屋室内设计的工作室，为客户提供以下服务：

1. 工作室的专业设计团队会根据客户的需求进行设计直到客户完全满意，而且客户可以依据自己的喜爱选择涂装，满足顾客的审美与个性，客户不满意时还可以重新设计。户型也能够依据自己的喜好进行规划，具有极强的空间自主性。工作室力争在设计、建造、装修、运输等方面让客户满意，同时会提供周到的保修服务。
2. 集装箱房子具有很强的流动性，换地点能够不换房子。而且房间里面的物品可以随箱子一起移动，无损耗，可吊装、搬迁一千次以上，又方便又省钱。
3. 拥有专业的施工团队以及全新的技术，力求让定制房屋工厂化。工厂采用最先进的技术加工，严格质检，流水操作，大幅度提升房屋建造速度及品质。公司集装箱活动房可以整箱吊装，无须建造混凝土基础，15 分钟安装、1 小时入住，接上电源即可使用。

在未来的 3 周时间内，你们将在创业导师的帮助下，讨论项目的可行性、规划项目的设计思路、挖掘集装箱住宅产品的目标客户群、拟定推广方式，并完成市场调研，设计商业模式，撰写商业计划书，策划和实施项目，完成融资路演等过程，力争完成最少一套集装箱改造的室内空间的设计。

具体要求见下页。

专创融合学习任务

学习内容

专业知识与技能	1.1 服务对象的确定； 1.2 主营业务的确定； 1.3 涉及的技术要求汇总； 1.4 团队的组建与人员分工	2.1 专业技术上的创新： ①采用全新 3D 立体技术，可以 360°无死角展示制作方案，让顾客能够在施工前了解预制房屋的全貌； ②关于户型，客户能够依据自己的喜好进行规划，具有极强的空间自主性； ③集装箱活动房可以整箱吊装，无需做混凝土基础，15 分钟安装、1 小时入住，接上电源即可使用	3.1 评估项目的技术可行性； 3.2 评估项目的技术风险； 3.3 竞品的技术分析（竞争对手的技术有哪些创新）
创新创业知识与技能	1.1 市场调查的基本知识； 1.2 制订调研方案，确定调研对象，选择调研形式，编制调研问卷； 1.3 开展调研实践活动（在线问卷调研、线下调研、网络大数据调研）； 1.4. 调研报告的撰写（调研数据统计分析、编写调研报告）； 1.5 调研报告分享（制作分享 PPT、分享调研过程与结论）	2.1 商业计划书的一般结构； 2.2 商业模式画布的结构与含义； 2.3 讨论、绘制并展示商业模式画布； 2.4 编写商业计划书	3.1 评估项目在市场方面的可行性； 3.2 评估项目在市场营销、运营管理等方面的风险； 3.3 竞品及其市场分析
工作环节	工作环节 1 挖掘商机、市场调研（获取信息）	编制商业计划书（制订计划） 工作环节 2	工作环节 3 优化商业计划书（做出决策）
输出成果	1.1 市场调查方案； 1.2 市场调查过程材料（照片 / 录音 / 小视频）； 1.3 市场调查报告； 1.4 市场调查汇报 PPT 文稿	2.1 商业模式画布； 2.2 商业计划书	3.1 定稿版商业计划书

学习任务：创意集装箱房设计工作室

工作环节 4 产品设计制造 / 服务提供（实施计划）	工作环节 5 产品 / 服务验证（检查控制）	工作环节 6 产品 / 服务发布（评价反馈）
4.1 针对新冠肺炎疫情期间各单位对临时板房的需求，按照隔离病房的标准，设计一个集装箱房的室内装饰。 1. 设计准备阶段 ① 了解建设方（业主）对设计的要求； ② 根据设计任务收集设计基础资料，包括项目所处的环境、自然条件、场地关系、土建施工图纸及土建施工情况等必要的信息； ③ 熟悉设计有关的规范和定额标准，了解当地材料的行情、质量及价格，收集必要的信息，勘察现场，参观同类实例。在对建设方意向及设计基础资料作了全面了解、分析之后确定设计计划。 2. 方案设计阶段 方案设计阶段主要内容包括方案构思、方案深化、绘制图纸、方案比较四个阶段。 文件通常包括： （1）平面图（包括家具布置）； （2）室内立面展开图； （3）平顶图或顶棚平面图（包括灯具、风口等）； （4）室内透视图（彩色效果图）； （5）室内装饰材料实样（墙纸、地毯、窗帘、室内纺织面料、墙地面砖及石材、木材等，以及家具、灯具、设备等实物照片）； （6）设计说明和造价概算。 3. 施工图设计阶段 施工设计阶段主要工作由三部分组成 即修改完善设计方案、与各相关专业协调、完成装饰设计施工图。 施工图是设计人员施工时的依据，其绘制方法主要是采用“施工图法”。装饰设计施工图完成后，各专业须相互校对，经审查无误后，才能作为正式施工的依据。 4. 设计实施阶段 设计人员向施工单位进行设计意图说明及图纸的技术交底。工程施工期间需按图纸要求核对施工实况	5.1 如何测试室内装饰设计方案是否满足顾客们的要求； 5.2 如何填写质量工作报告； 5.3 第一位使用者有哪些反馈； 5.4 根据反馈进行哪些调整； 5.5 原来预测的成本，现在有什么变化，确定新的成本预算； 5.6 定价策略是否需要调整，请确定新的定价方案； 5.7 基于成本与定价的调整，确定利润情况； 5.8 基于确定的利润情况，预测未来三年的发展规划	6.1 总结项目有哪些技术创新点； 6.2 分析项目的成本与收益； 6.3 项目亮点在 PPT 和汇报中的体现； 6.4 路演陈述中如何介绍产品技术
4.1 创新意识： ①创新动机：集装箱是结构坚固的完整空间，可作为房子的半成品，稍加改造就成为了住宅、办公室或商铺。这种改造就是一种创新。 ②创新兴趣：集装箱由于其本身的特质使得其具有标准化的尺寸，因此在模块化应用上适应性更强，能够以各种形式进行自由组合，创造出更加多样的模式。 ③创新情感：让事业结合所学专业，促进创业项目的成功。 4.2 创新技能： 自动户型识别、家具定制模块、水电走线设计、家居硬装个性设计，平台 webgl 版等多种领先技术。 4.3 创业精神： 随着社会的发展，竞争者的加剧，消费者需求的增加，传统的手绘图纸和单用户 CAD 平面图的表现形式已不能满足消费者了，3D 建模虚拟展示技术运用于室内展示设计，利用准确的透视制图和高超的绘画技巧，将三维空间转换成具有立体感的二维画面，使得客户能提前感受项目的设计效果。 4.4 创业技能： ① 集装材料识别、地基建造、建筑设计、室内装饰技术。 ②结构设计能力：利用准确的透视制图和高超的绘画技巧，将三维空间转换成具有立体感的二维画面，使得客户提前感受项目的设计效果。 ③团队建设与管理能力：形成设计团队管理章程，确保项目按时按质有效落地	5.1 产品的质量在创业中的影响； 5.2 如何向客户承诺产品质量； 5.3 产品质量报告需要哪些权威部门认证； 5.4 正确把握质量与广告的关系、避免法务风险； 5.5 成本的核算； 5.6 销售定价的一般依据； 5.7 利润的计算方法； 5.8 未来发展的预测依据	6.1 项目路演评价标准； 6.2 制作路演 PPT，提升逻辑思维能力； 6.3 完成路演环节，提升专业性的口头表达能力； 6.4 完成个人总结，培养归纳能力，反思及持续改善的职业习惯； 6.5 客观评价组员的任务表现
4.1 每组最少一套完整的设计图纸； 4.2 实施过程（照片、视频、文档）	5.1 质量检测报告 / 总结报告	6.1 路演资料一套（PPT 及视频）

教学活动

学习任务：创意集装箱房设计工作室

1 挖掘商机、市场调研（获取信息） → 2 编写商业计划书（制订计划） → 3 优化商业计划书（做出决策） → 4 产品设计制造 / 服务提供（实施计划） → 5 产品 / 服务验证（检查控制） → 6 产品 / 服务发布（评价反馈）

挖掘商机、市场调研（获取信息）

教师活动	学生活动	评价
1. 情景创设：提醒学生阅读工作页上的“情景描述”。	1. 听教师布置任务，阅读工作页上的“情景描述”。 ① 用荧光笔划出其中的关键词。 ② 跟组员讨论关键词的含义。 ③ 对学习任务中存疑的地方向老师提问，直至弄清楚任务的情景。	1. 对专创融合学习任务的理解。 2. 是否清楚创业的方向？表达是否清晰有条理？ 3. 扮演顾客的学生，是否能清楚全面地提出自己的需求？扮演创业者的学生，是否能清楚全面地提供解决方案？ 4. 组内人员分工是否科学合理？ 5. 调研问卷的问题是否科学有效？ 6. 是否开展调研实践？调研报告是否符合要求？
2. 组织各组学生讨论这个项目的价值主张和目标定位： 我们提供什么服务，这些服务可以解决哪些问题，谁会需要我们提供的这些服务，各组绘制一份海报并安排组员进行说明。	2. 讨论项目的价值主张和服务对象，绘制海报并安排人上台分享。将价值主张和服务对象记录在工作页。	
3. 组织学生讨论这个项目的主营业务： 我们具体做什么，涉及哪些技术，需要哪些资源，我们有什么优势，用角色扮演来带入学生思考，提醒各组的角色分工如下： ① 每两组为一对，A 组扮演需要增加集装箱房用作疫情防控临时隔离病房的单位负责人，向 B 组提出自己的需求（2 项）；B 组扮演创意集装箱房设计工作室的经营者，向 A 组解释自己将会怎样满足对方的需求（把方案说得清晰具体），并尽量使对方满意。	3. 认真思考、激烈讨论，将“如果我想把集装箱改造成隔离病房，我可能需要创意集装箱房设计工作室给我提供怎样的服务？”罗列在纸上，准备向对方提出需求。 ① 听完对方的解决方案，觉得是否满意？不满意的地方继续发问，直至满意。	
② 互换 A 组和 B 组角色再进行讨论（也是 2 项）。	② 认真听取对方提出的需求，组内讨论，针对这些需求，我们可以怎样解决问题，用关键词列出解决方案，并向对方说明解决方案。	
③ 如果还能从顾客角度想出更多需求，回到①项。 ④ 创业者的这一组负责安排人详细记录顾客需求和制订针对性的解决方案。 ⑤ 组织学生汇总、整理记录，得出创业团队的主营业务。	③ 各组的需求和解决方案汇总到一起，形成创业者需要提供的服务内容，记录在工作页。	
4. 组织学生讨论团队的组建与人员分工： 创业团队一般需要哪些人员，谁是项目负责人，各位组员分别负责什么，给团队起个什么名字。	4. 讨论组内分工，绘制组织架构图海报，并分享给其他各组（介绍一下团队），把组织架构图绘制到工作页。	
5. 介绍市场调查在创业过程中的重要性和市场调研的基本方法。	5. 听教师介绍市场调查在创业过程中的重要性和市场调研的基本方法，补充完整工作页。	
6. 组织学生小组制订调研方案。 ①确定调研对象。 ②选择调研形式：在线问卷、纸质问卷、会议调查、网络大数据调研。 ③编制调研问卷（10 个问题，含选择题和简答题）。	6. 各组制订调研方案，编制调研问卷。	
7. 安排开展调研实践活动。 指导学生课外时间完成集装箱房市场需求的调研（网络大数据调研）； 组织各组分享调研的情况； 收取各组调研报告，并给出该环节的学习评价。	7. 开展调研实践活动。 ①通过网络在线搜索，了解各种单位对集装箱房的需求情况。 ②进行数据统计分析，得出一些结论。 ③以海报或者 PPT 形式完成调研报告提纲及调研结论，向全班分享。 ④编写调研报告并提交给老师评价。	

基准课时：100

1 挖掘商机、市场调研（获取信息） 2 编写商业计划书（制订计划） 3 优化商业计划书（做出决策） 4 产品设计制造/服务提供（实施计划） 5 产品/服务验证（检查控制） 6 产品/服务发布（评价反馈）

	教师活动	学生活动	评价
编写商业计划书（制订计划）	1. 展示一份商业计划书，介绍商业计划书的一般结构，阐述商业计划书的作用。让学生对商业计划书有一个初步认识。	1. 观察一个完整的商业计划书，分析商业计划书的一般结构，听教师说明商业计划书，有存疑的地方要提出来。	1. 商业模式画布是否合理、完整？ 2. 商业计划书是否能清晰描述创业设计？
	2. 展示一张完整的商业模式画布，简要说明商业模式画布的结构。	2. 观察一个商业模式画布案例，分析商业模式画布的一般结构，听教师说明商业模式画布，有存疑的地方要提出来。	
	3. 组织学生讨论商业画布各项要素的含义。	3. 讨论商业画布各项要素的含义。	
	① 组织各组通过百度等途径，了解商业模式画布中“客户细分”的含义，提醒每组做好说明“客户细分”的准备；抽取某一组来说明“客户细分”的含义，并以本项目为例，说明“客户细分”的对象都有哪些。	①通过百度等途径，了解商业模式画布中“客户细分”的含义，讨论本项目的“客户细分”的对象都有哪些，向其他组分享自己的看法（如果被抽到）。	
	② 组织各组通过百度等途径，了解商业模式画布中“价值主张”的含义，提醒每组做好说明“价值主张”的准备；抽取某一组来说明“价值主张”的含义，并以本项目为例，说明“价值主张”是什么。	②了解商业模式画布中“价值主张”的含义，讨论本项目“价值主张”的对象都有哪些，向其他组分享自己的看法（如果被抽到）。	
	③组织各组通过百度等途径，了解商业模式画布中“客户关系”的含义，提醒每组做好说明“客户关系”的准备；抽取某一组来说明“客户关系”的含义，并以本项目为例，说明“客户关系”有哪些。	③了解商业模式画布中“客户关系”的含义，讨论本项目“客户关系”的对象都有哪些，向其他组分享自己的看法（如果被抽到）。	
	④组织各组通过百度等途径，了解商业模式画布中“渠道通路”的含义，提醒每组做好说明“渠道通路”的准备；抽取某一组来说明“渠道通路”的含义，并以本项目为例，说明“渠道通路”有哪些。	④了解商业模式画布中“渠道通路”的含义，讨论本项目“渠道通路”的对象都有哪些，向其他组分享自己的看法（如果被抽到）。	
	⑤ 组织各组通过百度等途径，了解商业模式画布中“关键业务”的含义，提醒每组做好说明“关键业务”的准备；抽取某一组来说明“关键业务”的含义，并以本项目为例，说明“关键业务”有哪些。	⑤了解商业模式画布中“关键业务”的含义，讨论本项目“关键业务”的对象都有哪些，向其他组分享自己的看法（如果被抽到）。	
	⑥ 组织各组通过百度等途径，了解商业模式画布中“核心资源”的含义，提醒每组做好说明“核心资源”的准备；抽取某一组来说明“核心资源”的含义，并以本项目为例，说明“核心资源”有哪些。	⑥了解商业模式画布中“核心资源”的含义，讨论本项目“核心资源”的对象都有哪些，向其他组分享自己的看法（如果被抽到）。	
	⑦ 组织各组通过百度等途径，了解商业模式画布中“重要伙伴”的含义，提醒每组做好说明“重要伙伴”的准备；抽取某一组来说明“重要伙伴”的含义，并以本项目为例，说明“重要伙伴”有哪些。	⑦了解商业模式画布中“重要伙伴”的含义，讨论本项目“重要伙伴”的对象都有哪些，向其他组分享自己的看法（如果被抽到）。	
	⑧ 组织各组通过百度等途径，了解商业模式画布中“成本结构”的含义，提醒每组做好说明“成本结构”的准备；抽取某一组来说明“成本结构”的含义，并以本项目为例，说明“成本结构”有哪些。	⑧了解商业模式画布中“成本结构”的含义，讨论本项目“成本结构”的对象都有哪些，向其他组分享自己的看法（如果被抽到）。	
	⑨ 组织各组通过百度等途径，了解商业模式画布中“收入来源”的含义，提醒每组做好说明“收入来源”的准备；抽取某一组来说明“收入来源”的含义，并以本项目为例，说明“收入来源”有哪些。	⑨了解商业模式画布中“收入来源”的含义，讨论本项目“收入来源”的对象都有哪些，向其他组分享自己的看法（如果被抽到）。	
	4. 组织各组根据以上的讨论，绘制并展示分享商业模式画布。	4. 组根据以上的讨论绘制商业模式画布（海报），安排人上台展示与分享商业模式画布。	
	5. 布置课后完成编写商业计划书的任务。	5. 完成商业计划书编写（课后）。	

学习任务：创意集装箱房设计工作室

1 挖掘商机、市场调研（获取信息） 2 编写商业计划书（制订计划） 3 优化商业计划书（做出决策） 4 产品设计制造 / 服务提供（实施计划） 5 产品 / 服务验证（检查控制） 6 产品 / 服务发布（评价反馈）

	教师活动	学生活动	评价
优化商业计划书（做出决策）	组织各组学生深入讨论： 1. 项目的可行性怎样？为什么团队可以做这件事？有什么市场优势？抽取一组上台分享他们的观点。 2. 项目在市场营销、运营管理等方面存在哪些风险？抽取一组上台分享他们的观点。 3. 目前市场上有哪些类似的竞品，竞品有哪些特点？我们与之相比有哪些差异？抽取一组上台分享他们的观点。	从市场和技术的角度，深入讨论： 1. 项目的可行性怎样？为什么团队可以做这件事？有什么市场优势？上台分享本组的观点（如果被抽到）。 2. 项目在市场营销、运营管理等方面存在哪些风险？上台分享本组的观点（如果被抽到）。 3. 目前市场上有哪些类似的竞品，竞品有哪些特点？我们与之相比有哪些差异？上台分享本组的观点（如果被抽到）。 4. 结合教师的批改和以上的讨论，修订商业计划书，提交定稿版商业计划书。	
	1. 硬资源：一体化课室等。 2. 软资源：工作页、参考教材、授课 PPT 等。		
产品设计制造/服务提供（实施计划）	1. 设计准备阶段。 ①扮演业主（采购集装箱房的单位人员）对设计提出要求，并讲解需求。 ②以学院内的环境为例，向学生提供设计任务的基础资料，包括项目所处的环境、自然条件、场地关系、土建施工图纸及土建施工情况等必要的信息。 ③讲解设计有关的规范和定额标准，说明当地材料的行情、质量及价格。 2. 方案设计阶段。 介绍方案设计阶段主要内容，包括方案构思、方案深化、绘制图纸、方案比较四个阶段。 ①讲解平面图（包括家具布置）的绘制，并指导各组绘制平面图。完成后进行展示与说明。 ②讲解室内立面展开图的绘制，并指导各组绘制室内立面展开图。完成后进行展示与说明。 ③绘制顶棚平面图（包括灯具、风口等）。 ④绘制室内透视图（彩色效果图）。 ⑤编制室内装饰材料实样列表。 ⑥设计说明和造价概算。 3. 施工图设计阶段。 讲解装饰设计施工图。施工设计阶段主要工作由三部分组成：修改完善设计方案、与各相关专业协调、完成装饰设计施工图。 施工图是设计人员施工时的依据，其绘制方法主要是采用“施工图法”。装饰设计施工图完成后，各专业须相互校对，经审查无误后，才能作为正式施工的依据。 4. 设计实施阶段。 设计人员向施工单位进行设计意图说明及图纸的技术交底。工程施工期间需按图纸要求核对施工实况。	1. 设计准备阶段。 ①了解建设方（业主）对设计的要求。 ②根据设计任务收集设计基础资料，包括项目所处的环境、自然条件、场地关系、土建施工图纸及土建施工情况等必要的信息。 ③熟悉与设计有关的规范和定额标准，了解当地材料的行情、质量及价格，收集必要的信息，勘察现场，参观同类实例。在对建设方意向及设计基础资料作了全面了解、分析之后确定设计计划。 2. 方案设计阶段。 ①绘制平面图（包括家具布置）。 ②绘制室内立面展开图。 ③讲解平顶图的绘制，并指导各组绘制平顶图。完成后进行展示与说明。 ④讲解室内透视图（彩色效果图）的绘制，并指导各组绘制室内透视图（彩色效果图）。完成后进行展示与说明。 ⑤讲解室内装饰材料实样列表的编制，并指导各组编制室内装饰材料实样列表。完成后进行展示与说明。 ⑥讲解设计说明和造价概算，并指导各组编制设计说明和造价概算。完成后进行展示与说明。 3. 施工图设计阶段。 绘制施工图。 4. 设计实施阶段。 说明设计实施阶段的工作内容：设计人员向施工单位进行设计意图说明及图纸的技术交底。工程施工期间需按图纸要求核对施工实况。	是否能按时开发出众创空间 APP？运行体验是否良好？

基准课时：100

1 挖掘商机、市场调研（获取信息） → 2 编写商业计划书（制订计划） → 3 优化商业计划书（做出决策） → 4 产品设计制造 / 服务提供（实施计划） → 5 产品 / 服务验证（检查控制） → 6 产品 / 服务发布（评价反馈）

<table>
<tr><th></th><th>教师活动</th><th>学生活动</th><th>评价</th></tr>
<tr><td rowspan="2">产品/服务验证（检查控制）</td><td>1. 请各组同学介绍自己创作的班服有哪些特色。
2. 引导学生填写工作页中的质量记录。
3. 检查各组的班服修改情况。
4. 指导各组学生完成财务分析。</td><td>1. 分析设计方案是否满足用户的定制要求。
2. 填写质量工作报告（工作页）。
3. 讨论第一批使用者的反馈意见。
4. 根据反馈意见进行调整。
5. 确定新的成本预算。
6. 讨论定价策略是否需要调整，确定新的定价方案。
7. 基于成本与定价的调整，确定利润情况。
8. 基于确定的利润情况，预测未来三年的发展规划。</td><td></td></tr>
<tr><td colspan="3">1. 硬资源：一体化课室等。
2. 软资源：工作页、参考教材、授课 PPT 等。</td></tr>
<tr><td rowspan="2">产品/服务发布（评价反馈）</td><td>1. 说明项目路演评价标准。
2. 组织各组制作路演 PPT，并进行项目路演。
3. 布置完成个人总结，客观评价组员的任务表现。</td><td>1. 听教师介绍项目路演的评审标准，总结项目有哪些技术创新点，分析项目的成本与收益，注意项目亮点在 PPT 和汇报中的体现。
2. 小组制作路演 PPT，从项目背景、市场分析、产品介绍、创新做法、市场定位、营销渠道、财务预测、风险预测、三年规划、团队介绍等方面进行项目路演。
3. 在工作页中填写个人工作总结，客观评价组员的任务表现。</td><td>从项目的创新性、商业价值、财务分析、团队介绍、答辩情况等方面综合评价学生的路演。</td></tr>
<tr><td colspan="3">1. 硬资源：一体化课室等。
2. 软资源：工作页、参考教材、授课 PPT、路演 PPT 案例、路演录像、路演技巧讲解教学视频等。</td></tr>
</table>

评价方式与标准

1. 评价方式

评价方式可参照创新创业大赛的形式，或直接参加校级创新创业大赛，通过现场展示进行考核评价，各项目团队制作展示的 PPT、视频等材料，上台介绍项目的基本情况、商业价值、技术创新、商业模式、财务状况、团队分工等情况，现场评分。

2. 评委组成

由任课教师、创新创业指导中心教师、校外创业导师组成。

3. 评审标准

评审内容	评审细则	配分
商业价值	1. 符合国家产业政策和地方产业发展规划、现行法律法规相关要求。 2. 竞品分析充分，对项目的产品或者服务、技术水平、市场需求、行业发展等方面定位准确、调研清晰、分析透彻。 3. 商业模式设计可行，具备盈利能力。 4. 在竞争与合作、技术基础、产品或服务方案、资金及人员需求等方面具有实践基础	
创新水平	1. 具备产教融合、工学结合、校企合作背景。 2. 突出原始创意和创造力，体现工匠技艺传承创新。 3. 项目设计科学，体现“四新”技术。 4. 体现面向职业、岗位技术创新、工种的创意及创新特点（如加工工艺创新、实用技术创新、产品 / 技术改良、应用性优化、民生类创新和小发明小制作等），具有低碳、环保、节能等特色	
社会效益	1. 服务乡村振兴、农民增收、绿色发展等需要。 2. 具有示范作用，可复制可推广。 3. 具备可持续发展潜力，促进社会就业	
团队能力	1. 团队成员的价值观、专业背景和实践经历、能力与专长、业务分工情况。 2. 指导教师、合作企业、项目顾问和其他资源的有关情况和使用计划。 3. 项目或企业的组织架构、股权结构与人员配置	
回答问题	答辩过程中，回答问题准确、有条理	